FENGDIAN JIZU JIANXIU JUECE

风电机组检修决策

白恺 宋鹏 主编

中国电力出版社
CHINA ELECTRIC POWER PRESS

内 容 提 要

检修是风电高质量发展的重要环节，科学的检修决策可以在保证风力发电机组可靠运行的前提下减少检修费用，降低全寿命周期风力发电度电成本。本书以复杂机电系统检修理论为基础，结合风力发电机组最新的状态评价、故障预测和诊断技术，建立风力发电机组的检修决策体系，介绍风力发电机组的状态检修标准、多种检修决策优化方法和事后检修的智能故障诊断技术。本书有大量实践案例，力求理论联系实际。

本书可作为从事风力发电运营的工程管理和技术人员的学习、培训用书，也可供风电工程领域研发人员和高等院校研究人员阅读参考。

图书在版编目（CIP）数据

风电机组检修决策 / 白恺，宋鹏主编. —北京：中国电力出版社，2021.7
ISBN 978-7-5198-5408-9

Ⅰ.①风… Ⅱ.①白… ②宋… Ⅲ.①风力发电机–发电机组–检修 Ⅳ.①TM315

中国版本图书馆 CIP 数据核字（2021）第 035497 号

出版发行：中国电力出版社
地　　址：北京市东城区北京站西街 19 号（邮政编码 100005）
网　　址：http://www.cepp.sgcc.com.cn
责任编辑：赵　杨（010-63412287）
责任校对：黄　蓓　常燕昆
装帧设计：赵丽媛
责任印制：石　雷

印　　刷：三河市百盛印装有限公司
版　　次：2021 年 7 月第一版
印　　次：2021 年 7 月北京第一次印刷
开　　本：787 毫米×1092 毫米　16 开本
印　　张：13.75
字　　数：316 千字
印　　数：0001—1000 册
定　　价：60.00 元

编 委 会

在全球气候变化和能源转型背景下，以风力发电为代表的可再生能源发电大规模替代化石燃料发电是实现低碳和零碳电力系统的关键。伴随着近十年的大规模发展，风力发电技术在机型设计、微观选址、建设安装、运行控制等各环节快速发展，度电成本已快速下降。而检修成本在风电全寿命周期成本中始终占有相当的比例，陆上风电检修成本通常占 10%～15%，海上风电检修成本最高近 30%。如何在保证风力发电机组可靠运行的前提下降低检修成本，已成为行业关注的重点问题之一。当前，风电行业已启动数字化转型进程，很多运营商、整机商建立了运行数据中心，积累了海量数据，亟待在检修决策技术方面提出完整的体系，将设备运行、设备状态、检修资源等数据充分整合利用，发挥提高检修效率的作用，促进行业运营水平提高。

检修决策理念起源于 20 世纪 60 年代美国航天技术对设备可靠性和经济性的要求，随着 20 世纪后半叶工业的高速发展，逐渐推广到各行业大型装备和复杂系统维护中，丰富了可靠性等相关检修理论，促进了各种状态监测手段和故障预测技术的出现。进入 21 世纪，随着工业规模化进一步发展和信息技术普及，检修决策逐渐发展成为一门集技术、信息、管理高度综合的应用技术。源于早期风电行业小容量、小规模、可靠性要求低等特点，风电检修决策技术基本没有发展，工程中主要沿袭了火电厂机组和变电设备的理念和管理模式。然而随着近十年风力发电大规模高速发展，这种不适应导致出现风电运行可靠性过低和检修成本过高的窘状，因此，迫切需要研究并提出适用于风力发电机组的检修决策技术，指导行业工程应用。同时，风电的数字化发展已成趋势，基于更丰富的数据信息可以提出更优的检修策略，这也对检修决策技术的发展提出更高要求。

本书依托 2015 年国家科技支撑计划课题"大型风电场智能化运行维护关键技术研究及示范"的研究成果，首次提出比较完整的风力发电机组检修决策体系，同时力求理论联系实际，依托整机商、运营商、风电场、试验机构等各项目参与方多年的维护经验和案例积累，不仅系统总结了对大部分风电场适用的状态检修标准和可操作性强的方法，也介绍了当前最新检修决策理论在风力发电机组检修决策优化的方法。

本书共 6 章，第 1 章"检修决策基础理论"，旨在帮助读者了解复杂机电系统的特点及其检修思想的发展脉络，准确掌握检修理论的众多基本概念，了解检修决策的框架内容及其在当前工业的应用情况。第 2 章"风力发电机组及其故障预测"，介绍了风力发电机组基本原理和结构，以及 5 类关键大部件故障预测技术的最新进展，汇总分析了不同技术方案的适用性、技术成熟度等，这是检修决策优化的基础技术手段。第 3 章"风力发电机组检修决策"，在介绍风电场组成、运行特点、检修管理模式以及风力发电机组和风电场的运行评价指标后，针对故障机理、对运行评价指标的影响，分析了各大部件的基础检修策略适用性，构建了完整的风力发电机组检修决策框架。第 4 章 "风力发电机组状态检修"，介绍了以周期检修与预知检修相结合的状态检修策略，是在当前国内风电企业实际优秀经验基础上，总结提炼出的风力发电机组状态检修行业标准，可以直接指导风电场进行具体的检修计划安排。第 5 章 "风力发电机组检修决策优化"，结合当前最新的故障预测技术，介绍了几种先进的优化策略和备品备件库存管理策略，是在风电运营信息化和数字化发展的背景下，引入国内外风力发电机组检修决策最新理念提出的几种操作性较强的优化策略，特别给出了风力发电机组大部件年度组合检修、单场站和区域级结合的备品备件库存这两类实用优化策略。第 6 章 "风力发电机组事后检修策略"，介绍了事后检修中故障辨识与定位的重要性及其智能化要求，建立了用于专家诊断系统算法的 30 种风力发电机组频发故障的故障树，介绍了 3 种风力发电机组智能故障诊断算法。作为国内第一本系统介绍风力发电机组检修决策技术的书籍，希望本书可为风力发电运营的工程管理和技术人员制订检修决策提供参考，为以提高运维效率为目标的信息系统开发和数据挖掘提供方法。

本书由白恺负责全书的构思和统稿，并参与了第 1、3、4、6 章内容的撰写，宋鹏完成了第 1 章的撰写并协助全书统稿，田博和张扬帆完成了第 2 章和第 3 章的撰写，柳玉和吴宇辉完成了第 4 章的撰写，杨伟新完成了第 5 章的撰写，崔阳完成了第 6 章的撰写，王一妹完成了全书的文献整理。本书所有作者均是 2015 年国家科技支撑计划课题 "大型风电场智能化运行维护关键技术研究及示范" 的主要参加人，在此感谢课题组其他成员邓春、刘汉民、赵洪山、董健、张秀丽对本书研究的贡献和支持。感谢课题牵头单位国网冀北电力有限公司以及参加单位国家风光储输示范电站有限公司、华北电力大学、国电联合动力技术有限公司的精诚合作，感谢华北电力科学研究院有限责任公司对本书的资助。

检修决策技术具有高度的系统性，需要将理论与实践密切结合才能发挥价值并不断提高，完成本书后，作者深感很多内容还有待更深入研究，希望本书能够起到抛砖引玉的作用，吸引更多学者和工程师关注该领域的研究和应用，切实提高我国风电的运行和运营水平，推动我国风电的数字转型发展。由于作者时间和水平有限，书中难免存在疏漏和不足之处，恳请广大专家和读者批评指正。

编　者

2020 年 11 月

目 录

第1章

检修决策基础理论

　　检修是工业界资产管理的重要手段。工业系统在使用过程中受载荷和环境作用，其组成部分会不可避免地出现退化、故障及失效。从经济、安全、质量和效率等方面考虑，检修是恢复这些可修工程系统的唯一选择。伴随现代工业大型化和复杂化的高速发展，融合了机械、电气、液压、传感、控制等多方面技术的复杂机电系统在各领域应用日益广泛，并不断向大型集成化、控制自动化、功能复合化和数字智能化发展，同时可靠性、性能和效率更高。检修可以使系统持续保持其安全性、可靠性和生产质量，节省全寿命成本，辅以提高效率，延长使用寿命。随着资产管理水平要求的不断提高，检修变得越来越重要，也越来越复杂。早在本书关注的风电行业大规模发展之前，在航空等拥有大量重要复杂机电系统资产的行业中，在企业界、工程界、学术界的共同推动下，检修理论就已渐成体系。检修与设计、制造同样重要，成为保障复杂机电系统安全、可靠、经济运行的手段。其中，检修决策作为融合工程、技术经济、优选法和统筹法等学科的一门高度综合的技术，可以充分挖掘资产在全寿命周期的系统性优化潜力，特别是随着工业 4.0 等数字化战略在各行业深化，检修决策技术已逐渐在更多行业中得到应用。

　　本章 1.1 节在介绍复杂机电系统及其特点的基础上，分析了其典型故障主要成因，梳理了检修理念的 4 个历史发展阶段及趋势。1.2 节围绕检修理论基础，在定义和阐明检修理论的一些基本概念和术语后，介绍了作为检修决策基础——故障预测技术的基本原理和主要方法，总结了三大类主要基本检修策略。1.3 节围绕检修决策技术，在明确检修决策含义后，列出了检修决策的框架内容，分析了六类关键影响因素，介绍了工程应用中检修决策如何影响检修执行。

　　本章是本书的基础知识部分，旨在帮助读者了解复杂机电系统的特点及其检修思想的发展脉络，准确掌握检修理论的众多基本概念，了解检修决策的框架内容及其在当前工业中的应用情况。

1.1　复杂机电系统

1.1.1　复杂机电系统基本概念

　　复杂机电系统（complex electromechanical system，CES）一般指结构复杂，集机械、电气、液压、自动控制和计算机技术等于一体的大型动力装备，如核电机组、高速列车、

大型连轧机组、大型舰船、大型盾构掘进设备、成套集成电路精密制造设备及航空航天运载工具等。

图 1-1　复杂机电系统的金字塔结构

为满足大生产的系列化、组合化、通用化、标准化要求,复杂机电系统设计多采用模块化原则,尽量将系统的功能分解、分层,使得系统由具有独立功能和输入、输出的标准产品模块组成。因此,复杂机电系统一般是"元器件/基础件—部件/组合件—整机—分系统—系统"的多级构成模式,复杂机电系统的金字塔结构如图 1-1 所示。结构和功能越复杂的系统,层级越多,模块类型和数量越多,各模块间的功能关系越复杂。

虽然各行业复杂机电系统功能和工作原理差异极大,但按物理功能划分部件类型,通常包括 4 大类部件,即静态结构类部件、齿轮箱和轴承等运动机械部件、电动机和变频器等电能—机械能转换部件、传感和控制保护等二次部件,通常都还会有一些为上述关键部件提供工作环境的辅助系统,如润滑油系统、散热系统等。需要说明的是,大部分复杂机电系统因其独特的结构、功能,通常还会有一些未能包括在内的特殊部件。

1.1.2　复杂机电系统故障统计规律

为更接近工程人员语言习惯,后续将具有一定独立功能的、通常作为一个检修对象的某部分,称为"设备"。由于复杂机电系统的多样性和复杂性,设备可能是图 1-1 中的任一层级。系统中的某设备发生故障(失效),可能会导致整个系统发生故障,因此要研究该类设备故障率随时间变化的统计规律,下面对故障统计规律的典型曲线进行详细说明。

1. 典型浴盆曲线

很多设备的故障率都呈现为浴盆曲线,浴盆曲线如图 1-2 所示。

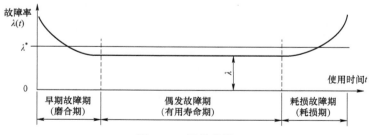

图 1-2　浴盆曲线

从图 1-2 可以看出,在这类设备的寿命周期中,故障率随时间的变化分为早期故障期、偶发故障期和耗损故障期三个阶段。

(1)早期故障期的故障主要由设计、制造和材质、安装时的缺陷或操作不熟练等原因构成,发生在设备的使用初期、大修理或改造后的使用初期;开始故障率较高,随着故障的排除,故障率逐渐下降。

（2）偶发故障期的故障主要由构成系统、设备和零部件的某些无法预测的缺陷所引起。在此期间，故障不可预测，不受运转时间的影响而随机发生。此时期内的故障率基本保持不变，服从指数分布，这一时期是设备的最佳稳定工作期。

（3）耗损故障期的故障主要由构成设备的大部分零部件集中耗损而产生，其表现形式是随着运转时间的增加，故障率逐渐升高。

通常，检修决策人员会根据设备的耗损故障情况和能力，制订一条如图 1-2 中所示的允许故障率 λ^* 界线，以控制实际故障率不超过此范围。检修人员的工作是努力延长设备寿命，减少停机时间，降低故障率，使其不超过规定的允许故障率 λ^* 界线。

2. 一般设备故障率曲线的基本形式

随着现代大型设备技术集成度越来越高，零部件构成愈加复杂，其故障模式呈现多样化趋势。美国航空航天局统计总结出航空设备的 6 类基本故障率统计曲线，如图 1-3 所示，这也适用于大部分复杂机电系统的设备。

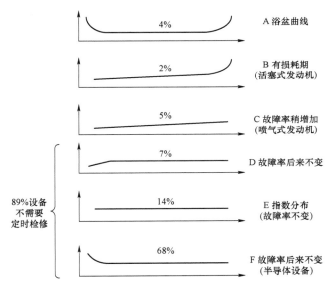

注：纵轴表示故障率 (λ)；横轴表示从新的或翻修后算起的时间 (t)；百分数表示具有某些曲线形式的机件在所研究机件总数中所占的比例。

图 1-3　6 类基本故障率统计曲线

由图 1-3 可以看出，曲线 A 为经典的浴盆曲线，有明显的损耗期；曲线 B 为故障率具有常数或渐升的特征，然后出现明显的损耗期，符合这两种形式的是各种零件或简单产品的故障，如轮胎、刹车片、活塞式发电机的汽缸故障，它们通常会出现机械磨损、材料老化、金属疲劳等；曲线 C 没有明显的耗损期，但是故障率也是随着使用时间的增加而增加的；曲线 D 显示了新设备从刚出厂的低故障率，急剧增长到一个恒定的故障率；曲线 E 显示设备的故障为恒定期，出现的故障常常是偶然因素造成的；而曲线 F 显示设备开始有较高的初期故障率，然后急剧下降到一个恒定或者是增长极为缓慢的故障率。

以复杂航空设备为例，具有 A、B 类耗损特性的设备仅占全部设备的 6%，具有经典浴

盆曲线（曲线 A）的设备仅占 4%，没有明确耗损期（曲线 C）的设备占 5%，具有以上三种类型故障率的设备共占 11%。而 89% 的设备则没有耗损期（D、E、F 类），归为 E 类，这些不需要定时检修。

一般来说，实际复杂机电系统的故障率应该是图 1-3 中所示的 6 种曲线中的一种或几种的合成（浴盆曲线可以看作曲线 B、E、F 的合成），这取决于系统的复杂性，系统越复杂，其故障曲线越接近曲线 E 和曲线 F。

3. 可修复复杂设备的故障定律（德雷尼克定律）

复杂设备是相对简单设备而言的，主要指故障模式的复杂性。简单设备是指只有一种或很少几种故障模式能引起故障（失效）的设备，复杂设备是指具有多种故障模式能引起故障（失效）的设备。一般的机械设备、机电设备、电器设备和电子设备等多属于复杂设备。1960 年 12 月，美国贝尔电话实验室的德雷尼克首次发表了可修复复杂设备的故障定律，也称为德雷尼克定律。其内容是：可修复的复杂设备，不管其故障件寿命分布类型（如指数分布、正态分布等）如何，故障件修复或更新之后，复杂设备的故障率随着时间的增大而趋于常数，复杂设备检修（更新）后的故障率曲线如图 1-4 所示。

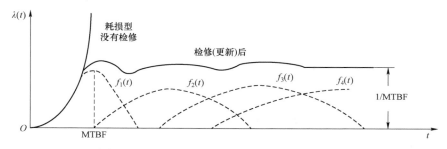

图 1-4　复杂设备检修（更新）后的故障率曲线

德雷尼克定律的物理解释是，复杂设备的故障是由许多不同的故障模式造成的，而每一种故障模式会在不同时间发生，具有偶然性。如果出现了故障及时排除、更新，那么故障件的更新也具有偶然性，因而使得设备总的故障率为常数。

对于大部分复杂机电系统而言，机械部分的故障特征具有较长的发展过程，故障周期长、可监测，一旦损坏检修难度大、成本高；电气部分则呈现突发性特点，故障周期短、监测难，但检修相对容易且成本相对较低。针对复杂机电系统，德雷尼克定律可以帮助检修决策人员在故障机制尚不清楚的情况下，回避故障的物理原因，也可不必知道故障件的分布类型，为实施预防性检修提供简便而又重要的理论依据。

1.1.3　典型复杂机电系统缺陷和故障成因

复杂机电系统从设计开始即采用一切可能的措施来保证系统的安全运行、延缓系统功能失效，贯穿设计和制造过程中的质量管理体系，特别是各类工程的检验、检测技术也为其安全和性能提供了基本保障，但在使用寿命周期内，大、小故障仍难以完全避免。复杂机电系统的功能和结构越复杂，外部因素对其功能、性能的影响以及其内部模块间相互影响越复杂，故障预防难度越大。掌握产生故障的根源，才能主动采取措施，将诱发故障的外部因素控制在合理范围内。

复杂机电系统中的运动机械部件、结构部件、电气一次部件、电气二次部件这 4 类典型部件工作原理完全不同，因此，缺陷和故障机理也完全不同。理解这些缺陷和故障的典型成因，有助于理解复杂机电系统检修理论的思路和概念。

1. 运动机械类部件缺陷和故障成因

绝大多数复杂机电系统中都包含旋转机械设备，包括电动机、齿轮箱、轴承等。由于持续运动积累疲劳应力，其缺陷和故障通常也是系统中最常见的，主要包括磨损、不平衡和不对中、碰摩等。

（1）磨损。设备或系统在使用过程中，由于摩擦、冲击、振动、疲劳、腐蚀和变形等原因造成相邻零部件因摩擦造成几何尺寸发生变化，称为磨损。磨损将导致零部件性能逐渐降低，严重时将丧失功能。按照摩擦表面破坏的机理和特征可将磨损故障分为磨粒磨损、黏着磨损、疲劳磨损、腐蚀磨损和微动磨损。磨损故障是重大装备故障中最普遍的故障形式之一，有 70%～80% 的设备失效是由各种形式的磨损所引起，据某空军运输师及新疆航空公司对发动机十年的工作情况所做的统计显示，发动机故障的 37.5% 以上是由发动机齿轮、轴承等部件的异常磨损造成。磨损故障严重时可能导致灾难性后果，据民航局统计，仅 1998 年某一个月内由于齿轮、轴承及密封件等部件的异常磨损就造成了 5 起飞机发动机的停车甚至提前换发事故。

（2）不平衡。旋转设备中，转子受材料、质量、加工、装配及运行多种因素的综合影响，当质量中心和旋转中心线之间存在一定偏心时，转子旋转时就存在周期性的离心力扰动，导致不平衡。不平衡将引起机械振动，严重时甚至导致设备停运或损毁。不平衡按机理可分为静不平衡、偶不平衡和动不平衡。据有关统计，实际发生的汽轮发电机组振动故障中，因转子不平衡引起的约占 80%，其根源包括转子结构设计不合理、机械加工质量差、材质不均匀、运动过程中相对位置改变、转子部件缺损和零部件局部损坏脱落等。

（3）不对中。由于两个对接的转子间连接对中超出允许范围，或者转子轴颈在轴承中的相对位置不良，无法形成良好的油膜和适当的轴承负荷，在设备旋转时，就会产生轴向或径向交变应力，称为不对中。不对中将引起轴向或径向振动，可能造成联轴器、轴承损坏。不对中可分为角度不对中、平行不对中和综合不对中，60% 的旋转机械故障是由转子不对中引起的。引发不对中故障的原因包括初始安装误差、运行中零部件热膨胀不均匀、机壳变形等。

（4）碰摩。当转子某处的变形量和预期振动量相加大于预留的动静间隙时，定子、转子之间将发生摩擦，称为碰摩，俗称"扫膛"。碰摩将造成密封件、转轴或叶片弯曲和变形，通常会导致严重的设备损毁事故。碰摩故障可分为径向碰摩、轴向碰摩和组合碰摩。1994～1995 年，因碰摩故障引发的发动机涡轮封严环故障，导致 4 架 F16 战斗机失事、399 台发动机直接或间接停飞。据统计，20 世纪 90 年代国内 200MW 汽轮机组事故中，80% 左右的弯轴事故均由转轴碰摩故障引起。

复杂机电系统在设计时，会综合考虑各类运动部件的重要性、工况、退化规律、故障

率、更换成本等,大部分因运动易磨损的部件(如轴承)的设计寿命短于整套系统设计寿命,这些部件需按设计要求及时更换和维护,以避免发生故障。

从很多行业设备故障统计数据粗略分析,旋转部件故障通常占50%,甚至更多。除了未按设计寿命及时更换,导致这些机械故障产生的主要外在因素可以归纳为:润滑等工作环境不符合要求、运行参数超出设计工况导致承受特殊复杂载荷等作用,而主要的内在原因则大多可以追溯到机械结构设计及装配质量等。

机械类故障多由疲劳积累所致,其过程是渐变的,符合能够早期发现、判断故障特征的条件。随着状态监测技术的发展,越来越多的设备安装了信号传感器和状态监测装置,如温度、压力、振动、润滑油磨粒、噪声等,可以利用这些信号量的变化和特征信息监测,进行早期故障特征的判断。因此,当前工业重要旋转机械设备,大多在出厂前就安装了各类传感器,甚至内置了可进行数据分析和告警的状态监测装置,这为实施预防性检修或预测性检修提供了条件。

2. 固定结构件缺陷和故障成因

稳定、可靠的固定结构是保证系统机械运动部分正常运行的基础。复杂机电系统中固定结构虽较少发生缺陷和故障,一旦出现问题,通常都会直接导致相关运动部件严重受损。常见的固定结构件故障有裂纹、松动等。不同复杂机电系统因结构和运行特点不同往往会有很多特殊的故障类型,如结构件的固有频率与运行中电气或机械扰动频率接近时,如果发生谐振,将引发严重的断裂事故。

(1)裂纹。裂纹是零部件在应力或环境作用下,表面或内部的物理完整性或连续性被破坏导致的一种现象。已经形成的裂纹在应力和环境的双重作用下,会不断发展,最终造成零部件的断裂。即便零部件设计、材料和制造工艺已经获得长足进步,也无法保证结构件中没有难以检测到的裂纹。同时,在长期承受重载荷、交变应力、环境温度和各类腐蚀的综合作用下,可能导致结构件中产生裂纹并不断发展。对于复杂机电系统的零部件,初始微小裂纹不易被发现,但在恶劣运行环境下微小裂纹会进一步发展造成结构断裂,导致整个系统失效甚至引发事故。2003年,美国哥伦比亚航天飞机失事原因就是在飞行过程中,机身燃料箱泡沫材料脱落击中飞机左翼产生裂纹,裂纹扩展导致左翼断裂,最终造成飞机解体。

(2)松动。如果固定结构件装配不良、预紧力不足,机电系统运行时,结构件将承受额外的激振力,产生不应有的或超出允许范围的振动,这将导致零部件间的连接状态发生变化,连接结构出现松动。松动缺陷初期可能表现为出现异常噪声、连接的旋转设备振动增大或结构件出现裂纹等现象,严重时导致装备不能正常工作。对于旋转机械设备,松动缺陷会降低系统的抗振能力,进一步加剧原有的不平衡、不对中等原因引起的振动,造成零部件之间的碰撞、摩擦,加快设备失效速度,造成经济损失。

原材料质量、制造工艺、安装不合格是固定结构件故障的主要原因,超出设计条件的恶劣运行工况或极端环境也会造成固定结构件出现问题。固定结构件的小问题通常会随着腐蚀、载荷的持续作用逐步发展为大的故障,缩短结构件的使用寿命。

为了预防结构件的裂纹、松动等缺陷和故障,大部分行业主要通过定期检查表面是否存在早期裂纹、有无异常噪声和异常振动等,对于人工难以直接检查的部位,还可以通过内窥镜、内置固定摄像头、无人机摄像等手段获取结构的表面图像。同时，对于重要金属固定结构件会采用超声波等试验定期检测内部裂纹及其发展情况，极个别关键结构件也可以安装应力状态监测装置进行实时监测。这些定期检查、试验结果可以帮助发现固定结构件的早期缺陷，为实施预防性检修或预测性检修提供信息。

3. 电气一次部件缺陷和故障成因

电气一次部件主要包括电动机、变频器、中低压断路器、变压器、电缆等。由于中低压断路器、变压器、电缆等故障率较低，电气一次部件缺陷和故障主要集中在电机和变频器设备上。由于电机种类繁多，以下以最为常见的交流电机为主，包括交流发电机和电动机，介绍其主要的共性缺陷和故障。

（1）电机。电机的故障主要包括振动过大、电机过热、轴承过热、转子或定子绕组短路、转子断条以及绝缘损坏等故障。从电机结构角度可分为定子故障、转子故障、轴承故障以及冷却系统故障，其外部原因通常是运行环境问题，冷却系统失效、粉尘导致散热不良、腐蚀性空气、湿度过高等；而内部故障通常是由设计、制造缺陷导致。

电机的定子故障主要包括绝缘故障、定子机座故障、定子铁芯故障、定子绕组故障。定子铁芯故障通常是由安装过程中的机械缺陷导致。定子绕组故障较为常见，绕组温度变化会使绝缘热胀冷缩，在长时间运行过程中，这种频繁的热应力会导致绝缘性能逐渐劣化；同时运行中异常的机械振动可能会使固定结构松动，槽部和端部的绕组在某些局部产生位移，这将导致这些位置的绝缘磨损；如果端部绕组防晕层磨损，产生的电晕会导致绝缘材料的化学腐蚀，加速绝缘劣化；还有一类是匝间（股间）绕组短路故障，某绕组某匝（股）断开后，会在断路处持续放电造成局部过热，引发周围绝缘过热而劣化。总之，局部热应力、磨损、化学污染等都会导致定子绝缘劣化，早期表现为局部温度过热、表面磨损、绝缘电阻下降，最终可能会发展为绝缘失效，如没有及时检修，会导致绕组间或对地短路事故。

转子故障包括转子绕组和转子本体故障。对于绕线式转子，与定子绕组类似，转子绕组故障主要有部件磁化、失磁、绝缘磨损引起的接地、匝间短路导致的转子绕组烧损等问题。当短路或者安装不良导致不对称和转子受力不平衡时，会引起气隙磁场变化，产生气隙偏心。这种故障将引起定子或转子的振动。大多数轴承工作在重载环境下，在载荷过重或环境温度过高、突然的冲击载荷等因素作用下，会造成轴承毁坏，导致轴承失效。

轴承的几种主要失效形式为磨损、塑性变形、腐蚀、疲劳及断裂。和齿轮箱轴承的故障机理类似，在发电机传动系统中，轴承一旦发生故障，将产生周期性的冲击，导致很高频率的振动。

冷却系统的故障主要指定子和转子冷却系统的故障。冷却系统负责为电机绝缘提供良好的温度、湿度、无化学污染物（粉尘、油污等）的运行环境，常见形式是以水或油为外循环介质的强迫风冷系统。如果冷却系统出现异常，造成电机运行在高温、高湿、高污染的运行环境，其绝缘劣化不可避免，将大大缩短定、转子绕组绝缘的寿命。一般来说，管路安装不当或渗漏、冷却介质不足或杂质含量高等都会导致系统冷却效率降低，使电机运行环境温度过高，影响绕组绝缘寿命。

电机上述故障通常都具有缓慢变化、逐步发展的特点，早期缺陷部分可以体现在电压、电流、温度、振动等数据采集与监视控制系统（supervisory control and data acquisition，SCADA）测点上，还有部分可以通过绕组绝缘和直流电阻、机械振动频谱、电流频谱等试验数据的趋势变化分析发现，具备故障早期预测的条件。电机故障预测是一个历史较为悠久的技术，早期主要基于停机目视检查和电气试验，随着振动在线监测技术的发展实现了设备异常的早期在线发现，技术手段日益丰富和成熟，人工智能技术的引入进一步提高了多类型数据融合分析能力，可以实现更为准确的早期预测，支撑预测性检修策略的应用。

（2）变频器。变频器的散热不良、冷却系统泄漏、内部绝缘等问题，会造成内部器件过热或损坏。变频器内部回路短路、遭受外部电气系统谐振等工况冲击时，功率器件可能发生过电流、过电压而损坏。此外，变频器中的继电器、接触器、浪涌保护器、电容器等元件也可能损坏，导致变频器跳机或发生进一步故障。

电子设备元件故障率曲线通常是 F 型（参见 1.1.2 节），在运行阶段表现出突发特点。因此，运行阶段保证变频器中的功率器件和其他回路元件可靠性的手段主要是要保证其良好的温度、湿度、无化学污染物（粉尘、油污等）运行环境，并要根据厂家维护要求定期（定时、定次等）更换元器件。因此，变频器不进行故障预测。

4. 控制传感类电气二次部件缺陷和故障成因

复杂机电系统一般需要配置各类传感器，对系统运行中的物理量进行感知和监测，向控制装置发送反馈信号，构成闭环控制。复杂机电系统常用的传感器类型包括温度传感器、湿度传感器、压力传感器、光电编码器、磁传感器、流量传感器，用以检测系统运行中的温湿度、压力、流量、位移、速度、加速度、转矩、荷重等信息。

传感器故障主要包括完全失效故障、固定偏差故障、漂移偏差故障和精度下降等。其中完全失效故障指传感器测量的突然失灵，测量值一直为某一常数，一般是由于信号线断、芯片管脚没连上、污染引起的桥路腐蚀、线路短接等原因引起传感器结构损坏；固定偏差故障主要指传感器的测量值与真实值相差某一恒定常数的一类故障，主要是由于存在偏置电流或偏置电压引起；漂移偏差故障指传感器测量值与真实值的差值随时间的增加而发生的一类故障，主要是由于电源和地线中的随机干扰、浪涌、电火花放电、D/A 变换器中的毛刺等引起；精度下降指传感器的测量能力变差，精度变低，一般是由于使用时间过长、传感器老化等原因引起。

对于较为关键的控制类传感器，如有的传感器的故障会直接造成控制装置的反馈信号丢失或不准确、输出错误控制指令可能导致系统停运，设备对这类传感器往往具备自检功能，失效时会提示运维人员。对于温湿度等监视类传感器的失效，主要是通过运维人员的定期检查来发现。根据各类设备对传感器精度、可靠性、稳定性等的不同要求，还可以通过实验室检验、对比等方式进行功能和性能检查。综上所述，这类控制传感类电气二次部件通常也不进行故障预测。

1.1.4 复杂机电系统检修理念发展

如前所述，对复杂机电系统而言，即使系统设计合理、零部件制造和组装符合工艺要求、现场安装规范正确，在运行过程中，各组成部分受不同载荷和环境作用，设计、制造、安装过程的任何一个微小瑕疵仍然不可避免地会被发展，逐步出现退化、故障、失效。检修是恢复这些组成部分功能、性能的唯一选择。

为避免系统失效后带来的直接和间接损失，从经济、安全、质量等角度综合考虑，有必要提前采取预防性检修，在此情况下，故障预测技术应运而生，为预防性检修活动提供依据和参考。故障预测技术早在20世纪60年代就被确认为一门新的学科技术，美国航空航天局与美国海军研究局在1967年组建了美国机械故障预防组，对机械故障诊断与预测技术展开研究，此后，美国、日本、丹麦、加拿大等国家的专家学者开展了大量故障预测技术的相关工作，我国高校学者也于20世纪80年代中期开始了故障预测研究工作。

预防性检修可以保证复杂机电系统的安全性、可靠性和运行性能，节省全寿命成本、延长服役年限，但预防性检修是有成本的，包括预测故障技术成本、停机损失成本、更换零部件成本、大型作业成本等。

正是由于在检修活动中必须兼顾安全、可靠和经济三方面因素，推动和促进了检修理念的不断变化，也促进了检修理论的研究和发展。图1-5展示了历史上检修理念和工业实践的发展阶段。

图1-5　检修理念和工业实践的发展阶段

（1）第一阶段为20世纪50年代以前，以事后检修（corrective maintenance after the fault，CMAF）为主导，也称为基于失效的检修（failure based maintenance，FBM）。在设备发生故障后进行检修活动，使其恢复到规定状态，即设备"坏了才修、不坏不修"，是一种被动的设备检修方式。在20世纪50年代之前，由于设备投资较低，故障停机造成的直接损失不大，对企业经营活动的影响比较小，同时大部分设备比较简单，修复比较容易，所以通常采取事后检修策略。

（2）第二阶段为20世纪50年代以后到20世纪80、90年代以前，以定期预防性检修（regular preventive maintenance，RPM）为主导，通常简称"定期检修"。自20世纪50年代以后，随着社会化大生产的普及和发展，设备本身的技术复杂程度有所提高，故障停机所产生的损失也显著增加，因此，人们开始研究和应用预防检修理论，即改变原有的事后检修做法，采取定期检修的策略来预防故障的发生，防患于未然。定期预防检修的最大优点是可以有计划、有准备地安排检修活动，减少非计划停机，将潜在故障消灭在萌芽状态。然而，它也存在两个明显的缺陷：① 过分强调按规定的时间进行检修，而不管设备实际状

态如何，往往出现检修不足和检修过度同时存在的情况，即在有些设备发生故障前没能得到及时的检修，而另一些没有任何故障隐患的设备在没有必要检修的时间点进行了多余的检修。② 检修成本日益攀升，过多缺乏针对性的检修活动不但增加了大量检修材料、人工等成本，而且产生大量因停机带来的间接成本，降低了企业效益。

（3）第三阶段为 20 世纪 80、90 年代到 21 世纪初之前，以状态检修（condition based maintenance，CBM）为主导，当前很多行业仍在广泛使用。它的研究最早出现在 20 世纪 40 年代，美国的 Rio Grande 铁路通过监测在润滑油液中的冷却剂和泄漏燃料的情况，掌握柴油发动机的健康状态，这种针对性检修策略取得了显著的效益，降低了故障发生次数。在 20 世纪 60 年代，状态检修开始应用在美国航空工业飞行器的设备检修管理工作中。1978 年开始应用于美国海军舰艇的设备检修，20 世纪 80 年代又在核电工业中推广应用，并很快延伸到电力、化工、冶金等连续性生产强、自动化程度高的企业的设备检修管理中。

状态检修着眼于每台设备的具体运行状态，通过状态监测与故障预测、可靠性评估技术等方法判断设备的健康状态，识别故障的早期征兆，对缺陷部位及其严重程度、发展趋势做出判断，尽可能使每个设备在故障发生前进行检修，这样既保证设备安全、可靠的运行，避免或减少故障发生次数；又保证物尽其用，充分利用设备零部件的有效寿命，解决检修不足和检修过度两大问题，从而显著减少停机损失，降低运营成本。

（4）第四阶段为 21 世纪 10 年代到当前，以预知性检修（predictive maintenance，PdM）为主导，旨在保证系统安全的前提下，以更精准的检修实现最延长寿命的最低检修成本，即寻求最低全寿命周期成本——平准化度电成本（levelized cost of energy，LCOE）。PdM 是为了避免过多的预防性检修（preventive maintenance，PM）造成的浪费（人力、时间、金钱）而演进过来的更加精确的、更加精细的检修体制。PdM 仍以设备状态为基础，但增加了状态及剩余寿命发展趋势的动态预测，即根据对设备的日常点检、定期重点检查、在线状态监测故障诊断所得综合信息，经过分析处理，判断设备的健康和性能劣化趋势，更早发现设备故障的早期征兆，并跟踪发展趋势，以期在设备故障发生前及性能降低到不允许的极限前有计划地安排检修。

展望未来，随着工业数字化的快速和深化发展，数字孪生、大数据、人工智能等技术得到了深入研究和广泛应用，使得复杂机电系统具备全寿命建模、实时掌握零部件和子系统状态、更精确预测其故障甚至寿命的可能，也具备建立更复杂、更准确检修决策模型并寻优的条件，甚至可以采用运筹学模型进行量化求解。性能不断提高、成本不断降低是复杂机电系统发展的不竭动力，也同样推动故障和寿命预测、系统检修决策技术不断发展。

1.2 检修理论基础

1.2.1 基本概念和术语

随着工业信息化、数字化不断发展，检修管理信息化要求检修决策技术向更精准的定量化方向发展，术语概念明确、统一是基本要求。本书综合考虑国内外检修决策相关文献和我国风电行业技术人员的用语习惯，尽量详细、准确地给出检修理论一些概念的内涵和外延，并给出了一些容易混淆概念的进一步解释，希望为检修决策向需要概念明确的信息化打下基础。希望读者可以准确掌握这些概念，这是准确理解本书后续章节中的相关技术和方法的基础。

1. 检修

为保持或恢复工程系统或设备在其规定的技术状态所进行的全部活动。

为使定义不局限于复杂机电系统，检修的对象分为"工程系统"和"设备"两个层面。工程系统不仅包括机电系统，也包括桥梁、核岛、燃烧锅炉等各类非机电类工程系统；而设备指具有一定独立功能的，通常作为一个检修对象的某部分。

2. 基本检修策略

根据工程系统或设备的寿命、状态或故障等依据，给出检修时间或时机的基本原则，称为基本检修策略，主要类型包括事后检修（CMAF）、定期预防性检修或定期检修（RPM）、基于可靠性的检修、状态检修（CBM）、预知性检修（PdM）等（详见 1.2.3 节）。

国外文献中，maintenance policy（检修原则）和 maintenance strategy（检修策略）是两个不同概念，maintenance policy 是原则性的方法，而检修策略是指针对具体系统或设备制订的一系列具体检修方案。如不做明确的区分，容易混淆；本书为符合国内阅读习惯，将 maintenance policy 定义为"基本检修策略"。

3. 检修策略

检修策略是工程系统或设备中各子系统或部件的基本检修策略、决策目标、检修措施、执行时机等要素的组合。

简单系统或设备可以直接采用基本检修策略，而对复杂工业系统和设备，为统筹考虑可靠性、经济性和安全性，不同子系统或部件通常会采用不同的基本检修策略，经检修决策求优后得到的所有子系统或部件策略集合，组成该系统或设备的检修策略。

对于成熟工程系统，各行业往往通过总结检修策略经验形成检修导则等指导性文件，如电力行业中各类主要发、变电设备的状态检修导则。

4. 检修决策

对于复杂工业系统，为提高系统可靠性、预防系统故障、减少检修费用，以尽可能少的检修费用，保持或恢复系统到最合适的系统可靠性、可用度和安全性，应用优化方法制订检修策略的过程，称为检修决策（详见 1.2.4 节）。

尽管很多成熟工程系统有行业检修导则，但其通常是一些原则性建议，不同厂家、不同型号设备和不同的运行工况都会带来特殊性，特别是涉及经济性时，各企业经营决策也会有差异，因此，检修决策仍是设备资产管理的重要内容。

5. 检修程度

通过检修使子系统或部件功能、性能、可靠性等恢复的水平，也有文献称为"检修效果"。检修程度可以分为基本检修（也称为"最小检修"）、完全检修、中度检修、改进性检修、不良检修等。

6. 检修计划

由于检修需要根据设备的生产要求或停机机会，组织人力、物力等实施一系列复杂行为，因此，通常需要提前制订周全的检修计划，通常包括检修范围和检修程度、时机/时间、项目/内容、物资采购计划、人员安排、工序和验收标准等。企业通常会通过制订年度计划，并视情况分解到月度等更短周期来执行。

7. 健康状态

健康状态是描述零部件、子系统、设备和工程系统等是否正常的一种半定量化的描述方式。简单的零部件可能只存在"好"与"坏"两种状态，而更多零部件的状态在"好"与"坏"之间可能还存在中间状态。工业界为便于管理，通常零部件的状态定义为完好（perfect）、带缺陷（imperfect）、异常（abnormal）、故障（failed，即失效）4 种状态。作为一个独立检修对象，设备的健康状态通常也可按这 4 种状态区分；对故障预测技术比较成熟的设备，往往还可以将缺陷和异常进行更细的分级，以便对应确定如何监视和何时检修，进行更精细的检修管理（本书基本采用上述 4 种状态）。通常认为，带缺陷和异常的区别是，带缺陷可暂时继续运行，异常应尽快停机。

8. 故障状态

故障状态是部件或系统发生故障后不能执行规定功能的状态，有的中文文献称为"失效"。通常而言，故障指系统中部分元器件功能失效而导致整个系统功能恶化的事件。对于复杂机电系统，一些串行系统中的关键零部件或子系统的故障（失效）将导致整个系统故障（失效），而冗余部件和一些辅助部分的故障不会直接导致整个系统故障（失效），通常称这种状态为带缺陷运行，但长期带缺陷运行，可能导致关键零部件或子系统因未能在良好条件下运行，而导致出现故障风险或寿命缩短。

9. 异常状态

异常状态是零部件或系统与设计出现严重偏差的状态，如任其发展，可能很快导致系统或功能故障（失效），因此，有文献也称这种设备状态为潜在故障状态（potential failure）。

10. 带缺陷状态

带缺陷状态指零部件或系统与设计出现偏差，但尚未达到异常的状态。由于大部分机电系统的零部件或子系统从出现偏差到发展为故障需要一个过程，当零部件或系统与设计出现轻微偏差时，通常不会直接导致整个系统故障（失效），通常称这种状态为带缺陷运行，但长期带缺陷运行会使得偏差越来越严重，逐渐发展成为异常状态，若再任其发展最终会导致系统故障。

11. 健康状态评估

健康状态评估指针对零部件或子系统，通过巡检、试验、在线监测等获得表征健康状态的数据，再运用数据分析、数据挖掘、建模仿真等方法，判定其保持可靠性和可用性能的技术，可以按照半定量化的健康状态评级或定量化的打分作为评估结果。

故障预测、寿命预测等通常用于重大关键部件的健康状态评估。除与故障相关的可靠性外，有文献将可用性能或能力参数也纳入健康评价的内容，如大型机床的加工精度、风力发电机组的发电能力等，本书不涉及这方面内容。

12. 状态监测

状态监测指通过特定类型的传感器对零部件或设备运行状态的各种特征参数进行测量和监视，如振动、温度、电流、电压、噪声等，也可以称为"在线监测"。

由于绝大多数的故障在发生之前都有一些迹象，即一些特定的设备状态参数会发生变化，因此，通过对监测信号的采集、处理与分析，能够确认设备是否健康，发现异常和缺陷，预测故障的发生及其位置、模式。状态监测是故障预测、剩余寿命预测、故障诊断的重要工具。

13. 故障预测

故障预测是根据系统或设备重要部件的过去与现在的状态，结合被预测部件的结构特性与环境影响因素等，预测其将来的运行状态及趋势，包括是否能正常运行、是否会发生故障和何时发生故障等。

14. 寿命预测

根据当前系统的健康状态和过去的运行情况，预测当前时刻至故障发生前的剩余时间，即剩余寿命。通过预测剩余寿命，能够估计系统的故障时间，提供早期警报，从而防止灾难性故障的发生。

15. 故障诊断

故障诊断是当系统或设备发生故障后，通过故障代码分析、现场检查、试验等手段，分析故障发生的部位、根源、起因以复现故障发展过程的技术，有时也称为故障辨识（failure identification）。故障诊断是故障后检修必须首先开展的工作，准确的故障辨识可以帮助制订有效的检修方案，保证事后检修实施后的设备或系统不但可以使修复后的设备或系统恢复功能、重新运行，而且可以避免重复出现类似的故障。

有的文献混用了"故障诊断"和"故障预测"这两个概念，本书是明确区分的，即故障预测指导故障前如何避免故障，故障诊断指故障后如何找到故障部件和原因。

1.2.2　健康状态评估

1. 健康状态评估方法

复杂机电系统的子系统或部件健康状态评估是实施预防性检修的依据。健康状态评估可以通过定期检查、试验与运行数据挖掘两类技术手段综合实现，目的在于判断子系统或部件失效的风险等级程度，针对性实施检修，预防未来发生失效。

基于定期检查、试验的健康状态评估是较为成熟的技术手段，主要针对机理解释比较明确的缺陷和故障，通过开展定期检查和预防性试验分析结果与健康设备正常状态的一致性。可以依据专家经验对每一项检查或试验结果进行打分，同时考虑检查或试验项目对设备整体可靠性的影响权重，进行综合评分，最终根据评分结果划分设备健康状态等级。

基于运行数据挖掘的健康状态评估是近些年发展较快的新技术，主要针对机理解释相对模糊的缺陷和故障，基于历史正常运行数据，通过神经网络、深度学习等人工智能分析方法进行数据挖掘，得到健康设备正常状态的某一个或几个特征指标（如重构误差指标等），

通过设定特征指标的阈值实现健康状态等级的划分。将设备当前状态的实时数据输入算法模型，根据输出指标所处阈值范围，判定设备健康状态等级。

随着设备传感技术、智能分析技术的进步以及计算能力的大幅提升，设备故障预测技术作为基于数据挖掘的健康状态评估技术的一种典型技术手段，逐步具备工程领域的应用条件，以便在更早时间精准实现设备的健康管理，整体提升设备的健康水平。

2. 故障预测

（1）故障预测特点。故障预测是实施预防性检修和预知性检修的基础，具有如下特点：

1）故障预测技术的主要应用对象为零部件。尽管健康管理技术总体呈现从零部件到子系统，再到全系统的发展趋势，但就目前发展水平而言，故障预测技术的研究和应用仍然仅限于具体的某一零部件。只有当零部件一级的故障预测准确性和稳定性达到较高水平时，系统级别的故障预测才有可能展开。

2）故障预测行为贯穿从早期损伤出现到完全失效的全过程。故障预测技术是根据对损伤演化趋势的推理所进行的，因此，在预测对象处于完全正常的状态下（损伤未出现之前），故障预测是没有意义的。一旦检测到早期损伤，便可以依据已知监测数据、故障模型或先验知识估计具体损伤的演化趋势，对剩余寿命进行预测，直至完全失效。

3）故障预测通常需要借助某种能够体现健康状态的特征指标，如振动峰峰值、频谱等。

4）故障预测需要明确当前时刻之后的运行工况。设备的运行工况直接影响其故障模式以及损伤的演化过程，因此，只有在明确未来一段时间内的运行工况的前提条件下，故障预测的结果才是有意义的。

5）故障预测的不确定性。环境因素、工况因素、材料损伤本身的强非线性等众多因素共同导致了目标发生故障到彻底失效的过程非常不稳定，使得故障发展过程存在高度的不确定性，因此，故障预测往往是趋势性的，剩余寿命很难被精准预测。

（2）故障预测过程。一般来说，故障预测过程主要分为信号采集、信号处理、信号特征提取、故障特征一致性对比 4 个步骤，故障预测基本流程如图 1-6 所示。

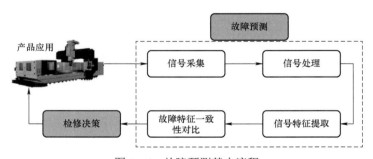

图 1-6 故障预测基本流程

1）信号采集。得益于先进传感技术与计算机监控系统的快速发展，系统在运行过程中的各种特征数据能够被监测并采集，从而反映系统的退化趋势或故障即将发生的迹象。数据采集可以分为在线和离线两种方式，在线采集在系统运行状态下进行，离线采集在不受工作状态影响的情况下进行。所采集的数据可以分为统计型数据和状态监测信息两类，统计型数据表示事件发生情况的信息，如故障、检修、更换等；状态监测信息表示使用传感器、有线或无线技术采集的信息，如振动、噪声、温度、压力、电流和电压等。一般来说，用于监视和保护的常规监测信号只可以用于故障预测的辅助判断信号；实现故障预测，需要在设备常规监视信号基础上，加装专用监测设备，进行高频、高精度信号的采集，以便在信号特征提取过程中获取更多的征兆信息。如轴系振动的峰峰值只是监测信号，具备高频采集和频谱分析功能的振动监测系统，才能为故障预测提供更全面的数据。

2）信号处理。基于所采集的信号类型与特征，可以采用各种模型、算法和工具对其进行清理、转换和建模分析，以便提取有效特征，预测系统的退化和故障模式。目前常用的方法包括时域分析方法、频域分析方法和时频域综合分析方法。

3）信号特征提取。故障信号特征提取技术是故障预测的核心。复杂机电系统采集到的动态信号是各部件故障特征的综合反映，且由于传递途径的影响，信号变得更加复杂。在故障预测过程中，首先滤除干扰信号，然后提取信号中的关键特征信息，比较获取与各类故障相关的征兆，利用征兆表现强度进行故障预测。

4）故障特征一致性对比。提取的故障特征信号必须要与已掌握的故障特征进行对比，才可以判断设备的故障类型、故障部位，而获取故障特征往往是一个实际故障案例分析、故障前后试验数据对比、实验室试验数据对比和理论推断等多方面不断积累和迭代的过程，故障案例越多，数据越多，分析总结得到的故障特征越准确。

复杂机电系统故障类型多且复杂，汇总各类故障的故障特征即形成其故障特征库，可以为故障特征对比分析提供样本。在实际工程中，往往由于不同用户企业的故障数据无法或难以共享，减慢了同类设备故障特征库的建立，阻碍了故障预测技术的进步和推广应用。随着工业数字化发展，有望通过技术协议和共享机制解决这种壁垒。

另外，随着大型复杂机电系统的监测测点数量和分辨率要求越来越高，声波、图像、光纤传感与分析技术手段越来越多，通过多源监测数据可以收集更多的故障征兆信息，可以利用不同类型数据集的相关性识别设备或部件的运行劣化趋势；同时，随着人工智能算法的逐步成熟和计算机算力的大幅提升，这种基于多源数据的故障预测方法引起学界和工程界关注，未来可能成为另一类重要的预测方法。

3. 剩余寿命预测

如本节前文所述，故障预测主要是对设备潜在失效部件的定位预测，健康状态评估是对设备失效风险等级的评估，由于不掌握设备当前时刻至失效时刻的剩余时间，无法完全精准指导预知性检修决策，因此，学界提出剩余寿命预测的概念，为设备的预知性检修决策与实施提供依据。

剩余寿命，也称为剩余有效寿命（remaining useful life，RUL），是指基于当前的健康状态、历史运行数据和未来运行工况，设备从当前的运行时刻到失效故障发生时刻的剩余时间。剩余寿命预测的主要任务是，通过对目标设备的状态监测数据或同类系统的历史数

据（包含状态监测数据及故障时间、检修停机时间等统计数据）进行充分的挖掘与分析，建立能够描述设备健康状态变化趋势的模型，从而预测目标系统在失去运行能力之前的剩余时间。

由剩余寿命的定义可推断，剩余寿命预测比较适用于有明确退化失效机理的部件或子系统，而不适用于突发型失效部件，也无法用于由较多部件和子系统组成的复杂机电系统。

对于退化型故障特点的部件或子系统，即其性能是逐渐退化至无法满足应用的要求，剩余寿命预测需要衡量当前健康状态水平所处时刻到故障阈值时刻之间的过程，退化型故障下部件或子系统的 RUL 定义如图 1-7 所示。因此，需要该部件或子系统运行寿命周期全过程的特征数据，这通常需要部件或子系统全寿命的实验室数据建立剩余寿命的数学模型，并在实际运行中获取大量特征数据，同时还需较多的计算机算力进行实时或半实时计算。

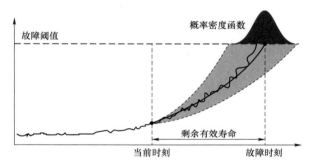

图 1-7　退化型故障下部件或子系统的 RUL 定义

1.2.3　基本检修策略

对复杂机电系统的基本检修策略进行总结，其核心是根据对关键零部件或子系统故障或寿命的预测，如何确定检修时机的问题。根据瑞士标准 SS-EN 13306（2001），以检修方式划分的检修策略——预防性检修策略如图 1-8 所示。

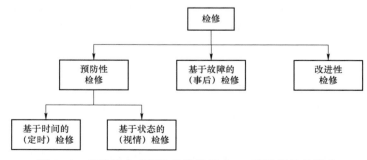

图 1-8　以检修方式划分的检修策略——预防性检修策略

1. 预防性检修

预防性检修（PM）是在发生故障之前，使系统保持在规定状态所进行的各种检修活动，一般包括擦拭、润滑、检查、定期拆修和定期更换等，目的是在系统故障前发现故障并采取措施，防患于未然。预防性检修适用于故障后果危及系统安全或正常运行，导致较大经济损失的情况。预防性检修主要包括定时检修策略、视情检修策略和预知性检修策略。

（1）定时检修（time-based maintenance，TBM）。定时检修策略是在对系统故障规律充分认识的基础上，根据规定的间隔期、固定的累计工作时间（如飞行小时）或里程，按照事先安排的时间计划进行的检修，而不考虑系统当时的运行状态。定时检修策略属于计划性检修策略，适用于系统的寿命分布规律已知且确有耗损期，系统的故障与使用时间有明确的关系，系统中大部分零部件能工作到预期的时间，而不适用于随机发生的部件故障。这种检修策略的优点是通过定时检修，有利于保持部件安全和系统性能，并能提前安排检修需要的材料和人员，从而减少非计划检修产生的额外成本，同时减少二次损伤造成的检修成本；缺点是忽略了系统性能的动态退化及不确定性，可能会导致不必要的检修，从而增加检修成本，并有可能损坏相邻部件。

（2）视情检修（on condition maintenance，OCM）。视情检修策略是根据系统实际工作状态安排检修的一种策略。由于大多数机电系统的故障（失效）不是突然发生的，而是经过一段时间形成的，因此，可以根据系统状态发展情况提前安排检修策略。广义的视情检修策略包括基于状态的检修（condition based maintenance，CBM）、基于探测的检修（detection based maintenance，DBM）和基于故障发现的检修（failure-finding，FF）。

1）基于状态的检修（CBM）。基于状态的检修是采用一定的状态监测技术（振动技术、润滑技术、孔探技术等）对系统可能发生功能故障的各种物理信息进行周期性检测、分析、诊断，据此推断其状态，并根据状态发展情况安排预防性检修。基于系统状态安排动态时间间隔或周期的检查计划，适用于耗损故障初期有明显劣化特征的系统或部件，并要求有合适的监测技术手段和标准。基于状态的检修关键是对系统实际运行状态的把握，核心在于状态监测过程，通过对监测信号的采集、处理与分析，以及故障机理、劣化特征及信息特征的深入研究，才能够监测故障的发生、确定故障的位置并识别故障模式，进而规划合理有效的检修方案。这种检修策略的优点是能减少系统的二次损伤，在缺陷早期即可安排检修从而避免发生严重损伤，降低检修成本，并提升系统的可用率，减少停机时间。同时可以提前安排检修需要的材料和人员，减少非计划检修产生的额外成本；缺点是针对监控、温度记录和油液分析等状态监测技术需要专用的设备和人员培训，费用较高，此外，故障趋势的形成需要一段时间，需要评估设备的状态。

2）基于探测的检修（DBM）。通过人的感官进行状态监控并根据监控结果进行的检修。熟练工程师在许多情况下就能通过人的感官（看、听、摸、闻等）发现一些不正常的情况，这种检修策略依靠人对系统状态的感觉进行，DBM 实际上是 CBM 的重要基础。这种检修策略的优点是可以最大化系统的可用性，减少系统的二次损伤，在严重损伤发生前即可安排检修，并能探测到种类繁多的故障状态，经济效益非常高。同时可以提前安排检修需要

的材料和人员，减少非计划检修产生的额外成本；缺点是等到通过人的感官探测到大多数故障时，系统的故障劣化过程已经相当长了，并且严重依赖于检修人员的经验和主观判断，很难制订精确的探测标准。

3）基于故障发现的检修（FF）。基于故障发现的检修是一种特殊的视情检修策略。当系统的一些部件故障单独发生时，系统状态正常，此类故障本身对操作人员而言是不明显的，该故障就是隐蔽功能故障。绝大多数隐蔽功能都来自不具有自动防止故障能力的保护装置，增加了发生多重故障的风险。预防隐蔽功能故障的主要目的是防止发生多重故障或降低发生相关多重故障的风险，可以通过定期检查隐蔽功能是否仍起作用来降低发生多重故障的风险度（实际工程中通常是通过定期开展特殊试验来检查、确定的）。这种检修策略即故障发现检修策略。故障发现检修策略本质上也是 CBM 策略，可以看作是一种特殊的CBM。普通的 CBM 策略是通过检查或监测系统正常工作时的运行状态信息来确定系统的完好性，设备一直在执行特定的任务或功能；而故障发现检修策略是通过检查或测试系统的预订功能是否仍起作用来确定系统的状态，系统常规状态往往并没有工作，一般是处在等待或备份状态下的。这种检修策略主要适用于非故障自动防护的保护装置，优点是可以防止多重故障或降低其风险；缺点是检查或测试的时间间隔过小时会增加成本，间隔过大时会增加发生多重故障的风险，因此，需要选择合适的测试时间间隔。

（3）预知性检修（PdM）。预知性检修也称为预测性检修、主动检修，它对导致系统发生故障的根源性因素，如油液污染度增高、润滑介质理化性能退化以及环境温度变化等进行识别，主动采取事前的检修措施将这些诱发故障的因素控制在一个合理的强度或水平以内，以防止诱发系统的进一步故障（失效）。这是从源头切断故障的检修策略，以达到减少或者从根本上避免故障发生的目的。一般的检修策略只能消除系统表面上的异常现象，而没有注意到系统内部的隐患性故障及根源。主动检修策略着重监测和控制可能导致系统损坏的根源，主动消除产生故障的根源，达到预防故障（失效）发生并延长系统寿命的目的。

PdM 是以设备状态为基础，以预测状态发展趋势为依据，它的研究主要包含两个关键问题：① 剩余寿命（RUL）预测，即如何估计故障时间以提供早期警报，防止灾难性故障的发生。② PdM 决策，基于系统的状态监测与 RUL 预测，考虑检修策略的基本要素，通过优化目标函数（如单位时间检修成本、可靠度、可用度等），规划最佳的 PM 行为，可以为合理安排检修行为提供充分的时间，并提前准备检修需要的资源，如检修工具、检修人员等，从而提高系统运行效率，节省计划外的检修成本。

PdM 虽然是一种理想的检修策略，但工程实践中往往因故障过程复杂、数据较少而难以保证 RUL 预测模型和参数的准确度和可靠性，通常需要在实验室开展大量试验数据收集和现场对比研究，才能获得可用的 RUL 预测模型和参数，技术门槛高、成本高。因此，RUL 预测和 PdM 一般只用于对可靠性要求最高、最贵重的关键部件上。如果 RUL 预测误差难以保证，需要采用 CBM 策略替代 PdM 策略。

2. 事后检修

事后检修（corrective maintenance，CM）也称修复性检修策略、故障检修策略或基于失效的检修策略，由于未能采取预防性检修或预防性检修中未暴露出问题导致系统或设备故障之后所采取的补救措施，属于非计划检修。

事后检修通常包括故障定位、故障隔离、分解、更换、再装、调校、检验及修复损坏件等措施。这种检修策略主要适用于不可预知的设备故障问题，以及不重要、价格低廉、检修成本低或者故障率是常数的设备。这种检修策略的优点是由于设备不做预防性检修，降低了检修成本；缺点是因为故障（失效）无法预测，对突然性故障缺乏计划性的准备，这种策略会导致长时间的系统停机、严重的生产损失和高水平的检修成本。

3. 改进性检修

改进性检修（improvement maintenance，IM）也称基于设计的检修（design-out maintenance，DOM）策略，工程中也称为技术改造（简称"技改"），是通过重新设计，从根本上使检修更容易甚至消除检修的策略。它是利用完成系统检修任务的时机，对其进行批准的改进或改装，以消除系统在使用和安全等方面的缺陷，提高系统性能、可靠性和检修性。DOM 实际上已经不是检修的概念了，可以认为是检修工作的扩展，实质上是修改产品的设计。实际工程中，通常由设计制造商提出已试用成功的改进性检修方案，并进行经济性对比分析，业主根据比较做出决策。这种检修策略的优点是对经常重复出现的问题能完全解决，在一些情况下，小的设计修改很有效且费用低；缺点是通常更改设计检修的费用较高，包括重新设计费用、制造部件费用和安装设备费用，以及可能的生产停止造成的损失费用。此外，如改进设计考虑不周，可能会干扰设备其他部件必需的日常检修活动，并可能产生意外问题。

上述几种基本检修策略的适用条件如表 1-1 所示。在实际工程中，企业可以根据生产特点、设备特点、故障规律、资源和资金等情况，从检修费用、停产损失、检修组织工作和检修效果等方面去综合衡量，选择适用的一种或多种基本检修策略，以达到最优的检修效果。

表 1-1　　　　　　　　　　　　基本检修策略的适用条件

基本检修策略			适用条件
预防性检修策略	视情检修策略	定时检修策略	适用于系统的寿命分布规律已知且确有耗损期，系统的故障与使用时间有明确的关系，系统中大部分零部件能工作到预期的时间，而不适用于随机发生的部件故障
		基于状态的检修策略	适用于耗损故障初期有明显劣化特征的系统或部件，并要求有合适的监测技术手段和标准
		基于探测的检修策略	适用于有明显劣化特征的系统或部件，并要求探测人员具有丰富的经验
		基于故障发现的检修策略	主要适用于非故障自动防护的保护装置
	主动（预知性）检修策略		主要适用于可以预测故障劣化趋势的系统或部件，不适用于一些不可预测的突发性故障
事后检修策略			主要适用于不可预知的设备故障问题，以及不重要、价格低廉、检修成本低或者故障率是常数的设备
改进性检修策略			主要适用于经常重复出现，且经过小的设计修改即能解决的问题或故障

1.2.4 检修决策

1. 检修决策的含义

所谓决策，就是借助一定的科学手段和方法，对两个以上的方案进行的考虑、权衡与

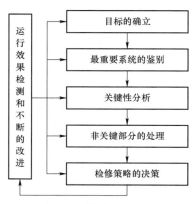

图 1-9 检修决策过程

选择。当代的检修决策指通过检修目标建模、检修参数优化等方法求解决策方案。具体到复杂机电系统，就是指在保证系统安全和可靠性等约束条件下，根据检修对象的故障预测结果等健康状态评估结果，对检修成本和收益进行综合权衡，确定和调整基本检修策略，制订检修计划、分解检修任务并实施。而检修评估是用运行可靠性、经济性等长期统计指标来衡量检修效果，并以此为依据改进检修决策中的各个环节。因此，如图 1-9 所示的检修决策过程，检修决策是一个不断重复、改进、优化的循环过程，通过持续改进，实现更好的检修目标。

2. 复杂机电系统的检修决策要素

检修决策的基本要素包括 4 个方面：① 与检修对象相关的，包括检修对象的结构及各子结构间的结构和功能关系、各子结构状态和劣化模式及其可检测性等，通常这些特征会决定检修对象主要部件的基本检修策略。② 与检修行为相关的，包括检修时机、检修方式、检修程度、检修时间、检修费用等。③ 与检修结果相关的，包括检修效果、评估指标等。④ 与检修决策相关的主观要素，包括设置决策的约束条件和优化目标等。

（1）检修对象相关。检修对象对检修决策的影响包括以下 4 个方面。

1）检修对象的系统结构。可以大致将检修对象分为单部件系统、多部件系统和复杂大系统，通常检修对象中不同子结构的状态、劣化模式及其可检测性等差异极大，同时各子结构之间的结构和功能相关性会带来检修的相关性，所以一般来讲，检修对象的结构越复杂，相应的建模和决策难度就越大。

2）部件和子系统的健康状态。如本章 1.2.1 节中的"健康状态"定义中所述，通常将部件和子系统的状态定义为完好、带缺陷、异常、故障 4 种状态，也可以将缺陷和异常进行更细的分级，进行更精准的检修决策。显然，状态级别定义越多，决策就更复杂。

3）状态劣化模式。本章 1.1.2 节介绍了 6 类故障曲线，1.1.3 节介绍了机电系统 4 类主要部件的缺陷、故障成因和发展过程，它们的状态劣化模式差异很大。一般说来，对于渐变发展失效模式可以采用一般的劣化模型来表示（如连续渐变的失效率），也可以用剩余寿命预测来表示，而内、外部因素影响运行可以采用冲击模型表示。

4）状态劣化的可检测性。状态检测可分为连续检测（即在线监测）、定时检测（即定期试验）和特殊检测（即特殊试验）。如本章 1.2.3 节所述，随着新材料、新工艺、新设计，以及更先进机电系统的发展，状态劣化的监测和试验技术也不断发展，状态劣化检测越精准，越能够得到更精准的检修决策。但鉴于技术水平、成熟度、成本等所限，实际工程中通常只能实现对部件状态劣化的部分可检测，也很难实现对劣化程度的精准描述，大多还是采用半定量化的描述。

（2）检修策略相关。检修策略是工程系统或设备中各子系统或部件的基本检修策略、决策目标、检修措施、执行时机等要素的组合。

1）决策目标。不同的检修决策目标对检修决策结果有较大的影响，决策目标通常为：停机时间的期望值最短，单位时间内检修费用的期望值最小，系统的可用度期望值最大，可修复件的可靠性和安全性指标，或上述单一目标的组合。实际工程中常见的有以下几种决策目标：

a. 可用度目标。可用度是可用性的概率度量。可用性是指产品在任一随机时刻按使用需求来执行任务时，处于可工作或可使用状态的程度。采用系统在一段时间内正常工作时间所占的百分比来表示它的可用度，计算公式为

$$A_u = \frac{t_W}{t_W + t_R} \tag{1-1}$$

式中：A_u 为统计时间长度内系统的时间可利用率；t_W 为工作时间（即出现故障前的平均使用时间）；t_R 为平均修理时间。

b. 费用目标。检修需要消耗材料、备件和人工，以及由误工成本及故障带来的损失，并且如果不及时检修就会发生故障造成更大的损失。根据检修的这些特点，在分析检修费用时需要考虑 3 个方面的费用：第一是直接检修费用，包括预防检修费用和故障后修复费用两类；第二是因检修不足而带来的产能损失费用；第三是由于预防检修或故障而需停机的损失费用。

实际检修中，部件在不同状态下的检修费用是不同的，通常状态越恶劣，检修费用就越高。检修费用与部件状态的关系可以通过比例危险模型、统计方法和专家信息等获得。有时在检修中，当几个有相关性的部件一起检修时，总检修费用会小于各项检修任务分别执行的费用总和，就可以考虑采用机会检修策略，这也被称为费用相关性。这些都是在计算检修费用时需要考虑的方面。

c. 风险目标。主要是指将故障的发生概率控制在一定的范围内，提高部件、系统的可靠性，一般都将风险目标作为约束来处理。

d. 综合目标。如全寿命周期平准化成本，主要是评估系统从安装、运行到报废全过程的投入产出比，用于衡量系统使用所产生的经济社会效益和成本的管理水平及改善程度。

2）约束条件。实践中检修决策存在大量约束条件，包括检修资金额度限制、人力资源、检修设备、备品备件限制等。

3）决策变量。检修决策变量通常包括检修对象（即某台设备的某个部件）、检修时间间隔、具体检修任务内容。检修时间间隔可以有不同的表示方法，一般有工作时间、日历时间、循环次数、启动次数等。

4）决策方法。在实际工业应用中，由于上述诸多因素较难量化和解析化，如本章 1.1.4 节所述，各行业根据不同类型设备部件的特点，总结经验形成了一些基本检修策略

（1.2.1 节第 2 条定义），被设备制造商写入检修手册，或被行业总结经验而编制出检修技术标准。对大量一般设备和用户，遵循检修手册，或者行业检修技术标准通常可以实现基本的检修目标。

但如希望持续提高工业系统和设备的可靠性、安全性和经济性，或对重要的高价值复杂机电系统，手册和标准过于粗放，必须采取更多监测手段和决策技术，在主要部件优选基础检修策略的基础上，可以将检修策略的优化范围从主要部件扩大到整个设备或系统，甚至是企业的多设备、多系统，从更大范围优化检修资源，提高设备资产的可靠性、安全性和经济性。

（3）检修实施相关。

1）检修任务。包括日常保养、一般检查、详细功能检查、预防性试验、修理、更换、改进设计等类型。

2）检修程度。检修程度理论上可以分为基本检修、完全检修、中度检修、改进性检修和不良检修等。

基本检修（也称为最小检修，即"修复如旧"）是指产品修复后瞬间的故障率与故障前瞬间的故障率相同（故障率以 λ_2 表示）；完全检修（也称为完美检修，即"修复如新"）指产品修复后瞬间的故障率与新产品刚投入使用时的故障率相同，即修复如新（故障率以初始故障率 λ_3 表示）；中度检修（也称为非完美检修，即"修复非新"）指产品修复后瞬间的效果介于基本检修和完全检修之间（故障率以 λ_0 表示）；改进性检修指改进后功能得到增加或者性能得到增强（故障率以 λ_4 表示）；不良检修指由于更换后导致了早期故障率、检修差错导致故障率增加等情况（故障率以 λ_1 表示）。不同检修程度对系统故障率的影响如图 1−10 所示。

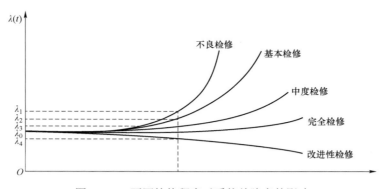

图 1−10　不同检修程度对系统故障率的影响

几种检修预期效果故障率之间的关系可以表示为 $\lambda_1 > \lambda_2 > \lambda_0 > \lambda_3 > \lambda_4$。对于系统设计、制造或安装环节缺陷导致的故障，如果可以清晰掌握故障机理并能够提出解决措施，通常为避免重复发生故障，会进行改进性检修，并且推广到同一设计、制造或安装家族尚未发生故障的设备或系统。

检修程度也可以作为一个重要的检修决策中间变量，可以通过选择检修程度，最大化设备全寿命周期的效益。

3）检修占用时间。对于预防性检修，检修占用时间仅包括检修实施时间；而对于事后检修，检修占用时间包括故障查找时间和检修实施时间两部分，而如果现场没有检修所需的备品备件或检修能力（包括工具、人员等），检修实施时间还要加上备品备件或检修能力采购或调度的等待时间。

由于复杂机电系统故障因果逻辑复杂，故障时往往相关子系统或部件都会出现异常工况，同时报出很多故障代码，需要专业人员根据故障代码和现场检查情况综合分析判断故障初始原因，即故障诊断，以制订正确的检修方案。这部分内容将在第 6 章中详细介绍。通常，损坏程度越严重的故障，机理越复杂，快速判断故障初始原因越困难，而越复杂的检修占用时间越长，带来停机时间越长，导致产能即经济收益下降越多。富有经验的专家能够缩短故障原因查找时间，合理的备品备件和检修能力的管理策略可以大幅降低等待时间，而通常检修过程本身耗用的时间是可以标准化的。

对同行业同类设备，可以用故障平均修复时间来评价检修服务团队的故障诊断水平和修复效率，包括充足的备品备件保障水平，它是指设备在一定时间长度内，从设备故障停机时刻起到复役运行时刻之间所需的平均修复时间。

（4）检修评估相关。检修的长期效果可以用设备检修后的运行可靠性、经济性等统计指标来衡量，其中可靠性指标通常采用时间可利用率、平均无故障运行时间等指标。通过比较是否达到检修决策的目标，分析检修决策存在的问题，并不断改进，形成闭环。

1）时间可利用率。时间可利用率是指在一定时间长度内，设备可利用小时数占具备条件运行时间的百分比。其中具备条件运行时间不包括因陪停、运行环境及其他不可抗力等原因造成的停机时间。设备可利用率用以评价设备的停机时间，在一定程度上能够反映设备的设计、制造、安装和调试质量，同时也能在一定程度上反映运维水平。

系统时间可利用率计算公式为

$$A_{ru} = \left(1 - \frac{t_B}{t_T - t_D}\right) \times 100\% \qquad (1-2)$$

式中：A_{ru} 为统计时间长度内系统的时间可利用率；t_T 为统计时间长度，h；t_B 为统计时间长度内设备的停机时间，h；t_D 为统计时间长度内设备的状态不明时间，h。

2）平均无故障运行时间。平均无故障运行时间指系统在一定时间长度内，相邻两次故障之间的平均工作时间，体现了系统在一定时间长度内保持持续运行的一种能力。平均无故障运行时间可用以评价设备的故障停机频率，由于设备某些故障发生频率较高但可以自动复位运行，不会对设备的时间可利用率指标产生明显影响，但可以说明设备内部可能存在设计、安装中遗留下来的缺陷或隐患。

平均无故障运行时间（MRTBF）计算公式为

$$MRTBF = \frac{t_T - t_L - t_N}{N} \qquad (1-3)$$

式中：MRTBF 为统计时间长度内系统/设备的平均无故障运行时间，h；t_T 为统计时间长度，h；t_L 为统计时间长度内，因系统例行维护造成的停机时间，h；t_N 为不计入时间，指统计

时间长度内，因系统外部原因等造成的停机时间，h；N 为统计时间长度内，因设备自身原因导致的故障总次数。

全寿命周期平准化成本。平准化度电成本（LCOE）是一个量化的经济指标，是国际上通用的评估不同区域、不同规模、不同投资额、不同发电技术的发电成本的方法，常被用于比较和评估可再生能源发电与传统发电方式的综合经济效益。平准化度电成本，即对项目全生命周期内的成本和发电量进行平准化计算后得到的发电成本，其为全生命周期内的成本现值与生命周期内发电量现值的比值。LCOE 的主要构成因素是建设投资、发电量、资金成本、运维成本等风电机组对项目成本影响的主要参数，因此，LCOE 可用于比较不同机型、不同方案的优劣，进而直观体现不同风电机组的竞争力和方案的降本增效成果。

LCOE 计算公式为

$$\text{LCOE} = \frac{I_{\text{ini}} - C_{\text{de}} \times R_{\text{dis}} - V_{\text{fa}} \times R_{\text{dis}} + C_{\text{ope}} \times R_{\text{dis}}}{\text{AEP} \times R_{\text{dis}}} \qquad (1-4)$$

式中：I_{ini} 为项目初始投资，元；C_{ope} 为年运营成本，元；C_{de} 为折旧抵税，元；V_{fa} 为固定资产残值，元；AEP 为年发电量，kWh；R_{dis} 为折现率。

3）关键性能指标。关键性能指标（KPI）是用来衡量流程绩效的一种目标式量化管理指标，其核心是把目标解耦量化，即通过把一个逻辑维度的目标，分解成多个可以用数据来衡量的子目标，这些数据全部由目标达成的过程事件中产生或转化而来。针对 KPI 的故障诊断方法是近几年因实际工业生产的需要而被提出来的，如何判断一个工业系统中发生的故障是否影响它的关键性能指标是 KPI 故障诊断的主要内容。KPI 是指在工业生产过程中影响着最终产品质量、工厂经济效益等的重要指标，在实际的工业生产过程中，系统中所发生的故障是影响 KPI 的重要原因，并最终影响工厂产品的质量。对于影响系统 KPI 的故障，工厂应该采取紧急措施来修复系统；而对于不影响系统 KPI 的故障，工厂可以根据实际情况确定故障修复时间。

1.3 复杂机电系统检修决策技术的工业应用

1.3.1 已应用领域

对于结构简单、部件少、影响关系简单、技术成熟的简单机电系统，检修理论方法已得到非常广泛的应用。如工业系统中大量运行的大、中、小型电动机，经过几十年检测、监测技术的不断进步，其故障预测和检修决策技术已非常成熟，通常按照建议下次复查时间间隔分为 7 级状态，包括 1 年后、半年后、3 个月后、1 个月后、2 周后、1 天后以及立即停机共 7 级；建议复查时间越长，说明健康状态越好。

在航空航天装备领域，预防性检修、事后检修和改进性检修策略已经得到广泛应用，其中预知性检修作为最先进的决策方法，在民用飞机、直升机、战斗机和运载火箭等设备管理方面也开始发挥重要作用。根据工程系统的特点结合应用不同的检修策略，很大程度改善了系统运行安全性和检修效率。

在电力装备领域，大型汽轮发电机组和水力发电机组是最复杂、最重要、最昂贵的复杂机电系统，发电机组轴系振动、冷却系统压力和温度、绝缘在线监测等状态监测技术已成为实时了解各关键部件运行状态和功能特性的必要手段，状态检修的理念已经深入设备资产管理过程，并已日趋成熟。

在日新月异的风力发电领域，上述行业经验给风电的运维决策提供了很好的借鉴。但风力发电机组有安装位置的地域分散性、运行工况的随机性、检修时间窗口等突出特点，且设备仍在向大容量、多环境（如海上、低风速等）、数字化等方向不断发展，新材料、新工艺、新技术的应用不断催生了新机型，这些都给其维护决策技术提出新挑战。

1.3.2　理论推广应用难点

自 20 世纪 70 年代起，检修决策理论就开始用数学方法研究检修模型和优化算法，但受限于现实的复杂性、信息的不完备性、模糊和不确定性，以及现代复杂机电系统组成规模和复杂程度不断提高，信息收集和处理难度非常大，因此，检修决策理论中的检修模型和优化算法等数学方法还很难在实际中得到应用。

另外，检修理论和工程应用的难点还源于复杂机电系统机构和部件间相互影响关系日益复杂，带来的决策难题包括多部件间结构、故障、经济相关性问题；大部件和子系统的不同类型基础检修策略协调问题；网络系统的检修决策问题等，这些问题更加难以量化。

再者，检修决策是企业经营中资产管理的重要部分，通常面对的是数量众多的各种类型的设备，显然其决策过程比针对单台设备更为复杂，但多类型、多数量设备的统筹检修决策是企业的现实需求，也是理论研究和工程实践的难点。

1.3.3　工程实践中的简化应用

工程实践中，行业或企业通常会简化大量因素，由技术组织或企业技术管理决策层根据经验总结设备故障规律，制订检修策略导则或规定，并以行业标准或企业管理文件等方式应用，指导具体检修实施部门制订具体的检修计划。而对于一些具体的检修决策问题，仍离不开经验丰富的专家综合现场检查、在线监测、试验数据等，做出很多关键的战略决策和战术决策，而无法依赖模型和算法。

但是对于部分机理明确、边界明确的具体部件检修决策问题，可以在不断修正、越来越准确的数学模型的基础上，以用优化算法来制订最优策略。如可以根据温度、振动等建立轴承故障预测模型，进而量化其检修决策。

1.3.4　检修理论应用的发展趋势

随着工业数字化水平不断提高，各行业复杂机电系统的部件甚至系统，具备在设计、制造、安装、运行、维护全环节准确建模和获取状态参数的条件，这给研究更复杂和准确的部件故障预测技术提供了基础。特别是随着数字孪生技术的发展，检修决策要素可以实现全面数字化，为多检修决策方案量化比较、提高检修决策的实时性等方面提供了广阔的

研究空间。

特别是对于风力发电等新兴行业，虽然风力发电机组的单机容量较前述大型发电机小很多，但因运行在各种恶劣气象环境、并网条件下，频繁承受复杂工况，新技术和新材料不断应用于新设计中，同时风能转电能的各部分结构相关性更强，检修决策研究和应用都有很大挑战性。近十几年来，世界风力发电高速发展，但整个行业的可靠性和经济性水平远落后于装机增长水平。随着运行经验的不断积累，行业内已越来越重视检修决策技术的研究和应用，它是持续降低风电度电成本的重要技术手段之一，有很大的发展和提高空间。

第 2 章

风力发电机组及其故障预测

风力发电机组是将风能转化为电能的一体化发电设备，由风轮系统、传动系统、发电系统、变桨和偏航以及液压等复杂子系统和大部件组成，是典型的大型复杂机电系统，不但要保证在各种风况、电网和气候条件下长期安全运行，还应以最低的发电成本经济运行。风力发电机组安装在高空，且由于风的速度和方向是随机变化的，各部件随时承受交变载荷，因此，对材料、工艺、结构和控制策略都有很高要求。现代风力发电机组容量已从 1MW 发展到 10MW 以上，保证机组可靠性、避免故障带来发电损失是风电运行维护和检修决策的核心任务，其中大部件的故障预测技术是基础。

本章第 2.1 节介绍风力发电机组的类型、组成，重点介绍各子系统和大部件的结构、特点、功能、故障机理及检修决策时应考虑的关键因素，第 2.2 节至第 2.6 节依次介绍 5 类大部件的常见故障类型和故障预测方法，并在每节最后进行方法总结。

2.1 风力发电机组

2.1.1 风力发电机组的类型

风力发电机组是将风能转换成机械能，再把机械能转换成电能的机电设备。以应用最广泛的并网双馈型风力发电机组为例说明其工作原理（如图 2-1 所示），风能通过叶轮的作用转化为机械能，机械能通过主轴旋转、增速齿轮箱的增速，带动发电机进行发电，实现机械能向电能的转换，再通过变流器等相应的控制设备将满足电网要求的电能接入电网，实现风力发电机组的并网发电。

图 2-1 并网双馈型风力发电机组工作原理

根据结构类型、技术方案的不同特征，风力发电机组可进行以下分类。

1. 按输出功率分类

（1）微型风力发电机组，其额定功率为 50～1000W。

（2）小型风力发电机组，其额定功率为 1～10kW。

（3）中型风力发电机组，其额定功率为 10～100kW。

（4）大型风力发电机组，其额定功率大于 100kW。

2. 按照旋转主轴的方向（即主轴与地面相对位置）分类

（1）水平轴风力发电机组。即风轮轴线安装位置与水平面平行的风力发电机组，包括升力型风力发电机组和阻力型风力发电机组，其中升力型风力发电机组利用叶片两个表面空气流速不同产生升力，使风轮旋转，升力型风轮旋转轴与风向平行，需对风装置，转速较高，风能利用系数高；阻力型风力发电机组利用叶片在风轮旋转轴两侧受到风的推力（对风的阻力）不同，产生转矩使风轮旋转，效率较低，很少应用，目前大型风力发电机组几乎全部为水平轴升力型，风能利用系数达到 0.4～0.5。

（2）垂直轴风力发电机组。风轮轴线安装位置与水平面垂直的风力发电机组，在风向改变时，无须对风，结构和安装简化。但是由于其风能利用系数低，目前风能利用系数一般在 0.3～0.5，未得到广泛应用。

3. 按照桨叶数量分类

风力发电机组按桨叶数量分为单叶片、双叶片、三叶片、四叶片及多叶片式。叶片较少的风力发电机组通常需要更高的转速以提取风中的能量，因此，噪声比较大。而如果叶片太多，它们之间会相互作用而降低系统效率。由于三叶片风力发电机组具有最佳的效率、受力平衡好、轮毂结构简单、更加平衡和美观等优点，现在大型的风力发电机组普遍采用三叶片形式。

4. 根据桨叶接受风能的功率调节方式分类

（1）定桨距（被动失速型）风力发电机组：定桨距（失速型）的桨叶与轮毂的连接是固定的。风速变化时，桨叶的迎风角不能随之变化。定桨距（失速型）机组结构简单、性能可靠。

（2）变桨距风力发电机组：变桨距机组叶片可绕叶片中心轴旋转，使叶片迎风角可在一定范围内（一般 0°～90°）调节变化。其性能比定桨距提高很多，但结构复杂，多用于大型风力发电机组。

（3）主动失速风力发电机：发电机达到额定功率后，主动失速调节是使桨距角向减小的方向转过一个角度。目的是使迎风角相应增大，以限制风能利用率。

5. 根据叶轮转速是否恒定分类

（1）恒速风力发电机组。恒速恒频是指在风力发电过程中，保持发电机的转速不变，从而得到恒定的频率，不需要变流器环节。恒速风力发电机的设计简单可靠，造价低，维护量小，可直接并网，缺点是气动效率低，结构负荷高，目前主流的兆瓦级以上机组基本不采用此种机型。

（2）变速风力发电机组。变速恒频是指在风力发电过程中发电机的转速可随风速变化，通过调节发电机转子电流的大小、频率和相位或变桨距控制，实现转速的调节，可在很宽的风速范围内保持近乎恒定的最佳叶尖速比，进而实现追求风能最大转换效率；同时又可以采用一定的控制策略灵活调节系统的有功、无功功率，抑制谐波、减少损耗、提高系统效率。目前主流的兆瓦级以上机组基本采用此种机型，主要包括双馈型风力发电机组和直驱型风力发电机组。

此外，按照风机受风的方向分类可分为上风向型风机（叶轮正面迎风）和下风向型风机（叶轮背顺风向）。按功率传递的机械连接方式不同分为有齿轮箱的双馈型风机和无齿轮箱的直驱型风机。根据发电机类型分为异步发电机型风机和同步发电机型风机。根据输出端电压高低分为高压风机（输出端电压为 10、20kV 甚至 40kV，可省掉升压变压器直接并网）与低压风机（输出端电压为 1kV 以下，目前市面上大多为此机型）等。

近年来，随着数字化、信息化、集群化、高温超导技术等先进技术的应用，出于充分利用风能资源、增加可靠性、降低度电成本等目的，风力发电机组不断向大容量化、智能化、冗余化、数字化等方向发展，适用于海上风电、低风速区域等特殊工况的海上风力发电机组、低风速风力发电机组等也陆续投入使用。当前商业大容量机型主要是水平轴、升力型和三叶片式的风力发电机，本章主要以该类型风力发电机组为研究对象。

2.1.2　风力发电机组的基本组成

风力发电机组安装在高空，由于风的速度和方向是随机变化的，各部件随时承受交变载荷，因此，风力发电机组对材料、工艺、结构和控制策略等都有很高要求。大型兆瓦级水平轴风力发电机组主要包括叶片、轮毂、低速轴、齿轮箱、高速轴及其机械闸、发电机、偏航系统、变桨系统、控制系统、液压系统、风速仪和风向标、机舱、塔架等结构，风力发电机组基本结构图如图 2-2 所示。

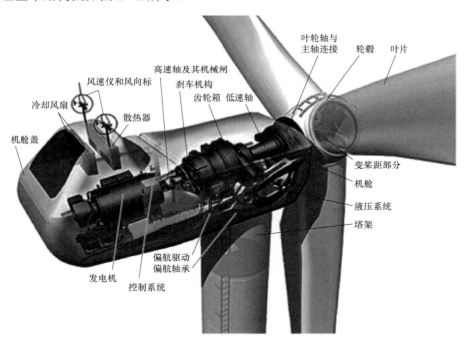

图 2-2　风力发电机组基本结构

1. 风 轮 系 统

风轮系统由轮毂和叶片等部件构成，作用是将风能转换成机械能，传送到转子轴心，风轮系统结构如图 2-3 所示。其中叶片是风力机的关键部件，作用是捕获风，并将风力传送到转子轴心。叶片一般安装在轮毂上，轮毂是将叶片和叶片组固定到转轴上的装置，它将风轮

的力和力矩传递到主传动机构中，再传到发电机。轮毂内的空腔部分用于安装变桨距调节机构，轮毂与轮毂内的变桨距机构共同构成控制叶片桨距角的关键部件。风轮是风力发电机组的关键部件，应至少具有 20 年的设计寿命，其费用约占风力发电机组总造价的 20%～30%。

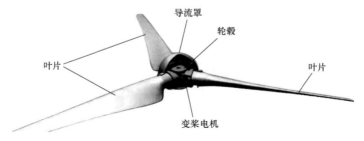

图 2－3　风轮系统结构图

叶片是大型风力发电机组中受力最为复杂的部件，也是捕获风能的核心部件，其良好的设计、可靠的质量和优越的性能是保证机组正常稳定运行的决定性因素。在最大可能吸收风能的同时，应确保叶片拥有合适的刚度及强度，在规定的使用条件下，确保叶片在使用寿命期间不会损坏，同时尽可能减轻质量，降低制造成本。某 3MW 双馈风力发电机组叶片典型技术参数如表 2－1 所示。

表 2－1　　　　　　　　某 3MW 双馈风力发电机组叶片典型技术参数

项目	技术参数	项目	技术参数
叶片数目	3	最大弦长（m）	4.35
叶片长度（m）	58.8	叶片根部到轮毂中心距离（m）	1.44
叶片质量（kg）	14 200	最大扭转角度（°）	15
叶轮直径（m）	120	叶片质量差异最大值（kg）	50
扫风面积（m²）	11 304	叶片轴承型式	双列球轴承
叶轮倾斜角（°）	5	叶片轴承制造商	天马
叶片锥度	－3	功率误差范围（%）	0～3
叶片加工工艺	真空导流	温度范围（℃）	－40～+50
叶片材料	玻璃纤维增强树脂	每组 3 个叶片质量最大差异（%）	±0.2
叶片根部连接件	T－螺栓连接		

（1）叶片几何形状及翼型。叶片长度很长，旋转过程中，不同部位的圆周速度相差很大，导致来风的攻角相差很大，因此，风力发电机组叶片沿展向各段处的几何尺寸及剖面翼型都发生变化。翼型的几何参数如图 2－4 所示。

叶片特征是沿展向方向上，翼型不断变化，各剖面的弦长不断变化，各剖面的前缘和后缘形状也不同。叶片扭角也沿展向不断变化，叶尖部位的扭角比根部小。这里的叶片扭角指在叶片尖部桨距角为零的情况下，各剖面的翼弦与风轮旋转平面之间的夹角。叶片的剖面翼型应根据相应的外部条件并结合载荷分析进行选择和设计。风能的转换效率与空气流过叶片翼型产生的升力有关，因此，叶片的翼型性能直接影响风能转换效率。目前应用较多的有 NACA 翼型、SERI 翼型、NREL 翼型和 FFA－W 翼型等。

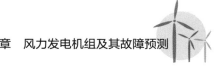

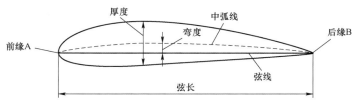

图 2-4　翼型的几何参数

（2）叶片结构。大型风力发电机组叶片结构通常由叶根、主梁和外壳蒙皮三部分组成。这种结构是为了保证叶片具有足够的强度和刚度，同时可节省材料、减轻叶片质量。其中根部用于与轮毂连接，材料一般为金属结构。叶片所受的各项载荷，无论是拉力还是弯矩、转矩、剪力都在根端达到最大值，如何把整个叶片上所承受的载荷传递到轮毂上去，关键在于叶片的根端连接设计。叶片根端必须具有足够的剪切强度、挤压强度，与金属的胶接强度也要足够高，这些强度均低于其拉弯强度，因此，叶片的根端是危险的部位，设计应予以重视。如果不注意根端连接设计，严重时将导致整个叶片飞出，使整台风力发电机组毁坏。

主梁，俗称龙骨、加强肋或加强框，承载叶片大部分弯曲负荷，其作用是保证叶片长度方向和横截面上的强度和刚度，现代大型叶片主梁常用 O 形、C 形、D 形和矩形等形式，一般为玻璃纤维增强复合材料或者碳纤维增强复合材料。

外壳蒙皮主要由胶皮、表面毡和双向复合材料铺层构成，其功能是提供叶片气动外形，同时承担部分弯曲载荷和大部分剪切载荷。

由于风力发电机组通常安装在旷野、山顶和沿海等开阔地区，随着风机轮毂高度和叶片直径的不断增大，风机叶片容易遭受雷击。因此，在叶片上通常都安装有防雷系统，一般在叶尖装有金属（铝或铜）接闪器用于捕捉雷电，再通过敷设在叶片内腔连接到叶片根部的导引线，经过塔架内的接地系统将雷电电流接地，避免雷电直击叶片本体而导致叶片损害。

（3）叶片材料。风力发电机组叶片材料的生产工艺复杂，有很多因素影响材料的选择，材料特性、可靠性、安全性、物理属性及对环境的适应性、实用性、报废及回收性能、材料的经济性等成为叶片材料选择的重要参考因素。20 世纪 70 年代，风力发电机组的叶片主要材料为钢材、铝材和木材，目前最常用的材料由玻璃纤维增强聚酯树脂、玻璃纤维增强环氧树脂、碳纤维增强环氧树脂等。

从性能角度，碳纤维增强环氧树脂的质量小、刚度强，其性能最好，玻璃纤维增强环氧树脂次之。但是由于碳纤维比玻璃纤维昂贵，采用百分之百碳纤维材料制造叶片成本较高，目前有部分厂家开始采用碳纤维和玻璃纤维混合的材料，在横梁、前后边缘、叶片表面等关键部分使用碳纤维。

（4）故障机理及特点。由于长期运转在自然环境中，外界气候对叶片运行会造成很大影响，尤其是台风、雷雨、冰雪、沙尘等恶劣气候可能会使叶片损伤，严重时甚至会造成叶片折断，进而导致发生风力发电机组倒塌事故。

导致叶片故障的原因主要包括人为因素和自然因素，其中人为因素原因是设计不完善、

安装过程造成损伤、运行不当造成损伤、检查维护缺失等原因造成的叶片损伤或故障，自然原因是雷击、低温结冰、盐雾、极端风况、沙尘等自然因素造成的叶片损伤或故障。

常见的叶片损伤缺陷类型包括表面腐蚀、局部砂眼、前后缘开裂、蒙皮剥离、叶片根部螺栓松动、叶片材质老化等，若损伤缺陷未及时发现并处理，会影响机组发电性能或增加其他部件冲击应力，最后往往会发展成为无法修复的破坏性损伤，甚至发生叶片折断事故，因此，需要及时对叶片进行检查维护。叶片更为详细的故障及故障预测方法将在本书2.3节详细介绍。

2. 传动系统

传动系统的功能是将叶片的旋转机械能传递到发电机，按风力发电机组有无齿轮箱可分为两类。对于无齿轮箱的风力发电机组，轮毂与发电机直接相连，其传动系统较为简单。该类型风力发电机组发电机为外转子、内定子，发电机定子固定在发电机的中心，发电机转子与轮毂一同支撑在风机主轴上旋转，常见的有直驱型风力发电机组。对于有齿轮箱的风力发电机组，叶片动能经齿轮箱升速传递给发电机，其传动系统较为复杂，主要由主轴、齿轮箱、联轴器等部分构成，常见的有双馈型风力发电机组，其传动系统基本结构如图 2-5 所示，齿轮箱、主轴及轴承典型参数分别如表 2-2、表 2-3 所示。

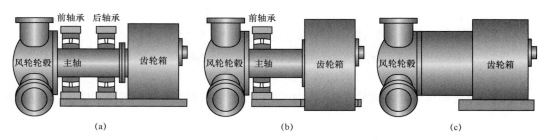

图 2-5　双馈型风力发电机组传动系统基本结构

（a）风轮轴完全独立；（b）风轮轴半独立；（c）风轮轴为齿轮箱轴

表 2-2　　　　　　　　　　某 3MW 双馈型风力发电机组齿轮箱典型参数

型号	FD3300BC-1018	润滑油牌号	福斯 320
型式	两级行星一级平行轴圆柱	功率（kW）	3300
润滑	飞溅	齿轮箱一发电机连接形式	复合材料联轴器
速比	95.29	油量（L）	470
尺寸（mm）	3190×3080×2441	输入转速（r/min）	12
加热器功率（kW）	4×1	输出最大转速（10s 内）（r/min）	1344
齿轮箱冷却	水冷	输出最大转速（2min 内）（r/min）	12
油泵电机制造商	LEGO	输出转速（r/min）	1200
维护周期	S 级维护	额定转矩（kN·m）	2501
齿轮箱质量（kg）	30	输出转速范围（r/min）	8.3～15.7
主轴一齿轮箱连接形式	收缩环刚性连接		

表 2-3　　　　　　　　某 **3MW** 双馈型风力发电机组主轴及轴承典型参数

主轴形式	锻造	轴承类型	双排滚子轴承
主轴材料	34CrNiMo6+QT	轴承材料	GCr15SiMn

（1）结构特点。对于有齿轮箱的风力发电机组，风轮采集的能量经主轴、齿轮箱和联轴器传送到发电机。其中主轴也称为低速轴，安装在风轮和齿轮箱之间，用滚动轴承支撑在主机架上，前端通过螺栓与轮毂刚性连接，后端与齿轮箱低速连接，承力大而且复杂。根据风力发电机组的结构设计不同，按照支撑方式，主轴可分为风轮轴完全独立结构、风轮轴半独立结构、风轮轴为齿轮箱轴结构三种结构形式。

齿轮箱是风力发电机组重要的机械部件，其作用是将风轮在风力作用下产生的旋转机械能传递给发电机，并实现风轮转速与发电机转子转速的匹配。一般风轮转速较低而发电机转速较高，通过齿轮箱实现增速，因此，齿轮箱也称为增速齿轮箱。齿轮箱由于在高空，维护不便，对运行可靠性及使用寿命要求较高，通常设计寿命 20 年。齿轮箱按照内部传动链结构可以分为行星结构齿轮箱、平行轴结构齿轮箱、平行轴与行星组合的结构齿轮箱。在满足传动效率、可靠性和工作寿命的前提下，以最小体积和质量为目标，尽量选择简单、可靠、检修方便的结构方案。在齿轮箱设计上，齿轮箱的齿轮要求齿面硬度高、齿轮心部韧性大、传动噪声小，对齿轮的材料、结构、加工工艺都有严格要求。齿轮箱轴承尺寸很大，精度很高，主要靠齿轮箱中的齿轮箱油润滑。齿轮箱箱体承受风轮的作用力和齿轮传动过程产生的各种载荷，因此，需要具有足够的强度和刚度。

风电齿轮箱通常采用三级结构，按"行星式"排列，由一圈安装在行星架上的行星齿轮和内侧的太阳齿轮组成，外侧是与其啮合的齿圈（如图 2-6 所示）。行星式排列使载荷被行星齿轮平均分担了，减小了每个齿轮上的载荷，此外，由于环与行星齿轮之间减少了滑动而使得效率提高。齿轮箱在运行时有变速、变载荷的特点，因此，需要润滑系统的协助，以减少对轮齿和轴承转动部位的摩擦、磨损。

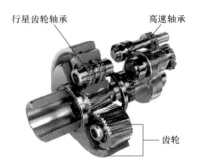

图 2-6　风力发电机组齿轮箱结构图

高速联轴器是齿轮箱和发电机之间连接的部件，一般采用柔性联轴器，以保护重要部件的安全，同时降低齿轮箱的设计与制造成本。联轴器具有阻尼特性，以减少振动的传动，同时还需要有一定的阻抗和耐受电压，以防止寄生电流通过联轴器从发电机转子流向齿轮箱，对齿轮箱造成危害。联轴器的设计还需要考虑对机组的安全保护功能。

（2）故障机理及特点。由于风力发电机组的传动系统长期运行在变速、变载荷的复杂工况下，同时要承受由于地形高低起伏、风速风向多变、机组尾流效应、湍流以及极端气温变化等环境因素影响，传动系统容易发生故障，主要包括齿轮箱故障和主轴故障。

齿轮箱故障主要包括齿轮故障、轴承故障、轴系故障。其中，齿轮和轴承故障占齿轮箱所有故障的比例最高。导致这些机械故障产生的主要外在因素可以归纳为极端气候条件、

长期交变载荷作用、恶劣工作环境与复杂载荷的综合作用、润滑不到位、螺栓连接部件松动或掉落等，而主要的内在原因则可以追溯到传动系统的结构设计及装配质量技术等问题。

传动链主轴在正常运行过程中承受交变载荷作用或恶劣工况下的冲击载荷，因此，故障率也较高。主轴的损坏一般包括原材料或制造工艺缺陷、传动链其他部件异常损坏导致主轴长期承受非正常载荷和疲劳运行两方面原因，此外，主轴也会发生非正常磨损，主要为轴颈处位置，紧定衬套松动后，如果能及时根据风力发电机组发出的异常噪声而停机检修，一般看到的是轴颈较均匀的磨损；若不能及时发现，当紧定衬套的紧定螺母脱落时，衬套滑向衬套大头一端，就会出现轴承内圈直接磨损轴颈，其磨损迅速且严重。相比于主轴，主轴承作为应力集中部位，失效概率更高。主轴承大多选用承载能力较好的调心滚子轴承或圆锥滚子轴承，均由外圈、内圈、滚动体和保持架构成，依靠润滑脂润滑。主轴承失效原因包括制造工艺缺陷、润滑不良、异物卡塞等，表现出来的失效特征有腐蚀、摩擦、过热、烧伤、磨损、疲劳剥落等。

传动链更为详细的故障及故障预测方法将在本书 2.2 节详细介绍。

3. 发电机

发电机的作用是将由风轮轴传来的机械能，利用电磁感应原理转换成电能，是风力发电机组的核心设备。所有并网型风力发电机组均利用三相交流电机将机械能转换成电能，发电机必须通过控制装置，根据风速大小及电能质量需要，实现对风力发电机组的启动、并网、运行、停机、保护等操作。

（1）结构特点。发电机常用类型主要包括异步发电机和同步发电机两种。

1）异步发电机。异步发电机的转速取决于电网频率，只能在同步转速附近很小的范围内变化。当风速增加使齿轮箱高速输出轴转速达到异步发电机同步转速时，机组并入电网，向电网送电。风速继续增加，发电机转速也略为升高。增加输出功率，达到额定风速后，通过功率的调节稳定在额定功率不再增加。反之风速减小，发电机转速低于同步转速时，则从电网吸收电能，处于电动机状态，经过适当延时后应脱开电网。目前风力发电机组中最常用的是双馈感应发电机，它是具有定、转子两套绕组的双馈型异步发电机（double-fed induction generator，DFIG），定子接入电网，转子通过电力电子变换器与电网相连，其定子、转子都能向电网馈电。DFIG 的常见结构为绕线式，其主要结构包括定子系统、转子系统、发电机前轴承和后轴承、冷却系统，其结构示意图如图 2-7 所示。DFIG 定子主要由绕组、铁芯和发电机机座组成，其中三相定子绕组与电网相连，电网为其提供电压。DFIG 的转子绕组通常采用星形连接，转子一端与齿轮箱的高速端连接，另一端通过双馈变流器从电网得到所需的交流励磁电流，同时当异步发电机的转子转速发生变化后，转子励磁电流便会发生改变，使定子输出恒定的转差率，使得风力发电机组在转速变化的情况下，也会维持恒定频率。DFIG 的运行原理如图 2-8 所示，典型参数如表 2-4 所示。这种发电机的优点是采用了多级齿轮箱驱动有刷双馈式异步发电机，它的发电机转速高、转矩小、质量轻、体积小、变流器容量小。其缺点是为了让风轮的转速和发电机的转速相匹配，必须在风轮和发电机之间用齿轮箱连接，这就增加了机组的总成本，而且齿轮箱噪声大、故障率高、需要定期维护，并且增加了机械损耗，电刷和滑环间也存在机械磨损。

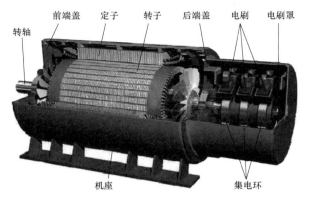

图 2 - 7　双馈型异步发电机（DFIG）结构示意图

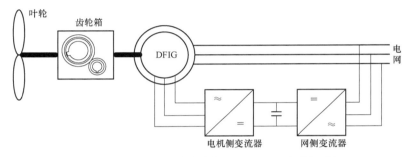

图 2 - 8　双馈型异步发电机（DFIG）运行原理图

表 2 - 4　　　　　　　　　　　　某 3MW 双馈型异步发电机典型参数

项目	典型参数	项目	典型参数
规格	FWG3100/6	质量（kg）	13 000
额定电压（V）	690	型式	异步双馈
额定功率（kW）	3100	功率因数范围	-0.95～+0.95
额定频率（Hz）	50	电机效率（%）	97
定子额定电流（A）	2336	与电网连接方式	Y/Y
转子额定电流（A）	978	转子绝缘等级	H
额定转速（r/min）	1200	定子绝缘等级	H
最大瞬时功率（kW）	3410	防护等级	IP54
组件尺寸（mm）	3184×1970×2377	雷电保护等级	IEC 61024/GL，LPZ0，1，2
级数	6		

2）同步发电机。同步发电机的并网方式一般有两种：一种是准同期直接并网，这种方式在大型风力发电机中极少采用；另一种是交直交并网。近年来，由于大功率电子元器件的快速发展，变速恒频风力发电机组得到了迅速的发展，同步发电机也在风力发电机中得到广泛的应用。最常用的同步发电机是直驱式风力发电机，它由风力直接驱动发电机，也称无齿轮风力发动机，这种发电机采用多极电机与叶轮直接连接进行驱动的方

式，免去齿轮箱这一传统部件。由于齿轮箱是目前在兆瓦级风力发电机中属易过载和过早损坏率较高的部件，因此，没有齿轮箱的直驱式风力发动机，具备低风速时效率高、噪声低、寿命高、机组体积小、运行维护成本低等诸多优点，其缺点是由于直驱型风力发电机组没有齿轮箱，低速风轮直接与发电机相连接，各种有害冲击载荷也全部由发电机系统承受，对发电机要求很高。同时，为了提高发电效率，发电机的极数非常大，通常在 100 极左右，发电机的结构变得非常复杂，体积庞大，需要进行整机吊装维护。直驱式风力发电系统大多都使用永磁同步发电机发电，无需励磁控制，电机运行速度范围宽、电机功率密度高、体积小。随着永磁材料价格的持续下降、永磁材料性能的提高以及新的永磁材料的出现，在大、中、小功率，高可靠性、宽变速范围的发电系统中应用得越来越广泛。

常见的永磁直驱风力发电机（permanent magnet synchronous machine，PMSM）结构示意如图 2-9 所示。除了传动系统中没有齿轮箱，以及发电机部分与双馈型异步发电机组有差别外，其余各部分的结构与双馈型异步发电机组相同。其中 PMSM 中心转子的励磁绕组被永磁体取代，永磁体产生旋转磁场，定子绕组在该磁场作用下，由于电枢反应，感应三相对称电流。常用的永磁式风力发电机组为低速多级永磁发电机，可以为内转子或者外转子。定子在发电机的内部，且三相绕组固定不转，转子可分为凸极式和爪极式。永磁直驱风力发电机采用全功率并网变换器与电网连接，首先将发电机发出的电流经过 AC/DC 整流器，由交流电变为直流电，而直流电再通过 DC/AC 逆变器变换成频率恒定的交流电，实现发电机组的变速恒频控制。永磁直驱风力发电机（PMSM）运行原理如图 2-10 所示，典型参数如表 2-5 所示。

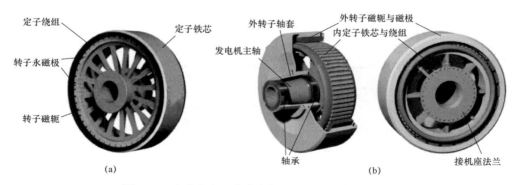

图 2-9　永磁直驱风力发电机（PMSM）结构示意图
（a）内转子结构；（b）外转子结构

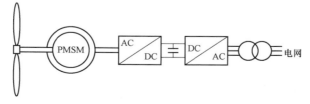

图 2-10　永磁直驱风力发电机（PMSM）运行原理图

表 2-5 某 4.5MW 永磁直驱风力发电机典型参数

项目	典型参数	项目	典型参数
发电机型式	外转子直驱永磁发电机	功率因数范围	容性 0.9～感性 0.9
发电机额定功率（kW）	4800	功率因数范围调节方式	通过变流器实现
发电机额定电压（V）	760	发电机尺寸（mm×mm）	ϕ5490mm×2696mm
发电机额定频率（Hz）	5.133～8.867	发电机质量（kg）	103 000±3%
绝缘等级	F	风机最大接地电阻要求（Ω）	当平均土壤电阻率 $p \leqslant 3000\Omega \cdot m$ 时，单机工频接地电阻 $R < 4$
保护等级	I 级	与电网连接方式（发电机电压系统接地制式）	TN-C 接地保护系统
定子额定电流（A）	2086	并网冲击电流（A）	峰值电流不超过 0.44×4134=1819
转子额定电流	—	雷电保护等级	IEC 61400-24 I 级
转速（r/min）	5.5～9.5	避雷器设置点	叶片叶尖处、机舱测风支架总成部位、各电控柜体内部
最大瞬时功率（kW）	5166		

随着机组容量趋向大型化发展以及齿轮箱设计和工艺的成熟，出现了半直驱机型，如明阳 MySE 5.5/7.0MW 型海上风力发电机组等，兼顾直驱和双馈风力发电机组的特点，在容量、成本和可靠性各方面达成折中。

（2）故障机理和特点。发电机运行时，机械系统、电路系统、磁路系统和通风散热系统等相互影响，伴随着复杂的机、电、磁等甚至化学演变过程，且风力发电机组中的发电机长期运行处于变工况运行、启停较多，转子作为主轴的一部分也会直接受到主轴运行的影响，因此是比较容易出现故障的大部件，其故障类型也多种多样。

发电机故障按能量转换原理可分为电气类故障和机械类故障，其中电气类故障包括定子匝间短路、转子断条和转子偏心；机械类故障包括转子不平衡和滚动轴承故障。发电机中，一个故障常常表现出很多征兆，而且很多不同的故障会引起同一个故障征兆，如引起电机振动增大的原因有很多，除了定子绕组匝间短路，还有定子端部绕组松动、机座安装不当、铁芯松动、转子偏心等。由此可见，对于发电机这种运行状态复杂、影响因素众多的设备，需要根据不同故障的能量形式、不同故障征兆特征来进行相应的故障预测和故障诊断。

目前，定期的停电预防性绝缘试验、对碳刷和轴承油脂等定期检查和维护、基于 SCADA 温度和振动监测是预防发电机故障发生的主要手段。振动信号由于包含的机械故障信息丰富且对机械故障反应敏感，常用于机械故障特征量的提取。而电气类故障发生时虽然也会产生电磁振动，但其经过了较多环节，最终以振动的形式表现出来，且故障与振动之间不是一一对应的关系。因此，振动信号对电气类故障而言并不是最理想的故障诊断信号。但只要发电机发生电气类故障必定会引起发电机磁场的重新分布，而磁场的重新分布肯定会导致定子电流的变化，加之定子电流容易采集，因此，常用定子电流信号作为发电机电气类故障的故障特征。此外，变工况负荷，特别是冲击性负荷易引起绝缘磨损、匝间短路等

缺陷，长期积累就会发展为绝缘击穿故障，因此，发电机的预防性检查和试验也很重要。

发电机更为详细的故障及故障预测方法将在本书 2.4 节详细介绍。

4. 偏航系统

偏航系统，又称对风装置，偏航系统位于机舱和塔架顶端连接的位置，是风力发电机机舱的重要组成部分，主要作用有两个：一是与风力发电机组控制系统相互配合，使叶片始终处于迎风状态，充分利用风能，提高发电效率，同时在风向相对固定时能锁紧力矩以保障机组的安全运行；二是由于风力发电机组可能持续地向一个方向偏航，为了保证机组悬垂部分的电缆不至于产生过度的扭绞而断裂，在电缆达到设计缠绕值时能自动解除缠绕。大型风力发电机组主要采用电动偏航或者液压偏航驱动，其风向检测信号来自机舱上的风向标。

（1）结构特点。偏航操作装置主要由偏航轴承、传动、驱动与制动等功能部件组成（如

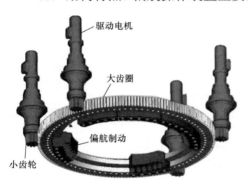

图 2-11 偏航系统结构示意图

图 2-11 所示），其典型参数如表 2-6 所示。其中偏航驱动部件中，采用电驱动的偏航驱动部件一般由电动机、大速比减速机和开式齿轮传动副组成，通过法兰连接安装在主机架上。偏航驱动电动机一般选用转速较高的电动机，以尽可能减小体积。但由于偏航驱动所要求的输出转速又很低，必须采用紧凑型的大速比减速机，以满足偏航动作要求。偏航减速器可选择立式或其他形式安装，采用多级行星轮系传动，以实现大速比、紧凑型传动的要求。偏航减速器多采用硬齿面啮合设计，减速器中主要

传动构件，可采用低碳合金钢材料，如 17CrNiM06，42CrMoA 等制造，齿面热处理状态一般为渗碳淬硬（硬度一般大于 HRC58）。

表 2-6　　　　　　　　　某 3MW 双馈风力发电机组偏航系统典型参数

项目	典型参数	项目	典型参数
偏航系统形式	主动对风，电动驱动	制动盘材料	S433 JS
偏航齿圈形式	内齿	制动盘厚度（mm）	30
偏航齿圈制造商	徐州罗特艾德	制动盘粗糙度	Ra3.2
偏航制动形式	液压制动	额定制动扭矩（N·m）	11 250
偏航减速器制造商	南高齿	最大制动扭矩（N·m）	10 400
偏航电机制造商	江特	最小制动扭矩（N·m）	8600
偏航电机台数	4	制动最大转速（r/min）	2340
偏航电机功率（kW）	4	制动钳制造商	KTR
偏航速度（°/s）	0.29	制动盘材料	S433 JS
偏航系统形式	主动对风，电动驱动	制动盘直径（cm）	830

偏航轴承是保证机舱相对塔架可靠运动的关键构件，采用滚动体支撑的偏航轴承虽然也是一种专用轴承，但已初步形成标准系列。可参考 JB/T 10705—2007《滚动轴承　风力发

电机轴承》进行设计或选型。滚动体支撑的偏航轴承与变桨轴承相似，相对普通轴承而言，偏航轴承的显著结构特征在于，具有可实现外啮合或内啮合的齿轮轮齿。风力发电机组偏航运动的速度很低，但要求轴承部件有较高的承载能力和可靠性，可同时承受机组几乎所有运动部件产生的轴向、径向力和倾翻力矩等载荷。考虑到机组的运行特性，此类轴承需要承受载荷的变动幅度较大，因此，对动载荷条件下滚动体的接触和疲劳强度设计要求较高。偏航轴承的齿轮为开式传动，轮齿的损伤是导致偏航和变桨轴承失效的重要因素。由于设计载荷难以准确掌握，传动部分的结构强度往往决定了轴承的设计质量，是设计中应重点关注的内容。同时，由于此种开式齿轮传动副，需要与之啮合的小齿轮现场安装形成。其啮合间隙和润滑条件均难以保证，给齿轮设计带来一定困难。

偏航制动器是为了保证机组运行的稳定性，多采用液压钳盘式制动器。制动器的环状制动盘通常装于塔架（或塔架与主机架的适配环节）。制动盘的材质应具有足够的强度和韧性，如采用焊接连接，材质还应具有比较好的可焊性。一般要求机组寿命期内制动盘主体不出现疲劳等形式的失效损坏。制动钳一般由制动钳体和制动衬块组成，钳体通过高强度螺栓连接于主机架上，制动衬块应由专用的耐磨材料（如铜基或铁基粉末冶金）制成。对偏航制动器的基本设计要求，是保证机组额定负荷下的制动力矩稳定，所提供的阻尼力矩平稳（与设计值的偏差小于 5%），且制动过程没有异常噪声。制动器在额定负荷下闭合时，制动衬垫和制动盘的贴合面积应不小于设计面积的 50%；制动衬垫周边与制动钳体的配合间隙应不大于 0.5mm。制动器应设有自动补偿机构，以便在制动衬块磨损时进行间隙的自动补偿，保证制动力矩和偏航阻尼力矩的要求。偏航制动器可采用常闭和常开两种结构形式。常闭式制动器是指在有驱动力作用条件下制动器处于松开状态；常开式制动器则是在驱动力作用时处于锁紧状态。考虑制动器的失效保护，偏航制动器多采用常闭式制动结构形式。

（2）控制策略。兆瓦级风力发电机组多采用主动偏航策略，偏航系统工作过程原理图如图 2－12 所示。

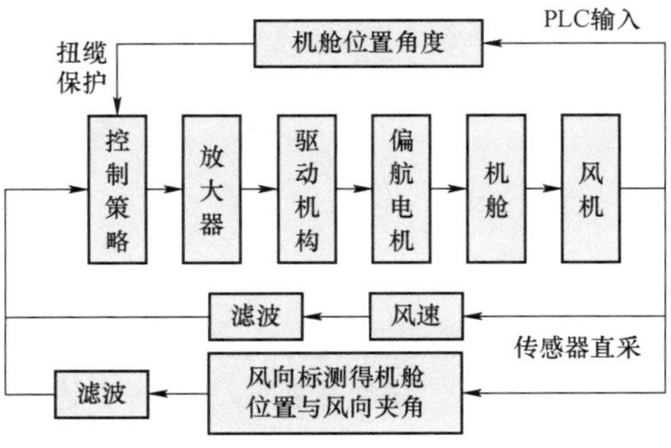

偏航系统的主要工作过程如下：

1）风速风向传感器作为感应元件将风向的变化用电信号传输到偏航电机控制回路中。

2）当风向变化超过设定的允许范围时，偏航控制器发出偏航指令到偏航电机，控制机舱进行偏航动作，直到偏航到位后停止。

图 2－12 偏航系统工作过程原理图

由偏航控制过程可知，偏航系统的性能受两方面的影响：① 风向、风速传感器采集信号是否准确。因风向标处于下风向，受到紊流、安装精度等因素影响，当风向、风速传感器的直采数据不准确时，会导致偏航系统不能准确对风，影响发电量。② 偏航控制器控制策略的有效性和控制参数的合理性，特别是偏航控制死区的设置。当控制死区过大时，会导致偏航系统不能及时对风，影响发电量；当控制死区过小，会导致频繁对风，降低可靠性。

（3）故障机理及特点。偏航系统包括多个部件，是电气和机械混合系统，某一个部件的失效或者故障都会导致偏航系统出现故障，因此，偏航系统也是故障率较高的部件之一。偏航系统的故障原因主要包括设计不合理、缺陷消除不及时、自然恶劣天气影响等，故障类型主要包括偏航减速齿轮箱打齿、偏航轴承断齿及滚道脱落、偏航制动盘严重磨损等，是风电场运行维护中需要重点关注的。

偏航系统故障及故障预测方法将在2.6节详细介绍。

5. 变桨系统

现代大型并网风力发电机组多数采用变桨距机组，其主要特征是叶片可以相对轮毂转动，实现桨距角的调节。叶片的变桨距操作通过变桨系统实现，变桨系统位于轮毂内部，作为大型风力发电机组控制系统的核心部分之一，对机组安全、稳定、高效的运行具有十分重要的作用。

（1）结构特点。变桨系统主要包括驱动电机、变桨轴承、减速器、限位开关、变桨电池、变桨控制柜等部件，其结构示意图如图2-13所示。主要作用包括两个方面：① 在正常运行状态下，当风速超过额定风速时，通过改变叶片桨距角，改变叶片的升力与阻力比，实现功率控制。② 当风速超过切出风速时，或者风力发电机组在运行过程出现故障状态时，迅速将桨距角从工作角度调整到顺桨状态，实现紧急制动。

图2-13　变桨系统结构示意图

变桨系统按照变桨距操作方式可以分为同步变桨系统和独立变桨系统。同步变桨系统中，风轮各叶片的变桨距动作同步进行，而独立变桨系统中，每个叶片具有独立的变桨距机构，变桨距动作独立进行。

变桨系统按照驱动方式可以分为液压变桨系统和电动变桨系统，液压伺服变桨具有体积小、转矩大、无需变速机构等优点，Vestas、EHN 和 Gamesa 等公司的风机产品均采用液压变桨技术。随着永磁同步电动机技术和变频技术的发展，电动伺服变桨具有适应能力强、响应快、精度高等优点，得到了广泛的应用，GE Wind、Suzlon、Nordex 以及 Siemens 等公司的风机产品都是采用的电动伺服变桨技术。

某 1.5MW 双馈风力发电机组电动变桨系统典型参数见表2-7。

表 2－7　　　　　　　　某 1.5MW 双馈风力发电机组电动变桨系统典型参数

项目	典型参数	项目	典型参数
变桨轴承内圈尺寸（mm）	ϕ1800（54×M30）	变桨速度（°/s）	最大 9
变桨轴承外圈尺寸（mm）	ϕ2000（48×M30）	变桨齿轮传动比	165
变桨驱动伺服电机功率（kW）	4.8	变桨小齿轮模数	12
变桨驱动伺服电机额定扭矩（N·m）	23	变桨小齿轮齿数	21
变桨驱动伺服电机额定转速（r/min）	2000	变桨电池类型	超级电容
变桨制动器制动扭矩（N·m）	100	25℃时电池预期循环寿命（周期）	100 万

　　变桨距机组的变桨角度范围为 0°～90°。正常工作时，叶片桨距角在 0°附近，进行功率控制时，桨距角调节范围为 0°～25°，调节速度一般为 1°/s 左右。制动过程中，桨距角从 0°迅速调整到 90°左右，称为顺桨位置，一般要求调节速度较高，可达 15°/s 左右。机组启动过程中，叶片桨距角从 90°快速调节到 0°，然后实现并网。

　　（2）控制策略。变桨距风力发电机组的结构特点：风轮的叶片与轮毂通过轴承连接，需要功率调节时，叶片就相对轮毂转一个角度，即改变叶片的桨距角。此种结构比较复杂，但能获得较好的性能，而且叶片及整机承受的载荷较小。所以，当前变桨距控制技术是大型风力发电机组普遍采用的技术。

　　变桨距风力发电机随着风速的增大，风机的功率也逐渐增大，当超过发电机的额定功率时，变桨系统动作，使叶片相对自身的轴线转动，叶片前缘转向迎风方向，使得节距角增大，攻角减小，升力也减小，从而实现了将风力发电机组的输出功率始终控制在额定值附近。

　　变桨系统实质上是一个随动系统，其闭环控制图如图 2－14 所示。桨距角给定值和桨距角反馈值的差值作为变桨控制器的输入，得到控制信号，经 D/A 转换器转换为模拟量的电压信号，送给液压或电动变桨距系统，得到位移信号送给变桨执行机构。作为反馈回路，变桨动作后得到的桨距角经过位移传感器得到测量值，再经 A/D 转换器得到数字量的位移，转换为对应的桨距角后反馈给变桨控制器输入，由此构成一个桨距控制闭环系统。

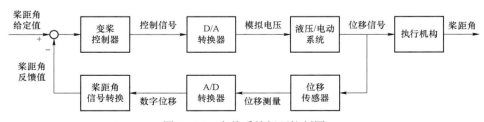

图 2－14　变桨系统闭环控制图

　　（3）故障机理及特点。风力发电机组变桨系统是一个随动系统，风速增大时风力发电机组的功率也增大，当风力发电机组输出超过发电机额定功率后，变桨系统开始动作。变

桨系统用于调节桨矩角,对获得最大风能利用率、稳定系统功率输出和保护机组安全运行十分重要。

对于电动变桨系统,当风速在额定风速以上时,为了将风力发电机组的输出功率控制在额定值附近,其电动变桨系统便会频繁动作,以便调整桨叶的节距角,改变翼型迎角。如果风速变化幅度较大,频率较高,将导致变桨距机构频繁大幅度动作,从而导致电动变桨系统故障的发生,常见的电动变桨系统故障包括变桨驱动电机故障、变频器故障、电池柜故障、变桨控制柜故障和变桨散热器故障。

对于液压变桨系统,风机的液压系统为桨叶变桨距驱动机构提供压力,同时释放机械刹车,而且执行变桨操作。液压变桨系统的故障大部分都发生在液压系统。液压变桨系统是一个复杂的机、电、液耦合系统,所以,液压变桨系统既有自身特殊的故障现象,也有机械设备都会发生的共性故障现象。液压变桨系统常见的故障现象有泄漏、变形、磨损以及疲劳等,最容易发生故障的部位一般是电液比例方向阀和液压缸。

变桨系统故障及故障预测方法将在 2.5 节详细介绍。

6. 变流系统和主控系统

风力发电机组的主控系统和变流器的作用是完成机组信号检测、机组启动到并网运行发电过程的任务,并保证机组运行中的安全。在正常运行状态下,主要通过对运行过程模拟量和开关量的采集、传输、分析,来控制风力发电机组的转速和功率;如发生故障或其他异常情况能自动地监测并分析确定原因,自动调整排除故障或进入保护状态。

(1)结构特点。

1)主控系统。主控系统在整个风机系统中,起着中心控制功能,如同"大脑",在风机整体架构的基础上,通过控制策略将变桨、变流等有机结合起来,实现机组的自动发电控制,实现集自启动、自调速、自调向、自动并网、自动解列、自动电缆解绕、故障自动停机以及自动记录参数数据与实时监控于一身的综合功能,风力发电机组主控系统结构示意图如图 2-15 所示。尤其是对于并网运行的风力发电机组,控制系统不仅要监视电网、风况和机组运行数据,对机组进行并网与脱网控制,以确保运行过程的安全性和可靠性,还需要根据风速和风向的变化对机组进行优化控制,以提高机组的运行效率和发电质量。现代风力发电机组一般都采用微机控制,其属于离散型控制,是将风向标、风速计、风轮转速,发电机的电压、频率、电流,电网的电压、电流、频率,发电机和增速齿轮箱等的温升,机舱和塔架等的振动,电缆过缠绕等传感器的信号经过模/数转换输送给微机,由微机根据设计程序发出各种控制指令。它对外的三个主要接口系统分别为变桨控制系统、监控系统和变频系统(变频器)。它与监控系统接口完成对风机实时数据采集监视及统计数据之间的交换功能,与变桨控制系统的接口实现对桨距角的调节以及对最大风能进行捕获并实现恒速运行的能力,与变频系统接口实现对并网电源电能质量的调节。风力发电机组的主控制器是控制系统的核心。它一方面与各个功能块相联系,接收信息,并通过分析计算发出指令,另一方面与远程控制单元通信沟通信息及传递指令。主控制器可以选用多种PLC控制器,一般分置于机舱控制柜和塔基控制柜中。

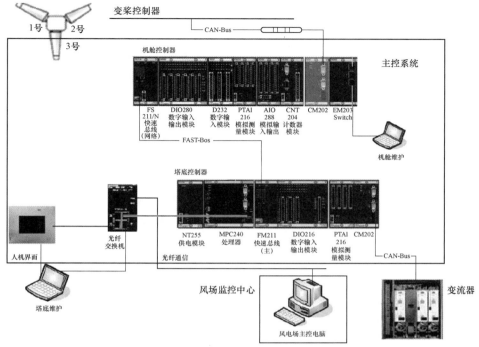

图 2-15　风力发电机组主控系统结构示意图

2）变流系统。变流器主要是实现风力发电机组变速恒频控制，并且具备高/低电压穿越能力以及对电网中的无功功率支持的能力。当前国内外主要采用双馈变流器和全功率变流器两种类型。其中双馈型风力发电机组采用双馈变流器，风轮与齿轮箱连接在一起，实现转速与转矩的调节，齿轮箱的输出轴与双馈异步发电机相连，发电机的转子接变流器，定子接入电网。通过对变流器电流的控制完成对发电机转速的控制，通过调节发电机转子的转差率实现定子输出电压的相位与电网电压同相。该发电机功率分别通过定子直接馈送电网以及转子经过变流器后馈送电网。此类发电机称为双馈型发电机，相应的变流器称为双馈型变流器，其结构示意图如图 2-16 所示，典型参数如表 2-8 所示。全功率变流器常

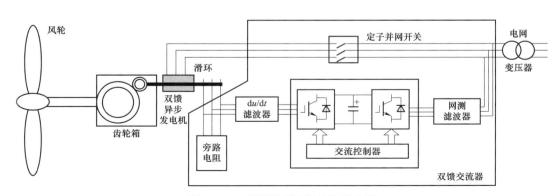

图 2-16　双馈型变流器结构示意图

被用于直驱型风力发电机组中，其结构如图 2-17 所示，典型参数如表 2-9 所示。变流器的一侧接发电机的定子，另一侧接入电网，发电机的类型有异步发电机、电励磁同步发电机以及永磁同步发电机。通常采用控制变流器电流的方式来实现对发电机转速的控制。与双馈型变流器相比而言，发电机发出的所有电功率均经过变流器馈送到电网，因此，将该变流器称为全功率变流器或全馈变流器。考虑到系统损耗以及运行时的可靠性因素，该变流器额定功率应略大于发电机的额定功率。

表 2-8　　　　　　　　　某 3MW 双馈风力发电机组变流器典型参数

项目	典型参数	项目	典型参数
最大网侧电流（A）	2734	电压不对称性（%）	≤2
最大转子电流（A）	1011	电流不平衡度（%）	≤8
额定电压（V）	690	谐波（%）	≤3
电网频率（Hz）	47～52	效率（%）	≥97
直流母线电压（V）	975	滑差（%）	±30
最大转子电压（V）	730	电压不平衡	±3
功率因数	−0.95～+0.95	冷却方式	水冷
转差范围（%）	±30	防护等级	IP54

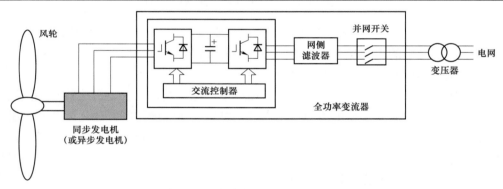

图 2-17　全功率变流器结构示意图

表 2-9　　　　　　　　某 1.5MW 直驱风力发电机组全功率变流器典型参数

项目	典型参数	项目	典型参数
额定功率（kW）	1600	网侧额定电流（A）	1320
机侧每绕组额定电流（A）	620	网侧额定频率（Hz）	50
机侧额定频率（Hz）	13.7	网侧功率因数	0.95
机侧功率因数	1.0	网侧额定电压（V）	690
机侧额定电压（V）	690	运行环境温度（℃）	−40～+40

（2）故障机理及特点。风力发电机组的电气控制系统基本都是电力电子设备，是机组的重要组成部分。虽然相对于机械结构故障，电子系统故障造成的停机时间较短、便于检

修，但是故障率很高，同样会导致较高的检修成本。其中，变流器会因散热不良、冷却系统泄漏、内部绝缘等问题，造成内部器件过热或损坏，也会因为谐波等问题发生过电流、过电压，造成功率器件损坏。主控系统一般是由继电器、接触器、浪涌保护器等电气回路元件的损坏造成主控系统失效。从故障情况来看，电气控制系统的故障具有突发性，在出现故障征兆到发生故障之间的时间很短，故实际中多实施保护措施，而不是进行实时监测和故障预测。

7. 制动装置

当风力发电机组需要进行检修保养，出现运转异常或破坏性极端风况时，需要通过制动装置使风轮停止转动。大型风力发电机组的制动系统主要分为空气动力制动和机械制动两部分，定桨距风轮的叶尖扰流器旋转约束，或变桨距风轮处于顺桨位置均是利用空气阻力使风轮减速或停止，属于空气动力制动。在主轴或齿轮箱的高速输出轴上设置的液压式制动器属于机械制动，一般包括制动器液压站、制动钳、连接管路几部分，如图 2-18 所示，其典型技术参数如表 2-10 所示。通常在运动时如果想让机组停止，首先应采用空气制动刹车，使风轮减速，然后再采用机械制动使风轮停止转动。

图 2-18　液压式主轴制动器结构示意图

表 2-10　　　　某 3MW 双馈风力发电机组液压式主轴制动器典型技术参数

项目	技术参数	项目	技术参数
制动器数目	2	制动盘最高转速（r/min）	1560
制动盘	1	控制回路	液压泵为 400V AC/3/50Hz 控制阀为 24V DC
最大制动扭矩（N·m）	29 000	额定功率下制动力矩（N·m）	25 460
最小制动扭矩（N·m）	尽可能高，至少 21 900	爬坡时间（s）	$t_r < 3.8$
理论制动时间（s）	在最大制动扭矩时：小于 12 在最小制动扭矩时：小于 18	延时（s）	$t_v < 0.2$

制动器是风力发电机组传动系统最后一道"安全锁"，尽管体积不大，但其作用不容忽视。风力发电机组运行环境比较恶劣，由于设计不当、安装不准确、运行维护不及时、运行磨损等原因，制动器会出现漏油、刹车片磨损、噪声等问题，因此，在日常运行维护中也需要关注。

8. 风速仪及风向标

风速仪和风向标是用来实现对风力发电机组风速和风向测量的装置，如图 2-19 所示，

风电机组检修决策

风速仪和风向标典型参数如表 2-11 所示。当前风电场所使用的风速风向仪的种类主要有机械式和超声波风速风向仪两种，其中使用较多的是机械式风速仪，机械式风速仪比较常见的是风杯式风速计和尾翼偏航式风向标，利用机械部件旋转来敏感风速大小，并结合风向标获得风向，尽管这种方法简单可靠，但由于其测量部分具有机械活动部件，在长期暴露于室外的工作环境下容易磨损，寿命有限，维护成本较高，其检测精度也不高。而超声波风速风向仪精度高、可靠性高、寿命长且维护成本相对较低，近年来在风力发电机组中也得到了大量的应用。

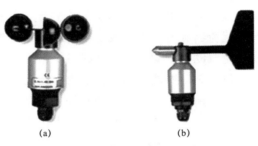

(a)   (b)

图 2-19　风速仪和风向标

(a) 风速仪；(b) 风向标

表 2-11　　　　　　　　　某 3MW 风力发电机组风速仪和风向标典型参数

项目	典型参数	项目	典型参数
风速仪量程（m/s）	0～50	风向标量程（°）	0～360
风速仪输出类型（mA）	电流型，4～20	风向标输出类型（mA）	电流型，0～20
风速仪制造商	科瑞文	风向标制造商	科瑞文
风速仪类型	机械式	风向标类型	机械式

由于风力发电机组只有在有效风速下才能安全运行，且控制中还有很多算法需要输入风速、风向这两个变量，故风速仪和风向标在风力发电机组中也有很大作用，而且由于长期暴露于室外恶劣的工作环境下，导致其故障率也较高。风速仪和风向标的故障主要包括接线松动或虚接、防雷模块损坏、风速仪或风向标本体损坏等，如果采用风向标零位不准、风速仪直采数据不准等，都将导致风机不能及时跟风，虽然故障初期未导致机组停机，但是将带来巨大隐形发电量损失，若发展到后期成为重大恶性故障，将对机组产生停机等更严重的影响，因此，在日常运行维护中也需要关注。

9. 塔架和塔基

塔架在风力发电机组中主要起到承接作用，它与塔基相连，支撑叶轮、机舱等整个发电机组的质量，同时还要承受风载荷和运行中的各种动载荷，是风力发电机组的重要支撑部件。某 3MW 双馈风力发电机组塔架典型参数如表 2-12 所示。由于离地面越高，风速越大，因此，随着风力发电机组单机容量和叶轮半径的增大，塔架高度也越来越高。对于容量 2MW 的风力发电机组，其塔架高度可达到 90m 以上，叶片直径能达到 110m 左右。

表 2-12　　　　　　　　　　某 3MW 双馈风力发电机组塔架典型参数

项目	典型参数	项目	典型参数
塔筒高度（m）	90	上段顶部—底部外直径（mm）	$\phi 3858 \times \phi 3524$
塔体材料	Q345D	表面处理	喷漆防腐
段数	3	防腐等级–外/内	C5I/C3
下段长度（mm）	27 423	法兰材料	Q345E
中段长度（mm）	30 000	法兰成型工艺	整体环锻
上段长度（mm）	30 000	法兰剖面形状	L 形法兰
下段质量（kg）	122 251	塔筒形式	钢制二段圆柱+一段圆锥筒（内设爬梯及防跌落保护）
中段质量（kg）	82 598	塔内灭火系统	干粉灭火
上段质量（kg）	57 895	塔筒助力器	助爬器
下段顶部—底部外直径（mm）	$\phi 4498$	塔内其他设施	安全绳爬梯
中段顶部—底部外直径（mm）	$\phi 4193$	塔内照明设备	应急照明灯

　　塔架自身必须具有一定的高度、强度和刚度。根据动力学分类，塔架有柔性塔架和刚性塔架之分。根据形状不同，目前使用的塔架形式有钢筋混凝土结构、桁架结构和圆锥形结构等，如图 2-20 所示，陆上风电场应用较多的为圆锥形钢管结构。从设计、安装和维护等方面看，这种形式的塔架指标相对比较均衡。在塔筒内部通常留有带攀爬保护装置的爬梯直通机舱以及休息平台、电缆管夹、照明灯等附件。

（a）　　　　　　　　　　　（b）

图 2-20　塔架结构示意图
（a）钢筋混凝土结构塔架；（b）钢筒塔架和桁架塔架

　　塔基主要提供塔筒底部的连接和固定，应使机组在所有可能出现的载荷条件下保持稳定状态，不能出现倾倒、失稳或其他问题，其结构如图 2-21 所示。塔架基础多为现浇钢筋混凝土独立基础，根据风电场场址工程地质条件和地基承载力以及基础荷载、结构等条件有较多设计形式，常见的结构形式包括板状、桩式和桁架式。塔基的结构尺寸取决于机组容量的大小，影响因素包括极端风速条件下的载荷、机组运行状态下的最大载荷等。

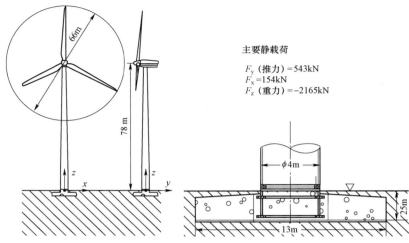

图 2-21 塔基结构示意图

由于风力发电机组长年在野外运行，环境恶劣，运行风险大，而且要求可靠使用寿命在 20 年以上，如果塔架出现弯曲或折断，会导致整个风力发电机组停运甚至倒塌，其后果和带来的经济损失往往巨大。塔架结构的静动态特性、疲劳损伤以及其螺栓法兰连接强度对风力发电机组的工作寿命影响很大。由于设计、制造、安装过程不合理、运行维护不及时等原因，可能会导致风力发电机组塔架连接法兰高强螺栓在安装过程中出现拉断、扭断、脱扣等问题，运行过程中出现塔架振动、螺栓断裂等问题。实际运行塔架故障率相对较低，但故障影响较大，因此，为了保证风力发电机组安全、平稳和可靠运行，设计出结构合理和性能稳定的塔架非常重要。

2.2 传动链故障预测技术

2.2.1 常见故障类型

传动链的功能是将叶片的旋转机械能传递到发电机，主要包括齿轮箱、主轴及轴承等部分。由于风力发电机组的传动系统长期运行在变速变载荷的复杂工况下，同时要承受由于地形高低起伏、风速风向多变、机组尾流效应、湍流以及极端气温变化等环境因素影响，容易发生故障。常见的传动链故障类型如下。

1. 齿轮箱故障

齿轮箱作为风力发电机组传动链的关键组成部件，其部件之间采用齿轮耦合的连接方式，当齿轮箱中某个齿轮件损坏时，若不能及时发现任其发展，可能会导致其他关联部件的非正常磨损，最后导致整个齿轮箱多个部件的连锁损坏，造成齿轮箱整体失效。齿轮箱机械故障造成的停机时间最长，占据风力发电机组故障停机总时间的 50%，甚至更高。导致这些机械故障产生的主要外在因素可以归纳为极端气候条件、长期交变载荷作用、恶劣工作环境与复杂载荷的综合作用、润滑不到位、螺栓连接部件松动或掉落等，而主要的内在原因则可以追溯到传动系统的结构设计及装配质量技术等问题。

齿轮箱故障主要包括齿轮故障、轴承故障、轴系故障。其中，齿轮和轴承故障占齿轮箱所有故障的比例最高。齿轮常见故障主要有齿面磨损故障、折断故障、点蚀故障、齿面胶合、塑性变形等。齿轮箱轴承主要故障类型有轴承内圈故障、外圈故障、滚动体故障、保持架损伤。轴系故障主要包括轴系不对中、传动轴断裂、连接松动等。

（1）齿轮失效故障。引起齿轮失效的原因很多，包括设计不当、制造和热处理方法不当、安装和操作不当、维护不当等。较为常见的齿轮破坏形式有齿面磨损、胶合、接触疲劳、塑性变形以及轮齿折断等。其中，疲劳断裂最为常见，如点蚀、剥落等导致的弯曲疲劳，严重时轮齿会发生折断。齿轮传动是一种重要的传动方式，通过轮齿接触传递动能。在齿面啮合过程中，发生相对滚动接触齿面比较容易产生接触疲劳，如形成麻点或微点蚀坑，随后在这些蚀点位置会萌生疲劳裂纹，随着裂纹的扩展，会产生齿面剥落，甚至发生轮齿折断。接触疲劳是齿轮失效最早期的表现形式。

1）轮齿折断。齿轮的轮齿有很多种不同的折断形式，其主要表现在齿根疲劳导致弯曲折断，因为齿根在轮齿受力时产生的弯曲应力最大，并且齿根与轮盘的连接部分及截面突变等造成的应力比较集中。所以，当力矩重复作用在轮齿上时，疲劳裂纹就很容易在齿根处形成并向周围延伸，最终导致轮齿受力过度而折断。过载折断都是由于轮齿上受到的力大于其本身可以承受的最大应力而导致的，产生的原因有很多，常见的有啮合区域有硬物卡入或齿轮由于过度磨损后齿面变薄时受到冲击导致。齿轮箱轮齿折断失效的案例如图 2-22 所示。

2）齿面点蚀。风力发电机组齿轮箱轮齿传动形式为闭式传动，润滑环境良好，而齿面点蚀是闭环传动中最常见的轮齿失效形式，点蚀是由于齿面在不断变化的受力作用下，由于应力作用产生的损坏现象，呈现出麻点状。最初的表现形式为针尖般的麻点，如果没有对现有的情况进行改善，针尖状的麻点就会不断扩大，连接成片，最后导致齿面受损，如图 2-23 所示。

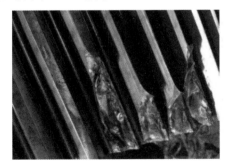

图 2-22　齿轮箱轮齿折断失效

图 2-23　齿轮箱齿面点蚀

润滑油可以减少啮合时齿轮之间的摩擦，延缓点蚀现象的发生，齿轮的寿命也能得到延长。高速齿轮和低速齿轮由于需求不同应采用不同黏度的润滑油，低速齿轮宜使用黏度高些的润滑油，由于转动速度慢、黏性好的油不易受到挤涨，不会造成齿面的损坏。而高速齿轮宜使用黏度低些的润滑油，且其能够起到散热的效果，同时不易产生由于难度高导

致的挤涨裂纹现象,可以减少齿面间点蚀现象的产生。

3)齿面胶合。由于轮齿在啮合时,齿面间的压力大,瞬时温度高,润滑效果差,齿面间的润滑油膜就会被破坏甚至消失,当瞬时温度过高时,相啮合的两齿面就会发生粘在一起的现象,由于此时两齿面又在做相对滑动运动,相黏结的部位易被撕破,于是在齿面上沿相对滑动的方向形成伤痕,称为胶合。传动时的齿面瞬时温度越高、相对滑动速度越大的地方,越易发生胶合。齿轮箱齿面胶合案例如图2-24所示。

4)塑性变形。塑性变形有滚压塑变和锤击塑变两种形式,是属于齿轮的永久变形形式。塑性变形是由轮齿在屈服情况下导致齿轮整体塑性流动形成的。其中,滚动塑变是在齿轮啮合过程中相互滑动或滑压造成的齿面材料流动所致。锤击塑变,顾名思义是由于齿面间受到锤击或高强度的冲击所形成的塑性形变,其区别于滚压塑变的主要特点是轮齿的表面有沟面,其基本平行于齿轮间的接触面。避免或减缓塑性变形的主要方法就是齿轮箱齿轮压痕永久变形,如图2-25所示。使用黏度较高的润滑油,另外一种方法就是提高齿面的硬度。

图2-24 齿轮箱齿面胶合   图2-25 齿轮箱齿轮压痕永久变形

图2-26 高速齿轮异常磨损

5)齿面磨损。齿面磨损主要是由于受到长期交变载荷作用,且润滑油选型不正确或质量退化,无法在齿面形成均匀油膜,造成齿面金属颗粒的掉落,若润滑油循环系统无法将掉落的金属颗粒滤除,会加剧齿面的磨损程度,扩大磨损面,高速齿轮异常磨损如图2-26所示。此外,机组受到恶劣工况下的冲击载荷作用,会造成切削的大金属颗粒掉落,有可能会引起其他部件的非正常磨损。齿面磨损时,金属颗粒会进入润滑油液中。不同的磨损会产生不同种类、形态、大小的磨损粒子。磨损粒子的数量、尺寸、形态与齿轮箱磨损的严重程度之间存在对应关系。因此,相对于振动分析,分析齿轮箱油液中的磨损颗粒含量能够更早期地发现齿轮箱的异常磨损。

(2)轴承失效。齿轮箱轴承为滚动轴承,多为圆柱滚子轴承,也有的齿轮箱高速轴上用短圆柱滚子轴承和四点接触球轴承相组合。齿轮箱轴承在齿轮箱中是非常重要的部件,一旦轴承失效,齿轮箱其他部件便不能正常运转,不及时处理轴承故障,整个齿轮箱在带病运行的情况下很可能彻底损坏，无法修复。

　　轴承在运转过程中，内、外圈与滚动体表面之间经受交变载荷反复作用，由于安装、润滑、维护等方面的原因，而产生磨损、点蚀、裂纹、表面剥落等缺陷，使轴承失效，从而使齿轮副和箱体产生损坏。轴承失效后，在运转时通常会出现强烈的振动、噪声和发热现象。

　　在低速输入端，低速重载情况比较典型，良好的润滑条件难以形成，这是造成主轴轴承损坏的重要原因。目前比较典型的是高速端的轴承，它更容易出问题，因为发电机轴和齿轮箱高速轴连接中通常存在角度偏差和径向偏移，它们随输出功率的变化而变化；这会产生一定频率的轴向和径向的扰动力，从而引起轴承温升而使轴承损坏。如若高速轴在塔上不可更换或齿轮箱内其他部位的轴承（行星架轴承、行星轮轴承等）损坏后，齿轮箱须拿到塔下进行检修处理。轴承失效案例如图 2-27 所示。

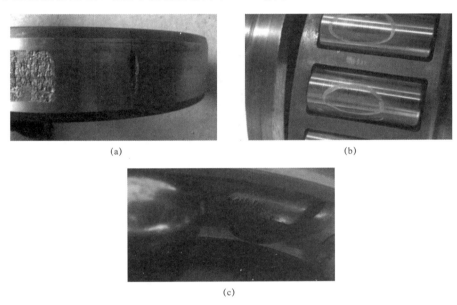

（a）　　　　　　　　　　　　　　　（b）

（c）

图 2-27　轴承失效案例

（a）轴承内圈剥落；（b）轴承滚子损伤；（c）轴承外圈磨损

　　（3）轴系失效。断轴也是齿轮箱常见的重大故障之一。究其原因是轴在制造过程中没有消除应力集中因素，在载荷过大或交变应力的作用下，超出了材料的疲劳极限所致。因而对轴上易产生应力集中的部位要给予高度重视，特别是在不同轴径的轴肩过渡区要有圆滑的圆弧过渡，此处不允许有切削刀具刃尖的痕迹，粗糙度要求较高，轴的强度要足够，轴上的键槽、花键等结构的设计也不能降低轴的强度。保证其他相关零件的刚度，防止轴变形，也是提高轴可靠性的有效措施。传动轴断裂案例如图 2-28 所示。

图 2-28　传动轴断裂案例

综上所述，齿轮箱受正常运行时的交变载荷和异常工况下的冲击载荷影响，容易发生失效故障。齿轮箱的失效是疲劳逐渐积累所致，其失效过程是渐变的，逐步退化的，因此，可以通过技术手段进行早期失效特征的判断。由于齿轮箱低速轴、高速轴以及中间轴承均安装有振动传感器，能够采集到发生缺陷后的振动信号，并且齿轮箱油液也能够在一定程度上反映齿轮箱内部的磨损状态，具备在线监测的条件。此外，在巡检或定检时，也可以利用内窥镜检查的手段进一步确认缺陷位置及严重程度。因此，可以基于 SCADA 数据和在线监测数据进行早期失效特征的分析，同时结合内窥镜检查的手段进行缺陷确认。

2. 主轴及轴承

传动链主轴在正常运行过程中承受交变载荷作用或恶劣工况下的冲击载荷。主轴的损坏一般有两个方面原因：① 原材料或制造工艺缺陷所致，如材料内部有气孔、夹渣、裂纹，材料的冲击韧性值及塑性偏低等；② 传动链其他部件异常损坏导致主轴长期承受非正常载荷，疲劳运行所致。此外，主轴也会发生非正常磨损，主要为轴颈处位置，紧定衬套松动后，如果能及时根据风力发电机组发出的异常噪声而停机检修，一般看到的是轴颈较均匀的磨损；若不能及时发现，当紧定衬套的紧定螺母脱落时，衬套滑向衬套大头一端，就会出现轴承内圈直接磨损轴颈，其磨损迅速且严重。

相比于主轴，主轴承作为应力集中部位，失效概率更高。主轴承大多选用承载能力较好的调心滚子轴承或圆锥滚子轴承，均由外圈、内圈、滚动体和保持架构成，依靠润滑脂润滑。主轴承失效原因包括制造工艺缺陷、润滑不良、异物卡塞等，表现出来的失效特征为腐蚀、摩擦、过热、烧伤、磨损、疲劳剥落等。

（1）轴承的过热和烧伤类故障。轴承运转时载荷大、转速高、摩擦力矩大、润滑不足等因素均会导致轴承运转温度升高，长时间的持续升温会导致轴和轴承过热，最终导致烧伤故障。由于轴承的运转温度主要由轴承的载荷、转速、摩擦力矩、润滑剂类型、润滑剂黏度、轴承类型以及轴承的运转状态等因素决定，因此，针对过热和烧伤类故障，最常用的方法是温度检测诊断方法，即通过检测轴承的温度反映轴承的运转参数的变化和运行的故障。

（2）轴承的磨损、断裂、腐蚀故障。轴承的长时间运行会导致磨损、断裂、腐蚀等故障，对于油润滑或油冷却的轴承在运行的过程中，就会将相关的失效和磨损信号带入到循环油液中，因此，对运行过程中的循环油液进行观察和分析，可以了解轴承的运行状态，推断出轴承故障的形式和部位。铁谱诊断技术是应用最普遍的油液诊断技术之一，主要通过对润滑或冷却液中的磨损磨粒在铁谱片上的分布情况进行定性观察和定量测试来直接判断轴承的运行情况和磨损机理。实践证明，由油液理化分析、清洁度检测、发射光谱技术、红外光谱分析、铁谱分析构成的油液分析系统在轴承故障诊断中发挥重要的作用，可以有效避免由于单一手段的局限性而导致的误诊和漏诊现象。

（3）轴承的疲劳剥落、裂纹。当轴承出现变形、剥落或裂纹等损伤时会产生弹性波，尤其当轴承在受到冲击的交变载荷作用时，使得材料产生错位运动或塑性变形，在此过程中伴随着声发射信号的产生，这种声发射的频率一般较宽，金属材料的发射频率可达几十兆到几百兆赫兹。此时，能够通过监测声波来实现对轴承工况的诊断，即声波分析方法，特别是针对轴承初期失效的预测性诊断，该方法诊断过程快速、简便，但是需要的专用声波监测设备价格要昂贵得多。

（4）轴承内、外圈及轴承座损伤故障。风力发电机组主轴承的工作状态是外圈固定，内圈旋转，主轴承的外形尺寸不会发生变化，且没有滑动，当风力发电机组主轴承内圈、外圈、滚动体和保持架出现磨损、点蚀、剥落等损伤时，故障部位经过轴承表面时会产生突变的冲击脉冲，此冲击脉冲的发生频率是有规律的，能够从轴承的外形尺寸和转速求得。与此同时，损伤发生在轴承的内圈、外圈、滚动体和保持架上的频率是不同的。依据提取到的不同频率的特征，可以对内圈、外圈、滚动体以及保持架的故障损伤进行诊断。

主轴承的工作状态是外圈固定，内圈旋转，主轴承的外形尺寸不会发生变化，且没有滑动，当风力发电机组主轴承内圈、外圈、滚动体和保持架出现故障时，故障部位经过轴承表面时会产生突变的冲击脉冲，此冲击脉冲的发生频率是有规律的，能够从轴承的外形尺寸和转速求得。与此同时，损伤发生在轴承的内圈、外圈、滚动体和保持架上的频率是不同的。对振动信号进行处理，并提取故障特征频率，依据提取到的不同频率的特征，可以对内圈、外圈、滚动体以及保持架的故障状态进行早期发现。此外，主轴承安装有温度测点，若润滑不良，轴承温度变化趋势会发生异常，因此，可以结合轴承温度等 SCADA 测点，进行早期缺陷的分析。

2.2.2　基于振动监测的传动链故障预测方法

振动分析是机械故障诊断和故障预测中最为成熟的技术。振动是风力发电机组传动链受损时反映出来的主要特征，当齿轮箱、主轴及轴承等部件发生异常时，在振动信号中会有不同的反应和特征，机械振动参数相比其他参数往往更能直接、快速、准确地反映机组的运行状态，因此，基于振动监测的故障预测方法是传动链最常用的方法。

1. 故障预测方法

基于振动监测的风力发电机组传动链故障预测方法的基本原理是通过振动信号采集装置，采集传动系统各部件的振动信号，通过对振动信号进行分析，找到这些数据与关键部件失效的关联特征，提取出不同失效类型的特征信号，即可以通过机组采集的振动信息判断机组当前的运行状态，进而对振动信号出现异常的部件进行故障预测和告警，有助于失效部件的早期检修。

根据 NB/T 31004—2011《风力发电机组振动状态监测导则》的规定，单机容量大于等于 1.5MW 的水平轴风力发电机组均需安装振动状态监测系统，振动状态监测传感器主要安装在齿轮箱、发电机轴承、主轴及轴承、机舱等旋转部件上，但风力发电机组机舱紧凑结构限制了传感器的安装位置和数量。振动信号的采集需要通过多种手段来实现，应根据测点的对象不同而选择对应的传感器，如齿轮箱和滚动轴承应选择加速度传感器，在低速轴位置选择专用的低速加速度传感器，在高速轴位置选择普通的加速度传感器；主轴轴向位移状态监测应选择位移传感器；机舱、塔架状态监测应选择加速度或者速度传感器等。传感器的线性频率范围一般应覆盖从 0.2 倍最低旋转频率到 3.5 倍最高信号频率（一般不超过 40kHz），典型的加速度传感器频率范围为 0.1Hz～30kHz，速度传感器频率范围为 1Hz～

2kHz，位移传感器频率范围为 0～10kHz。目前，国内振动监测装置多为整机配套，需要单独安装，且振动监测信号单独接入后台专家系统，无法在整机厂家 SCADA 系统中实现振动监测与分析。风力发电机组振动状态监测系统所需要的最少振动测量点如表 2－13 所示。

表 2－13　　　　　风力发电机组振动状态监测系统所需最少振动测量点

风电机组部件	每个部件需要的传感器支数（支）	安装方向	频率范围（Hz）
主轴承	1	径向	0.1～100
齿轮箱（若有）	3	径向	0.1～100（行星齿轮，中间轴轴承） 10～10 000（高速轴轴承）
发电机轴承	2	径向	10～10 000
机舱	2	轴向及横向	0.1～100
塔架上部	2	轴向及横向	0.1～100

　　振动信号分析是故障预测中关键的环节。风力发电机组传动系统各部件的振动、冲击信号是齿轮、轴、轴承和支撑座等各个部件相互耦合作用的结果，其表现形式极其复杂。其振动监测测得的信号都是非确定的随机信号和非平稳的信号，无法用精确的数学表达式表达，只能用数理统计和离散数字信号处理的数学方法进行阐述。在这些振动冲击信号中，除了有害振动冲击，其他振动都可以视为无害背景噪声，并且这种背景噪声的能量比有害故障振动冲击大很多，因此，需要对所获取的原始振动信息进行信号处理，从强大的背景噪声中提取的微弱故障特征信息用于故障预测和故障诊断。根据信号处理的不同方式，常用的方法包括时域分析方法、频域分析方法、时频域分析方法。

　　时域分析方法可通过求信号波形的最大值、最小值、有效值、平均值、峭度、散度、标准差等来提取信号故障特征，进行故障预警，另外，波形分析、轴心轨迹分析、相关分析等可协助进行故障诊断。常见的分析方法包括集总经验模态分解（ensemble empirical mode decomposition，EEMD）、多元统计法、阈值边界法、波形分析法等。早年仅有 SCADA 振动监测时，运行人员通过简单地比较某功率下的振动峰峰值是否有明显异常来进行初步的预测，再结合现场检查确定有无异常，是非常粗略的一种基于时域分析的故障预测方法；频域分析方法是将时间域内不易被发现的故障特征，在频域内展现，信号成分一目了然，通常包括幅值谱分析、相位分析、功率谱分析、包络分析、倒频谱分析及细化谱分析等。借助故障特征频率可以实现故障预测和准确定位，提高故障预测和诊断精度，因此，频域分析是信号分析方法中最常用的分析方法，主要包括傅里叶频谱分析、频谱趋势分析、倒谱分析、细化谱分析等；时频域分析方法是在时间域和频域的两维空间分析信号频率、幅值随时间的变化，适合分析非平稳信号。基于信号时频域角度联合分析的信号处理方法包括短时傅里叶变换、Wigner－Ville 时频分布、小波变换、经验模态分解（empirical mode decomposition，EMD）、变分模态分解（variational mode decomposition，VMD）、局部均值分解（local mean decomposition，LMD）等。

　　下面介绍几种先进的基于振动监测的传动链故障预测方法。

（1）基于 VMD – Teager 能量算子的故障预测方法。VMD 是一种新的信号分解估计方法，该方法利用一种非递归的模式来实现信号分解，由于该方法的本质是多个自适应维纳滤波组，因此，其分解过程中所受噪声的干扰远小于 EMD 方法，并且 VMD 可通过控制收敛条件来有效抑制采样效应产生的影响；另外，VMD 在模态分离方面也表现出良好的性能，能成功分离两个频率极为接近的纯谐波信号。Teager 能量算子是一种非线性差分算子，能够增强信号中的冲击脉冲成分，非常适用于振动信号特征的提取。Teager 能量算子具有较高的时间分辨率、良好的自适应能力和计算高效等优点，近年来被广泛地应用于齿轮箱的故障诊断。

结合变分模态分解和 Teager 能量算子的优点，有文献提出了基于变分模态分解和 Teager 能量算子的故障诊断方法，该方法对轴承振动信号进行 VMD 分解得到若干本征模态函数（intrinsic mode function，IMF），然后利用峭度指标选取敏感的 IMF 并计算其 Teager 能量算子输出，最后对 Teager 能量算子输出进行傅里叶变换，获取 Teager 能量谱来提取故障特征频率，从而识别轴承故障。

基于 VMD-Teager 能量算子的风力发电机组轴承故障预测方法流程如图 2 – 29 所示，具体步骤如下：

1）采集振动信号 $x(t)$。确定轴承测点，设置传感器采样率为 f_s，实时采集轴承振动数据。

2）变分模态分解。利用 VMD 算法对采集的轴承振动信号进行处理，从而获得一组 IMF 分量。

3）提取敏感 IMF。根据峭度计算公式分别求取分解所得各 IMF 分量的峭度值，从中筛选出峭度值最大的 IMF 作为敏感 IMF。

4）计算 Teager 能量谱。计算敏感 IMF 的 Teager 能量算子输出，增强轴承故障引起的冲击成分，抑制噪声干扰。再利用傅里叶变换对 Teager 能量算子输出进行处理，从而计算得到敏感 IMF 的 Teager 能量谱。

5）故障预测。将 Teager 能量谱中幅值突出的频率成分与风力发电机组的故障特征频率值进行对比，实现缺陷部件的早期判断。

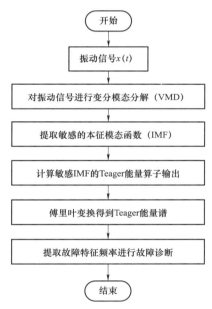

图 2 – 29　基于 VMD – Teager 的能量
算子的风力发电机组轴承故障
预测方法流程图

（2）基于 EEMD – PCA 振动信号特征提取的故障预测方法。EMD 非常适用于分析非平稳信号，将一组信号分解成多个 IMF，不同的 IMF 代表此信号在同一时间序列上不同的频域范围。然而，非平稳信号中的非线性成分会导致在同一 IMF 中出现多个频带，这种现象被称为"模态混叠效应"。为解决此问题，有学者在 2009 年提出了 EEMD 方法，在原信号中多次加入高斯白噪声并进行 EMD，最后取多个 IMF 的均值为 EEMD 的结果。主成分分析（principal component analysis，PCA）主要用于处理多变量、多样本的试验监测数据，

近来被广泛使用，通过降维处理，将多维数据矩阵投影到主元子空间和残差子空间中，从而用互不相关的几个主元代表所有变量的变化情况。

EEMD 作为纯数字驱动的信号分解方法，对非平稳信号的分解有很强的自适应性，在文献中都得到了较好的结果。然而在处理传动链振动信号时，现有的方法中最佳的过程参数难以确定，而类似的方法又会误选包含高频噪声的 IMF。为解决这一问题，有文献结合 EEMD 和 PCA 各自优势提出了一种传动链振动信号自适应降噪方法，针对全寿命试验数据，利用 PCA 在状态监测中区分不同数据差异，以 SPE 为指标定量地分析了各个 IMF 在整个传动链寿命周期中的变化趋势，自适应地选择合适的 IMF 进行信号降噪和重构，EEMD - PCA 算法流程如图 2 - 30 所示。

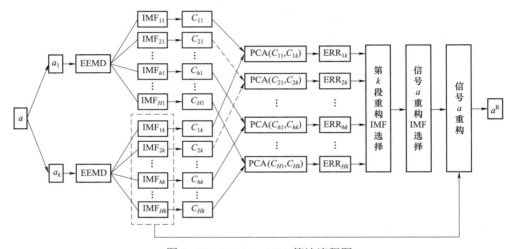

图 2 - 30   EEMD - PCA 算法流程图

具体步骤如下：

1）对传动链进行全寿命周期加速模拟试验，获取其整个试验周期的多组振动信号监测数据，取其中某一组信号 a_c，等间隔分成 K 段，每段取 N 个数，第 $k[k\in(1, K)]$ 段信号用 a_{ck} 表示。

2）每段信号进行 EEMD，设每次 EEMD 后产生 H 个经验模态函数，则信号 a_{ck} 产生的所有经验模态函数为 $IMF_{hk}(h\in[1, H])$。

3）将每段信号产生的经验模态函数 IMF_{hk} 拆分成矩阵 C_{hk}，矩阵的维数可任意确定，但是为保证 PCA 的有效性，建议列数不小于 3。

4）将第 k 段信号的第 h 个 IMF 矩阵 C_{hk} 与第 1 段信号的第 h 个 IMF 矩阵 C_{h1} 进行 PCA，得到平方预测误差 SPE_{hk}，若 SPE_{hk} 显著大于 PCA 产生的 SPE 阈值，表示相对于正常信号（第 1 段信号）的第 h 阶 IMF，第 k 段信号的第 h 阶 IMF 随着时间的推移产生了较大的异常；反之，则结论相反。为量化这一比较过程，取 SPE_{hk} 均值并减去 SPE 阈值，差值可称为 ERR，计为 ERR_{hk}。显然，ERR_{hk} 越大，表明第 k 段信号中第 h 阶 IMF 越能表现信号的变化趋势（即设备性能的退化趋势）。

5）需要指出的是，由于白噪声的均匀性，包含大量噪声的高频段 IMF 在不同时段不会有太大变化，因此其 ERR 较小，而包含低频有效信息的 IMF 在不同时段会有较大变化。因此，对于某一确定的 k，由 2）～4）得到 H 个 ERR 的值，将其从大到小排列后，可选取占比重超过 80% 的几个较大的 ERR 对应的 IMF 进行信号重构，而高频噪声由于较小的 ERR 会被自动舍去，达到降噪的效果。

6）然而，由于性能退化过程中的随机性，如不同时期传动链产生故障的部件会有所不同，这会导致不同时段的信号 a_k 重构所需的 IMF 会有所不同，为统一信号在所有时间段重构所需的 IMF，对所有 K 组选择的 IMF 序列进行统计分析，选择其中权值最大的几个 IMF 用于整个寿命周期的信号重构，得到重构信号 a_R。

7）对其余的加速度信号重复 2）～6）的操作，得到所有监测振动信号的重构信号，完成信号的降噪和重构。

2. 传动链关键部件故障特征库

机械故障诊断的确认率和可靠性很大程度上依赖于设备故障特征量的选择。只要机械设备稳定运行，不管它是运行在正常状态还是故障状态，设备的振动特征都是稳定的。此时，选择的设备故障特征参数也是稳定的，不受运行参数的影响。准确确定这些参数的性能区间，才能最终描述机械设备的状态。因此，建立了风力发电机组传动链故障特征库，特征库包括故障数据获取、故障特征提取及故障特征库完善三个部分，故障库建立流程如图 2-31 所示。

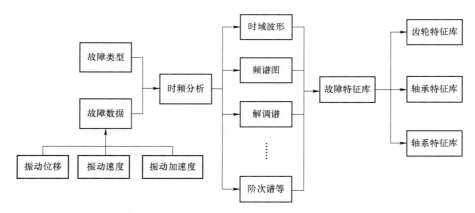

图 2-31 故障库建立流程

（1）特征库故障数据获取。原始故障数据是建立故障库的基础，它是故障部件的表征依据。旋转机械从投入使用到最终故障失效，状态数据基本包含该故障所有的状态信息，因此，故障数据的获取是建立故障特征库的前提保证。

（2）故障特征提取。故障特征提取是故障诊断及故障库建立的核心，它通过对原始信号的分析、处理后提取故障特征信息，为故障模式识别和诊断服务。故障特征信息的提取，是当前故障诊断的瓶颈，直接关系故障早期预报的可靠性和故障诊断的准确性。许多信号的分析方法都在故障诊断中得到了应用，如频谱分析、小波分析、相关性分析、相干分析、现代时频分析、最大主元分析、时间序列分析、倒频谱分析、包络谱分析等方法。选择最能反映传动链各部件故障信息的特征直接影响故障特征库的准确性和可靠性。

（3）故障特征库完善。通过以上数据的处理、分析，能得到不同领域下的故障部件特征参数，从中筛选出最能反映故障模式的特征量并建立特征区间，最终建立完善的故障特征库，如轴承故障特征库、齿轮故障特征库及轴系故障特征库等。

1）主轴承故障特征。风力发电机组主轴和齿轮箱输入端的低速轴承在长期重载交变载荷的作用下，很容易形成滚道剥落，在内圈和外圈相对回转的过程中，剥落坑位于低速滚动轴承负荷区域，同滚道存在相对圆周运动的滚子与滚道之间会发生脱离接触的瞬间滚道局部卸载，重新接触的瞬间滚道局部过载，然后恢复正常。在上述一系列过程中，剥落坑所在的滚道及其附近区域的压应力就会产生间歇性的波动。如果这种现象达到某种程度，其附近的应力、应变以及接触面间的接触应力都将发生较大幅度的有规律变化。如果低速滚动轴承的某个滚子存在磨损，则当该滚子通过负荷区时，其所对应弧长的滚道也会发生上述卸载现象。无论是滚道还是滚子的损伤，都会产生上述一系列的卸载现象。因此，滚动体在通过内、外圈上的缺陷点或转过自身的缺陷点时，就会与缺陷凹坑发生碰撞，而产生一个冲击脉冲信号。其最主要的故障特征频率，除了转速频率 f，主要就是内圈 f_i、外圈 f_o、滚动体 f_b 三个缺陷间隔频率，以及保持架与内、外圈发生摩擦的特征频率 f_{ci}、f_{co}，另外再考虑一下内圈、外圈、滚动体的固有频率 f_{ik}、f_{ok}、f_{bk}。

2）齿轮故障特征。齿轮的振动信号较为复杂，在对其进行振动故障诊断时，往往需要同时在时域和频域上进行分析。齿轮故障的特征频率基本上由两部分组成：一部分为齿轮啮合频率及其谐波构成的载波信号；另一部分为低频成分（主要为转速频率）的幅值和相位变化所构成的调制信号。调制信号包括幅值调制和频率调制。下面将分别介绍各特征成分及其所对应的故障类型，并分析其产生的原因。

a. 轮齿的均匀性磨损、齿侧间隙过大以及齿轮载荷过大等原因引起的故障，将增加啮合频率 f_m 及其高次谐波 $2f_m$、$3f_m$…、nf_m 频率分量的幅值，并不产生边带。其中，磨损时，啮合频率高次谐波的幅值增量更大；磨损严重时，二次谐波的幅值甚至超过啮合频率基波的幅值。

b. 齿轮偏心、齿距周期性变化及载荷波动等不均匀的分布故障，将产生幅制和频率调制，从而在啮合频率及其谐波两侧形成边频带，边带的间隔频率是有缺陷齿轮的转速频率。其中，齿轮偏心一般只出现下边带（差频）$f_m - nf_e$（$n = 1$，2，3…），上边带一般很少出现。

c. 断齿、齿面剥落及裂纹等集中缺陷的局部性故障，将引起周期性的冲击脉冲，同样产生幅值调制和频率调制。如若小齿轮出现一处断齿或两处剥落，则小齿轮每旋转一圈，将产生一次或两次明显的周期性碰撞冲击。在此类情况下，啮合频率为脉冲频率所调制，在啮合频率及其谐波两侧形成一系列边频带，边带的特点是边频数量多、范围广、分布均匀且较为平坦。此外，严重的局部断齿还会导致旋转频率及其谐频的幅值增加。断齿的主要特征还是齿轮的旋转频率和啮合频率的幅值产生明显增长。

d. 点蚀、划痕（即轻度的胶合）等分布比较均匀的缺陷，同样也将产生周期性冲击脉冲和调幅、调频现象。但是，与断齿等局部故障的不同之处是，其在啮合频率及其谐波两侧分布的边带阶数少而集中，边带特点是高而窄、幅值变换起伏大。然而，随故障发展、程度恶化，其图形也将发生变化。

e. 齿的断裂或裂缝，在进入啮合时就会产生一个冲击，这种冲击可能激起齿轮的固有频率 1～10kHz 的高频，此高频成分传递到齿轮箱壳体上时，基本上已被衰减掉，一般情况下只能测到啮合频率和调制的边频。

不同故障状态下齿轮振动的特征如表 2-14 所示。

表 2-14　　　　　　　　　　不同故障状态下齿轮振动的特征

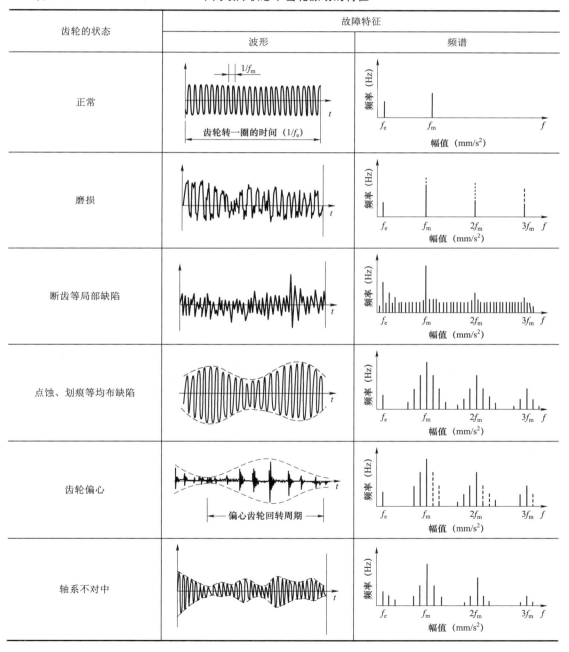

续表

齿轮的状态	故障特征	
	波形	频谱
齿侧间隙过大	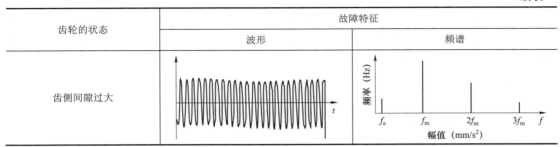	

注　f_e 为转频；f_m 为啮合频率。

　　某双馈型风力发电机组在运行过程中机组高速轴轴承叶片侧加速度出现报警。该机组高速轴输出转速为 1600～1700r/min。通过对振动信号时域波形（见图 2－32）、损伤频谱（见图 2－33）和包络解调谱（见图 2－34）进行分析，可以看到时域波形振动能量较高且存在明显的信号冲击成分，冲击间隔频率为高速轴齿轮啮合频率，并伴有明显的信号调制现象，调制频率为高速轴旋转频率。由损伤频谱可知，频谱中频率主要为多簇频率谱线，主要是高速轴齿轮啮合频率成分 f_{mx1}、f_{mx2}、f_{mx3}、f_{mx4}，边频成分主要为高速轴转频，且谐频能量较高，左右两侧存在明显的边频成分，这与齿轮损伤模式相一致；由包络解调谱可知，主要存在明显的多条频率特征谱线，高速轴转频 4 阶倍频成分 X_1、X_2、X_3、X_4，且高阶谐频能量较大，结合齿轮失效特征表现形式即能得出高速轴齿轮齿面损伤。经过拆箱检查，发现出现高速轴齿轮齿面损伤（见图 2－35），与分析结果一致。

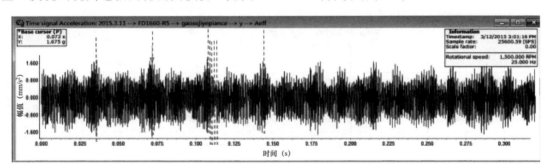

图 2－32　高速级齿轮齿面损伤时域波形

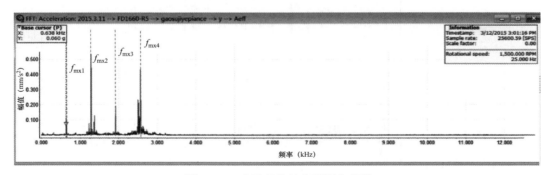

图 2－33　高速级齿轮齿面损伤频谱

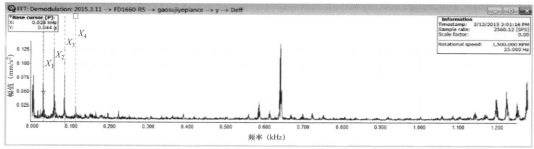

图 2-34 高速级齿轮齿面损伤包络解调谱

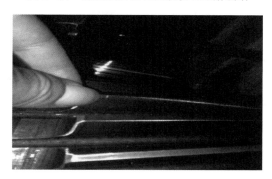

图 2-35 高速轴齿轮齿面损伤

3）齿轮箱轴承故障特征。

a. 结构特点引起的轴承故障特征。滚动轴承在外载荷的作用下，由于存在着游隙，最下面滚动体的受力最大，最上面的滚动体受力最小，其余滚动体的受力大小依据其位置不同是不相同的，如图 2-36 所示。轴在旋转过程中，最下面的滚动体从载荷中心线下面向非载荷中心线位置滚动，其接触力由大变小，并引起轴颈中心产生 δ 的微动位移。因此，只要轴在旋转，无论轴承是否发生故障，滚动轴承的结构特点决定了每个滚动体在通过载荷中心线时，就会发生一次力的变化，同时对内圈及轴、外圈及轴承座产生冲击振动激励作用，这个激励频率称为滚动体的通过频率 f_o，其公式为

$$f_o=zf_c \tag{2-1}$$

式中：f_c 为保持架的旋转频率（即滚动体的公转频率）；z 为滚动体的个数。

b. 轴承刚度非线性引起的轴承故障特征。滚动轴承在载荷的作用下工作时，滚动体和内、外圈滚道之间为弹性接触，像一个弹簧一样，不过它的刚性很高，并且呈非线性。特别是润滑不良时，容易出现非线性振动。刚度非线性引起的振动是一种自激振动，常发生在深沟球轴承上球轴承及滚柱轴承则不太会发生这种振动。其振动频率为轴的旋转频率 f 及其高次谐波 $2f$、$3f\cdots$（轴承刚度呈对称非线性时）或分数谐波 $f/2$、$f/3\cdots$（轴承刚度呈非对称非线性时）。

c. 制造及装配等原因引起的轴承故障特征。

① 表面加工波纹波引起的振动。在轴承内、外圈及滚动体表面上，加工时所留下的微小起伏状波纹会引起比滚动体在滚道上的通过频率高很多倍的高频振动、噪声及轴心摆动。

其振动频率与波纹数 z_s 和所处元件的缺陷间隔频率有关，具体如下：

内圈表面加工波纹引起的振动频率为 $z_s f_i \pm f$（波纹数为 $z_s \pm 1$）；

外圈表面加工波纹引起的振动频率为 $z_s f_o$（波纹数为 $z_s \pm 1$）；

滚动体表面加工波纹引起的振动频率为 $z_s f_b \pm f_c$（波纹数为 $2z_s$）。

其中，f_i、f_o、f_b 分别为内圈、外圈、滚动体的缺陷间隔频率；f、f_c 分别为轴旋转频率、保持架旋转频率。

② 振动体大小不均匀引起的振动。滚动体大小的不均匀会导致轴心不断地变动，以及支撑刚性的变化，其振动频率为滚动体公转频率（即保持架旋转频率）f_c 及其谐波与轴的旋转频率 f 的合成，即 $if_c \pm f$（$i=1$，2，$3\cdots$），通常振动频率在 1kHz 以下。

③ 轴承偏心引起的振动。当轴承游隙过大或滚道偏心时，都会引起内圈与轴绕着外圈的中心进行涡动，其振动频率为轴的旋转频率 f 及其谐波，即 if（$i=1$，2，$3\cdots$）。

④ 轴承装歪或轴弯曲引起的振动。如果轴承在轴上装歪或者轴发生了弯曲，轴在旋转时相当于转子角度不对中现象，将表现出以转速频率 f 为特征的振动频率。但在滚动轴承中，由于这种情况下会使轴承单方向受力加重，因此又具有滚动体通过频率 f_o 的特征，两者合成为 $f_o \pm f$，成为这种故障振动的主要频率成分。

⑤ 轴承装配过紧或过松引起的振动。轴承装配过紧会导致内、外圈局部变形，游隙发生不均匀变化；装配过松会导致轴承窜动。因此，当滚动体在通过特定位置时，都会产生频率相应于滚动体通过周期的周期振动，其振动频率为滚动体的通过频率 f_o。

d. 润滑不良引起的轴承故障特征。润滑不良时，滚动体在旋转中不能形成良好的油膜而发生金属与金属之间的滑动摩擦，滚动体不能处于纯滚动状态，从而加剧了滚动体和滚道的磨损和疲劳，振动加大。润滑不良首先会使保持架产生异常的振动和噪声，是因为滚动体和保持架之间发生摩擦，引起保持架的自激振动所致。保持架的引导面与滚动体之间无油膜隔离时，滚动体很可能在保持架内被卡住，或者保持架的材料被胶合到滚动体上。

e. 轴承工作表面上的缺陷引起的轴承故障特征。滚动轴承可能由于润滑不良、载荷过大、异物侵入、锈蚀等原因，引起轴承工作表面上的剥落、胶合、裂纹、腐蚀凹坑、压痕等离散型缺陷或损伤。滚动体在通过内、外圈上的缺陷点或转过自身的缺陷点时，就会与缺陷凹坑发生碰撞，而产生一个冲击脉冲信号。虽然在缺陷的初期，冲击本身的能量并不大，但由于持续时间极短，能量分散在极宽的频率范围上，完全可以激发起轴承各元件及其固有频率的振动，就像用小锤轻轻敲击大钟可以使钟发出声音（固有频率的振动）一样的脉冲振动信号，其频率成分不仅有反映滚动轴承故障特征的间隔频率（即通过缺陷处的冲击频率），同时还包含有反映滚动轴承各元件固有频率的高频成分。

图 2-36（a）显示了滚动体每次进入故障缺陷点时产生的冲击信号波形。每个最高峰之间的间距是冲击周期，即缺陷间隔频率的倒数，冲击后的衰减振荡波形中，相邻两峰之间的间距则是元件的固有频率的倒数。

内、外圈的缺陷波形并不相同。由于外圈不动，各滚动体通过外圈缺陷点时具有相等的冲击强度，因此对应的脉冲振幅值基本相同。每个最高峰之间的间距即为外圈间隔频率 f_o 的倒数，见图 2-36（b）。

内圈滚道上的缺陷与各滚动体接触时，由于内圈在转动，缺陷所处的位置是变化的，与滚动体的接触力则不相同，所以脉冲振幅值也就不同，这样就形成了对内圈间隔频率 f_i 脉冲信号的幅值调制，调制频率为滚动体的公转频率（即保持架旋转频率）f_c 或轴的旋转频率 f，如图 2-36（c）所示。

由于滚动体也是转动的，滚动体上缺陷所产生的波形，与内圈缺陷波形相类似，脉冲幅值也将出现周期性变化，其间隔频率 f_b 的脉冲振幅值将为滚动体的公转频率 f_c 所调制，如图 2-36（d）所示。

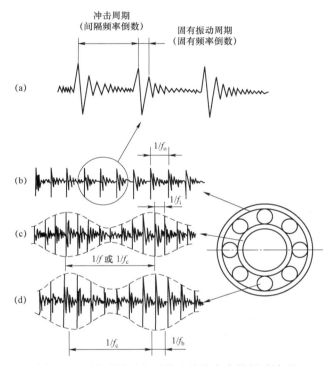

图 2-36　滚动轴承各元件上缺陷产生的振动波形

（a）外圈缺陷振动局部放大波形；（b）外圈缺陷振动波形；（c）内圈缺陷振动波形；（d）滚动体缺陷振动波形

滚动轴承振动的原因及其基本特征频率如表 2-15 所示。

表 2-15　　　　　　　　　　滚动轴承振动的原因及其基本特征频率

故障原因	轴承元件	特征频率参数	备注
滚动体通过载荷方向时	各元件	f_o	无论有无故障，此频率成分都存在
轴承刚度非线性	轴承	if	轴承刚度呈对称非线性时
		f/i	轴承刚度呈非对称非线性时
表面加工波纹	内圈	$z_s f_i \pm f$	波纹数为 $z_s \pm 1$
	外圈	$z_s f_o$	波纹数为 $z_s \pm 1$
	滚动体	$2z_s f_b \pm f_c$	波纹数为 $2z_s$
滚动体大小不均匀	滚动体	if_c	—

续表

故障原因	轴承元件	特征频率参数	备注
游隙过大或偏心	内圈	if_i	—
润滑不良	元件相互摩擦	频率成分复杂	首先是保持架的振动及噪声
轴承装歪或轴弯曲	内圈、轴	$f_o \pm f$	—
装配过紧或过松	内圈、外圈	f_o	—
工作表面缺陷（如剥落、胶合、裂纹、腐蚀凹坑、压痕等）	内圈	$if_i \pm f$ 或 $if_i \pm f_c$	引起元件的固有频率及高次谐波
	外圈	if_o	引起元件的固有频率及高次谐波
	滚动体	$2if_b$	引起元件的固有频率及高次谐波

注 i 为正整数；z_s 为波纹波；f 为轴的旋转频率；f_c 为保持架旋转频率，即滚动体公转频率；f_o 为滚动体通过频率，同时也是外圈间隔频率，f_i 为内圈间隔频率，f_b 为滚动体间隔频率。

尽管滚动轴承故障振动的特征频率十分复杂，但是，由于滚动轴承最常见、最主要的故障类型是剥落、磨损、胶合，因此，滚动轴承最主要的故障特征频率，除了转速频率 f，主要是内圈间隔频率 f_i、外圈间隔频率 f_o、滚动体间隔频率 f_b 三个缺陷间隔频率，以及保持架与内、外圈发生摩擦的特征频率 f_{ci}、f_{co}，另外也可考虑内圈、外圈、滚动体的固有频率 f_{ik}、f_{ok}、f_{bk}。

某双馈型风力发电机组在运行过程中机组高速轴轴承电机侧加速度及解调信号同时出现报警。该机组高速轴输出转速为 1200～1300r/min。对高速轴轴承外圈故障时域波形（见图 2-37）、损伤频谱（见图 2-38）和包络解调谱（见图 2-39）进行分析，可以看到时域波形振动能量较高且存在明显的信号冲击成分，冲击间隔频率为高速轴轴承外圈故障频率；由损伤频谱可知，频谱中频率主要集中在高频频段，主要是高速轴轴承外圈固有频率（轴承外圈损伤激励起外圈固有频率）所处频带，并且含有多簇密集边带频，边频成分主要为外圈故障频率，这与轴承失效模式进程相一致；由包络解调谱可知，主要存在明显的多条频率特征谱线：① 高速轴轴承转频 4 阶倍频成分 X_1、X_2、X_3、X_4；② 高速轴轴承外圈故障通过频率 4 阶倍频 BPFO x_{a1}、x_{a2}、x_{a3}、x_{a4}，且外圈故障通过频率左右两侧伴有以高速轴转频为特征频率的边频带，能谱线能量较高，结合轴承失效特征表现形式判断出现了高速轴轴承外圈严重损伤。经过拆箱检查，发现轴承外圈剥落，出现严重损伤，如图 2-40 所示，与分析结果一致。

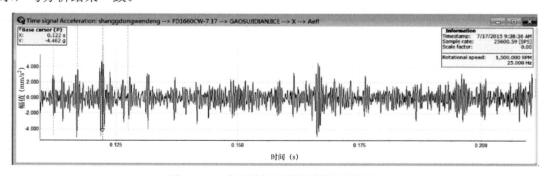

图 2-37　高速轴轴承外圈故障时域波形

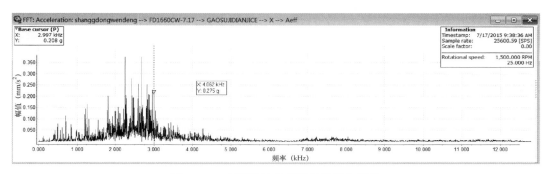

图 2-38　高速轴轴承外圈故障损伤频谱

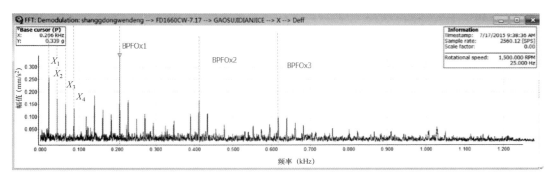

图 2-39　高速轴轴承外圈故障包络解调谱

图 2-40　高速轴轴承外圈损伤

3. 工程实例

风力发电机组主轴承和低速轴长期处于复杂的交变载荷下工作，经常超过其设计极限条件。然而，风力发电机组低速旋转部件的转速在 10～30r/min 之间，这样转速下的转频大约只有 0.28Hz，很容易淹没在风力发电机组的运行噪声中。实际应用基于 EEMD-PCA 的非平稳信号降噪方法，能够自适应地选择信号中有效的 IMF 成分，进行信号降噪和重构，进而实现低速旋转部件振动特征频率提取，并将特征频率成分与风力发电机组的故障特征频率值进行对比，实现缺陷部件的早期判断。

某型号的双馈风力发电机组在运行一段时间后振动异常明显。该型号轴承各部件的故障特征频率值如表 2-16 所示，齿轮箱全寿命周期内的 C-SPE 均方根趋势变化如图 2-41 所示。

表 2-16 　　　　低速轴轴承各部件特征频率（低速轴转频 1.64Hz）　　　　　 Hz

故障类型	特征频率	故障特征频率
外圈	11.25	18.45
内圈	13.75	22.55
滚动体	4.95	8.12
保持架通过外圈频率	0.45	0.73
保持架通过内圈频率	0.55	0.90

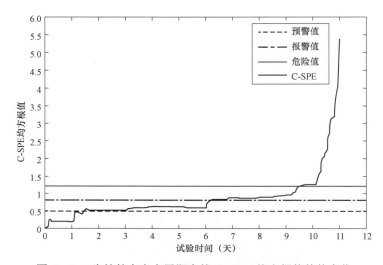

图 2-41　齿轮箱全寿命周期内的 C-SPE 均方根值趋势变化

　　为了能够诊断出低速轴轴承在运行过程中呈现出的故障类型，并进行故障预测，需要通过对轴承振动信号进行频谱分析，找到与理论计算的故障特征频率一致或较接近的故障特征频率。调用故障发生前 11 天的 4 组振动数据进行分析，采用基于 EEMD-PCA 的非平稳信号降噪方法得到在不同阶段的功率谱，如图 2-42 所示。由图 2-42 可知，在正常阶段齿轮箱运行时，低频部分频谱比较平稳，没有出现故障特征频率。但是在之后 3 个阶段的频谱图中出现了 1.6Hz 及 22.5Hz 的频率成分，这与低速轴轴承的内圈故障特征频率22.55Hz 比较接近。在第 2 阶段，当轴承出现初期故障时，频带 22.5Hz 及 1.6Hz 频率范围内能量比第 1 阶段正常状况下明显增大。另外，在后期各故障阶段中 22.5Hz 能量都比较高，其余频带内能量都接近零。因此，可以推断出出现两个频率内能量较高的原因可能是由于内圈出现早期故障，产生了 22.55Hz 的故障频率，从而引起此频带内的能量增大。因此，可以诊断确定低速轴轴承出现了故障。

　　通过拆箱检查，发现实际中确实出现低速级轴承故障，如图 2-43 所示，与分析结果一致。可见，通过设置合适的预警、警告阈值，可以在故障发生的早期阶段即可对有问题的传动链部件进行故障预测，及时维护，避免故障的进一步加深和扩大。

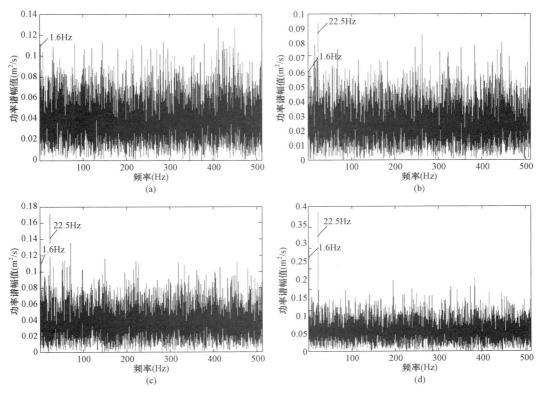

图 2-42 基于 EEMD-PCA 降噪处理的各阶段功率谱分析
（a）正常状态；（b）预警状态；（c）警告状态；（d）危险状态

图 2-43 低速级轴承故障

2.2.3 基于油液监测的齿轮箱磨损故障预测方法

基于油液监测的风力发电机组齿轮箱故障预测技术，是根据对油液中金属磨粒（尺寸、浓度、生成速率等）、油液理化性能（黏度、密度、酸值、水分、抗氧化安定性、极压抗磨性、腐蚀性等）的分析判断齿轮箱的故障状态。其中磨粒作为评价设备磨损状态的重要指标，能够为设备的状态评估与故障预测提供参考与指导。目前，风力发电机组齿轮箱在用油性能评价方面主要还是采用定期取样、离线送检的形式，试验室离线检测能够通过铁谱

分析等测试手段较为准确地提取油液中的磨粒信息，据此做出磨损状态的判断，是发现齿轮箱早期缺陷和监视缺陷发展速度的重要途径。然而，这种检测方式时效性不强，无法实现设备磨损故障的早期预警。近些年，随着传感器技术的进步，出现了油液在线监测技术，该技术能很好地弥补离线检测技术的不足，可为装备提供更及时、更准确的故障预警，并可结合振动监测数据以及 SCADA 数据，进一步提高故障预测的精准性和可靠性，下面主要介绍油液状态监测的故障预测方法。

1. 油液状态监测

油液状态监测技术主要包括油液磨粒状态监测和油液理化性能状态监测两部分。

（1）油液磨粒在线监测技术。油液磨粒在线监测技术是一种通过对齿轮箱磨损所产生的磨粒进行分析，从而对齿轮箱故障做出诊断的检测手段。相比于应用广泛的振动监测技术，油液在线监测技术的核心优势在于通过对磨损产生的固体颗粒物的检测分析来实现动力机械的早期预警。油液磨粒在线监测技术的研究主要集中在磨粒在线监测传感器技术和测量数据与磨损状态关系的研究上。现有的油液磨粒在线监测技术主要包括基于光谱分析的光谱油液磨粒监测、基于铁谱分析的铁谱油液磨粒监测以及基于电磁感应原理的电磁油液磨粒监测，各项监测技术主要的优缺点比较如表 2-17 所示。光谱分析与铁谱分析受制于环境、成本与人工依赖等因素，实际应用较少，在线传感器的成熟度较弱。目前国内外已工业化应用的传感器主要为电磁感应磨粒监测传感器。

表 2-17　　　　　　　典型的油液磨粒在线监测技术主要的优缺点比较

类型	监测内容	优点	缺点
光谱分析	磨粒元素分析	监测快速，定位故障部件	价格过于昂贵，环境要求高
铁谱分析	磨粒形态与磨损类型	故障诊断准确率高	依赖有经验的研究人员，智能化评价系统尚不十分成熟
电磁感应	磨粒的数目与尺寸	传感器技术成熟，安装简单，实时反馈性好	尚缺乏系统性的故障评价标准，难以直观定位到磨损部件

（2）油液理化指标在线监测技术。油液的理化性能指标主要包括黏度、密度、酸值、水分、抗氧化安定性、极压抗磨性、腐蚀性等。目前针对油液理化性能方面的在线监测技术主要包括黏度、水分、介电常数，这三项指标反映了油液的润滑性能的稳定性和油液的变质过程。黏度异常是造成装备润滑油失效的主要因素，油液中含水量的增加会导致润滑油的抗磨性急剧下降，而介电常数的改变体现了润滑油由于污染物与极化分子增加所导致的油液变质现象。目前，油液黏度、水分、介电常数的在线监测传感器在风电领域已有应用。然而，现有的油液理化性能在线监测系统主要着力于数据信号的获取与多指标传感器的集成，在润滑油液的性能和变质程度评价方面尚有欠缺。

2. 故障预测方法

基于油液状态监测的齿轮箱磨损故障预测方法，其基本原理是基于监测油液中携带的磨损、污染物颗粒等数据，定性和定量地获取设备磨损与润滑状况，并确定故障部位及原因，从而实现齿轮箱磨损的故障预测。

当前齿轮箱在线磨粒测试与评价体系主要根据单一的磨粒数目或磨粒尺寸指标来评价齿轮箱的磨损状态，而且指标的确立更多地依赖于经验值，其与设备实际的磨损状态之间缺乏定量化关联。有研究提出了一种基于投影寻踪聚类分析方法的油液故障预测方法，依据齿轮箱磨损机理研究了磨粒参数表征齿轮箱磨损状态的指标。在此研究基础上，根据聚类分析的方法建立磨损状态的多指标综合评价模型，建立了磨粒样本信息与齿轮箱磨损状态间的对应关系，实现了对齿轮箱磨损状态的全面准确评价，进而实现齿轮箱磨损的故障预测，该方法的主要步骤如下。

（1）齿轮箱磨损故障评价指标。风力发电机组齿轮箱是一个存在着摩擦磨损过程的机械系统，其磨损过程可以分为磨合、正常磨损和严重磨损三个阶段。研究表明，齿轮箱所处的各个磨损的阶段，与各阶段的磨粒特征密切相关，如表 2-18 所示。

表 2-18　　　　　　　　　各磨损阶段对应的磨损状态与磨粒特征

磨损阶段	磨损状态	磨粒特征
磨合阶段	接触面积的弹性部分逐步增加和塑性部分逐步减少	（1）少量的大磨粒和一些细长的片状磨粒； （2）磨粒浓度快速增加，在磨合阶段末期逐渐减小趋于稳定
正常磨损阶段	表面平衡粗糙度的形成，摩擦表面进入稳定磨损期	（1）均匀的小磨粒，主要是正常磨损磨粒和片状磨粒； （2）大磨粒浓度达到动态平衡，小磨粒浓度随运行时间线性增加
严重磨损阶段	表面层的逐步失去和疲劳的不断累积，平衡状态的破坏越来越严重	（1）大量大尺寸磨粒和块状的疲劳磨粒； （2）磨粒浓度急剧增长

由表 2-18 可知，不同磨损阶段对应的磨粒尺寸、浓度特征存在很大的差异性，当大量大尺寸磨粒或块状疲劳磨粒出现时，意味着齿轮箱进入严重磨损状态，需要加以警惕并做出预警，而小尺寸磨粒的线性持续增加并不会代表齿轮箱出现严重的磨损故障。显然，磨粒尺寸与浓度信息在表征齿轮磨损状态阶段时存在耦合关系。

风力发电机组齿轮箱磨损状态的确定以及磨损机理的判定，与磨粒的大小、生成速率、浓度、形貌等信息休戚相关。选取磨粒中相关的信息，并进行合理的信息综合处理，才能实现对机械系统当前磨损状态的综合判断。由于齿轮、轴承等运动部件的表层疲劳剥落、滑动磨损和剪切磨损等原因所产生的较大金属颗粒（等效直径 100μm 以上），能够直观反映设备的异常磨损情况，此外，润滑油液中的磨粒浓度是设备累积磨损情况的体现，磨损率则能够反馈齿轮箱的实时磨损情况，并且一段时间内的磨损率变化能够表现齿轮箱部件的磨损趋势，因此，将磨粒尺寸、磨粒浓度、磨粒生成率作为三个关键评价指标，建立齿轮箱磨损状态的评估与预测模型，实现对齿轮箱磨损状态的准确评价。

（2）磨损故障预测模型建立。采用投影寻踪聚类分析方法建立磨损故障预测模型。为了更加准确地利用磨粒信息体现齿轮箱的磨损状态，在投影寻踪聚类分析时，将尺寸信息细化，将每个尺寸区间的磨粒浓度与生成率均视为磨粒样本的一项评价指标，对齿轮箱油液中的磨粒样本进行分类，得到齿轮箱磨粒样本的聚类投影值表达式为

风电机组检修决策

$$F = \sum_{j=1}^{p} a(j)y(i,j) = \sum_{k=1}^{5} \mu_k R_k + \sum_{k=1}^{5} \varphi_k N_k \qquad (2-2)$$

式中：F 为磨粒样本的目标投影值；$k=1$，2，3，4，5，分别代表 70～120μm，120～200μm，200～350μm，350～500μm，>500μm 的磨粒尺寸区间；i 为磨粒样本序号；μ_k 代表各尺寸区间磨粒产生率的影响权重；R_k 代表实时监测得到的润滑油中磨粒的增加速率；φ_k 为第 i 组磨粒尺寸区间的磨粒累积数影响权重；N_k 为实测的磨粒累积数目。

式（2-2）中 R_k 与 N_k 即对应了投影寻踪算法中的各指标因素，μ_k 与 φ_k 共同构成了投影向量。

磨粒数量、产生率和尺寸等指标可以通过在线监测装置实时获得，权重系数可以通过齿轮箱磨损故障模拟试验结果确定，最终得到综合评价指标 F，从而准确判断齿轮箱的磨损状态，如图 2-44 所示。由图 2-44 可以看出，投影寻踪聚类分析清晰地将齿轮箱的磨合期、平稳磨损期和加速磨损期区分开来，在试验的前 100h，齿轮箱处于磨合期，磨损率很快且不规律；试验时间达到 100h 后，齿轮箱进入正常磨损期，F 值相对稳定，值得注意的是，在正常磨损期区间内，曲线出现了多次阶跃式上升的现象（形成多个平台），这样的阶跃现象与加载有着良好的对应关系，每次阶跃过程都对应了一次外部载荷的变化，可以认为，评价函数 F 对外部工况的变化，尤其是工作载荷的变化较为敏感。当试验进行 600+h 以后，齿轮箱发生严重磨损时，函数 F 的值快速增长。

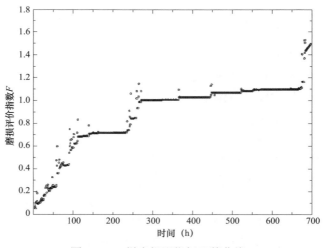

图 2-44　样本投影指标函数曲线 F

（3）确定状态阈值，进行故障预测。不同的磨损状态或工况条件的改变会反映在样本投影指标函数上，根据不同的投影指标函数值 F 的范围，可以对齿轮箱的磨损状态做出初步的区分。这样的分类过程本质上是基于对样本数据的处理来实现的，尚未与齿轮箱的物理磨损过程建立准确的对照关系。因此，考虑通过离线检测的方法对齿轮箱全寿命磨损试验中各个时间点的油样进行测试，准确判断各个时间点所对应的齿轮箱磨损状态，并结合离线检测结果和投影寻踪聚类的结果给出齿轮箱磨损故障的预警阈值。

对某型号风力发电机组进行铁谱分析，做出磨损特征与磨损类型的评价，加速试验的铁谱图像如图 2-45 所示。可以发现，该型号的机组齿轮 150h 后磨粒主要为少量小尺寸铁磁性金属颗粒和少量固体污染颗粒，伴有个别疲劳擦伤磨损颗粒，未见明显异常磨损；500h 后磨粒为较多小尺寸铁磁性金属颗粒和少量固体污染颗粒，伴有少量疲劳擦伤磨损颗粒，磨损率较高，且有磨损颗粒互相碾磨的迹象；630h 后大量小尺寸铁磁性金属颗粒和少量固体污染颗粒出现，亦伴有少量疲劳擦伤磨损颗粒出现，磨损率较高且设备进入异常磨损阶段，疲劳磨损严重；650h 后油液中存在较多小尺寸铁磁性金属颗粒和少量固体污染颗粒，伴有少量疲劳擦伤磨损颗粒和个别铜合金磨损颗粒，铁合金部件磨损率较高，且铜合金部件也出现异常磨损，意味着除了齿轮齿面出现严重磨损，轴承等设备组件也发生了异常磨损现象。

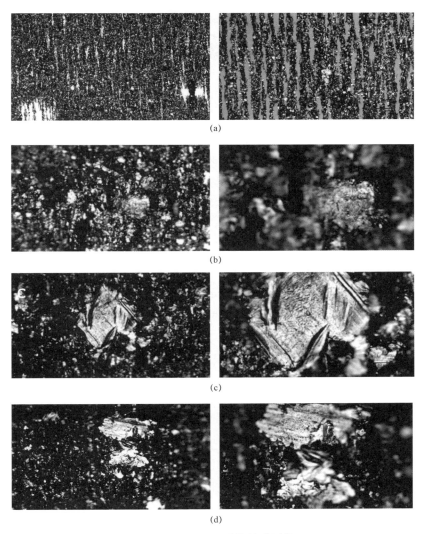

图 2-45　加速试验的铁谱图像
（a）150h；（b）500h；（c）630h；（d）650h

观测不同时间段的齿轮表面磨损情况，如图 2-46 所示，可以看出，开始阶段齿轮表面光亮且状态良好，管路里的润滑油呈现黄色，无颗粒出现，见图 2-46（a）；随着试验的进行，齿轮箱运行 500h 后齿轮表面出现轻微磨损，齿轮节圆附近出现轻微点蚀现象，见图 2-46（b）；运行 650h 后，管路里的润滑油颜色呈现深黄色，且能明显地看到黑色颗粒，此时观测齿轮齿面，可以看到大面积的材料剥落，已经出现严重磨损，见图 2-46（c）。

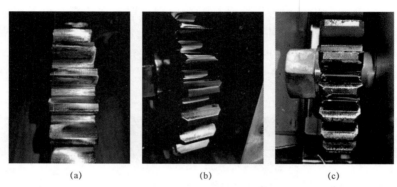

(a)　　　　　　　　　　(b)　　　　　　　　　　(c)

图 2-46　不同工作时间后的齿轮表面磨损情况
（a）0h（试验开始前）；（b）630h；（c）650h

对照聚类分析结果以及齿轮实际表面观测，150h 时 F 约为 0.71，500h 的 F 约为 1.06，齿轮表面已发生点蚀，650h 时 F 约为 1.44，此时齿轮已发生严重的磨损失效。从上述分析可得，可以将 $F=1.2$ 是一个磨损情况加剧的参考值，$F>1.4$ 预示着设备已发生严重失效，具体磨损状态分类如表 2-19 所示。根据该状态阈值，可以监测到机组的当前运行状态，实现对早期缺陷的故障预测。

表 2-19　　　　　　　　　　　　　　磨 损 状 态 分 类

序号	磨损状态	设备预警	投影特征值范围 F
1	磨合期	正常	$0 < F < 0.7$
2	正常磨损	正常	$0.7 < F < 1.2$
3	加速磨损	预警	$1.2 \leq F < 1.4$
4	严重磨损	告警	$F \geq 1.4$

2.2.4　基于 SCADA 数据的传动链故障预测方法

传动链是个复杂结构的机械旋转部件，当传动链的某个零件或者部件发生故障时，将直接导致传动链的一些输出性能参数发生变化，因此，可以通过性能参数的变化来判断其工作状态，进行故障预测。传动链运行状态相关的征兆包括温度、噪声、振动、润滑油磨损物、扭矩、应力、电气量参数等。

经验丰富的运行人员有时可以通过相同发电工况下 SCADA 测点的异常，来发现可能存在的缺陷，再通过现场检查、试验等手段确认或观察缺陷发展情况，以实现传动链的故障预测。但对于运行环境、出力工况随机性非常强的风力发电机组，人工预测是非常不可靠和不准确的。因此，伴随着深度学习等算法的高速发展，基于 SCADA 运行数据的故障预测算法得到高度重视，但受限于故障算例数据不足、预测可靠性尚不稳定，该方法还处于研究阶段，尚未见到大规模推广应用。

基于 SCADA 运行数据的故障预测方法主要分为两类，一是基于机组或部件运行过程和机理进行建模，在机理模型的基础上对多个 SCADA 测点数据进行关联分析；二是用人工神经网络等智能学习算法进行数据挖掘，找到 SCADA 测点与部件失效之间的关联，提取故障特征，分析故障特征量的发展趋势，发现缺陷或异常，实现故障预测。

1. 故障预测方法

基于深度自编码网络（deep auto-encoder，DA）的风力发电机组传动链故障预测方法是基于齿轮箱和主轴承 SCADA 参数内部关联关系，采用深度自编码网络模型，对齿轮箱和主轴承的状态进行整体分析，深度学习数据规则，挖掘其蕴含的分布式特征，从而提取齿轮箱和主轴承的状态预测指标，实现故障预测，其具体过程如下所示。

（1）DA 建模。DA 模型是一种由多个限制玻尔兹曼机（restricted boltzmann machine，RBM）连接构成的深度学习网络，其底层表示原始数据的浅层特征，高层表示数据类别或属性。该模型从低层到高层逐层抽象，因此，可以深度挖掘和识别数据内部的本质特征。DA 模型的结构图如图 2-47 所示。

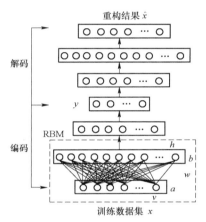

图 2-47　DA 模型结构

以齿轮箱故障预测为例，为了能够尽可能地描述齿轮箱的运行状态，选择齿轮箱的 SCADA 数据与振动信号作为模型可见层的输入。齿轮箱振动传感器的采样频率为 25.6kHz，对振动信号每秒求取一次峭度特征值，形成峭度值序列。风力发电机组齿轮箱状态参数如表 2-20 所示。

表 2-20　　　　　　　　　　　风力发电机组齿轮箱状态参数

变量名称	变量符号	变量名称	变量符号
齿轮箱油温度（℃）	T_o	齿轮箱平行轴水平振动信号峭度	V_3
齿轮箱轴承温度（℃）	T_g	高速轴垂直振动信号峭度	V_4
第一级垂直振动信号峭度	V_1	高速轴轴向振动信号峭度	V_5
第二级垂直振动信号峭度	V_2		

齿轮箱 DA 网络模型的输入表示为 x_G

$$x_G = [T_o, T_g, V_1, V_2, V_3, V_4, V_5] \tag{2-3}$$

考虑到驱动链不同类型变量的数值差异性比较大，为了减小数据的差值，降低计算误差，并且保证原始数据结构相对不变，采用式（2-4）对各变量进行归一化处理

$$\overline{x}_{oi} = \frac{x_{oi} - x_{o\min}}{x_{o\max} - x_{o\min}} \tag{2-4}$$

式中：$\overline{x}_{oi}$ 为归一化后的各变量值；x_{oi} 为各变量原始数据；$x_{o\min}$ 为训练集中该类变量的最小值；$x_{o\max}$ 为训练集中该类变量的最大值。

（2）模型训练与重构误差。DA 模型对样本数据的学习过程包含由低层到高层的 RBM 预训练和由高层到低层的参数优化两部分。在训练过程中，DA 模型用到了隐含层的激活信息，这种激活信息正是 DA 模型运用 RBM 训练与调优过程中学习到的输入数据的特征，以可见层与隐含层的权值和偏置值来表示。另外，DA 模型在训练过程中能够使信息损失最小，而且能够准确保留抽象和深层的特征信息。这是选择 DA 模型提取齿轮箱状态深层特征，分析其运行状态的原因。

DA 模型利用齿轮箱 7 个变量作为输入进行多层深度学习，训练过程中对原始数据进行编码和解码，并以非监督方式学习数据的固有结构和特征。在正常状态下，齿轮箱数据间存在的特征规则保持相对稳定，当齿轮箱故障时这种规则发生改变，反映重构误差 R_e 的趋势发生变化。在测试中，利用建立的 DA 模型计算新数据集的重构误差 R_e，将其作为齿轮箱状态趋势的检测量。由重构值 $\hat{x}$ 与原始输入 x 计算得到 R_e。

$$R_e = \| \hat{x} - x \|^2 \tag{2-5}$$

在训练过程中，这些变量选为风力发电机组正常运行状态下一段时间内的监测数据，而且均为无标签数据，将其作为预训练样本。

（3）自适应阈值设定。通过分析 R_e 变化趋势或突变程度，实现对齿轮箱的故障检测。考虑到风力发电机组齿轮箱运行状态的波动性，并且是一个非平稳过程，计算得到的 R_e 序列仍然具有非平稳性，对其设定恒定阈值可能会出现误报警。

因此，引入 R_e 的自适应阈值作为判断故障预警的决策条件，其原理如图 2-48 所示。结合自适应阈值的故障检测方法，将会减少干扰对风力发电机组齿轮箱故障检测的影响。假设故障发生在 t_B 时刻，若设定恒定阈值，将会在 t_A 产生误报警，而且无法检测到发生在 t_B 的故障；若采用随 R_e 变化的自适应阈值，在避免误报警的情况下能够检测到 t_B 时刻发生的故障。

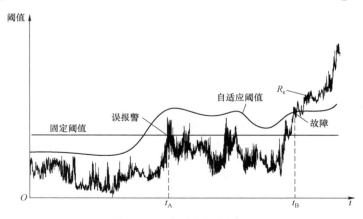

图 2-48　自适应阈值原理

经过分析，长期正常状态下的 R_e 服从正态分布，因此，将统计学中参数置信区间的思想应用于自适应阈值的设计。R_e 的均值和方差求取方法分别为

$$\mu(R_{ej}, t_k) = \frac{1}{n}\sum_{i=1}^{n} r_i(t_k)\Big|R_{ej} \qquad (2-6)$$

$$\sigma^2(R_{ej}, t_k) = \frac{1}{n-1}\sum_{i=1}^{n}\left[r_i(t_k) - \mu(R_{ej}, t_k)\right]^2\Big|R_{ej} \qquad (2-7)$$

式中：R_{ej} 为不同时刻对应的 R_e。

置信度为（$1-\alpha$）的均值的置信区间可表示为

$$P\{\bar{\mu} - z\alpha < \mu < \bar{\mu} + z\alpha\} = 1 - \alpha \qquad (2-8)$$

式中：α 为置信水平；z 为与置信水平相关的系数。在实际应用中，置信度（$1-\alpha$）通常选为 95%～99.9%。利用该原理设定 R_e 的阈值，当 $z = 2$ 时，J_{th} 定义为预警阈值；当 $z = 3$ 时，J_{th} 定义为告警阈值，由式（2-8）求得阈值为

$$J_{th} = \mu(R_{ej}, t_k) \pm z\sigma^2(R_{ej}, t_k) \qquad (2-9)$$

从而得到齿轮箱故障检测的决策准则

$$\begin{cases} J > J_{th}, & \text{相应的故障预警} \\ J \leqslant J_{th}, & \text{正常} \end{cases} \qquad (2-10)$$

正常状态下，R_e 维持在其自适应阈值范围内变化，当 R_e 变化越过预警阈值，并保持在阈值之上，此时判定齿轮箱出现异常状态发出故障预警。当 R_e 变化越过告警阈值，并保持在该阈值之上，可以判定故障发展成较为严重的故障，从而发出故障告警。

2. 工程实例

某风电场的风力发电机组齿轮箱出现异常，采用基于深度自编码网络（DA）的传动链故障预测方法对该机组进行分析。

选取该机组齿轮箱正常状态下的 SCADA 数据和振动监测数据建立齿轮箱的 DA 模型并进行参数训练、模型测试和模型重构，得到不同迭代周期下变化的 R_e，如图 2-49 所示。根据 R_e 越小模型越优，综合考虑迭代周期越大运行时间越长的因素，选择参数调优的迭代周期为 200。

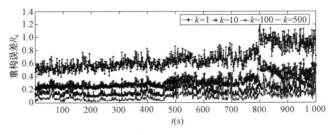

图 2-49　风力发电机组齿轮箱 DA 模型在预训练条件相同时不同迭代周期下的 R_e

运用齿轮箱的状态变量和振动信号数据集建立 DA 模型之后，对齿轮箱正常状态下的数据进行测试。在自适应阈值条件下，由齿轮箱的 DA 模型计算得到齿轮箱 R_e 的变化趋势，

R_e自适应阈值控制图如图 2-50 所示，可以观察到正常状态下机组齿轮箱的 R_e 的波动一直处于其自适应阈值范围内，并且波动幅度较小。

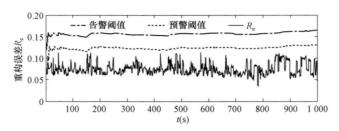

图 2-50　风力发电机组齿轮箱正常状态下 R_e 自适应阈值控制图

利用机组齿轮箱故障发生前后记录的数据，运用已经训练好的 DA 网络模型，计算故障状态下齿轮箱数据集的 R_e，得到机组齿轮箱故障状态下的 R_e 变化趋势，R_e 自适应阈值控制图，如图 2-51 所示。可见，在齿轮箱发生故障前，R_e 一直处于其自适应阈值范围内，并且变化波动不大。然而，在 760s 时刻齿轮箱 R_e 变化趋势开始上升超过阈值，并一直处于自适应阈值之上，从而判定齿轮箱出现故障，发出故障预警，实现对故障的预测。随着故障的发展，在约 800s 时刻越过告警阈值时，从而发出告警信号，此时该故障特征较为严重，需要采取相应的措施。

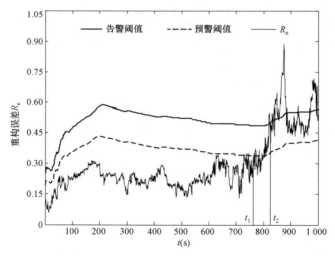

图 2-51　风力发电机组齿轮箱故障状态下 R_e 自适应阈值控制图

2.2.5　传动链故障预测方法对比总结

传统的日常巡检、定期试验、预防性试验等方式，也可以在一定程度上发现传动链的早期缺陷并实现故障预测，但是由于这些方法主要基于工程人员的经验和定性判断，故障预测过程缺乏定量化模型支持，本节不再进行详细阐述，具体可以参照本书 4.2.4 节内容。通过把模型引入故障预测过程，会大大增加故障预测方法的科学性，提高其可操作性，为检修决策打下坚实的理论基础，本节主要针对上述传动链的故障预测方法，对各种预测方法的基本原理、实现方式、技术成熟度、适用性等进行对比分析，如表 2-21 所示，以供读者参考。

表 2-21   传动链故障预测方法对比分析

故障预测方法	基本原理	采集数据	可行性	发现故障阶段	技术成熟度	适用性
基于振动状态监测的传动链故障预测方法	通过采集传动系统各部件的振动信号及分析，提取不同故障类型的特征信号，判断机组当前的运行状态，进而实现对异常部件的故障预测和告警	国内新投运的风力发电机组一般在传动链的齿轮箱、主轴轴承上安装了径向加速度传感器，实现传动链振动数据的实时在线采集，并存储于振动状态监测系统	以在线数据采集、接入后台专家系统或远程专家人工离线分析为主，无法在整机厂家 SCADA 系统中实现振动监测与分析	可以发现早期缺陷并进行预警	风电场振动状态监测系统目前比较成熟，已经成为新投运机组的标配，但应用于故障预测的技术还在不断探索，可实现简单的故障识别和故障预警，但精细化故障预测和故障诊断还有待加强	振动频谱分析在高速轴承上可实现有效故障预测，而对主轴承等低速部件信号的故障特征提取尚存在技术困难
基于油液状态监测的齿轮箱故障预测方法	基于监测油液中携带的磨损、污染物颗粒等数据，从而定性和定量地获取设备磨损与润滑状况，并确定故障部位及原因，从而实现齿轮箱磨损的故障预测	国内外已实现工业化应用的在线监测传感器包括：（1）电磁感应磨粒监测传感器，用于在线监测油液中金属磨粒（尺寸、浓度、生成速率等）的数据；（2）油液黏度、水分、介电常数在线监测传感器，用于在线监测油液理化性能（黏度、水分、介电常数等）的数据	以在线数据采集、接入后台专家系统或远程专家人工离线分析为主，无法在整机厂家 SCADA 系统中实现油液监测与分析	可以发现早期缺陷并进行预警，也可以监视缺陷发展过程	受到传感器测量精度等限制，油液在线监测技术目前还处于产品初级阶段，仅在个别风电场实现了示范应用，基于油液状态监测的故障预测技术目前在工程应用上还较少	通常适用于齿轮箱不同程度磨损、点蚀类故障的监测、预测和诊断
基于 SCADA 数据的传动链故障预测方法	通过对 SCADA 运行状态数据采集，采用数据挖掘、人工智能等手段，找到 SCADA 测点与部件失效特征的关联关系，提取故障特征，分析故障特征量的发展趋势，实现故障预测	SCADA 运行监控系统采集的测点数据（温度、转速、风速、角度、振动、扭矩、应力、电流、电压、功率等），包括历史运行数据和实时运行数据	以在线数据采集、远程专家人工离线分析为主	可以发现早期缺陷并进行预警，也可以监视缺陷发展过程	该方法多处于理论研究和实验室研究阶段，在先进的风力发电机组上已得到初步应用	可以应用于齿轮箱、主轴、轴承等传动链部件的故障预测和诊断

2.3 叶片故障预测技术

2.3.1 常见故障类型

叶片是风力发电机组将风能转化为机械能的关键部件，其性能优劣将直接影响风机可

靠运行和风电场经济效益。叶片整体裸露在野外，在高空、全天候条件下，经常受到空气介质、大气射线、沙尘、雷电、暴雨、冰雪、盐腐蚀等自然环境侵蚀，以及在安装、运行、维护等过程出现人为不当因素，都会对叶片的寿命造成巨大影响。因此，随着运行年限的增长，叶片损伤、失效事故时有发生，严重时甚至出现风力发电机组倒塌事故。常见的叶片故障分为以下几类。

1. 局部表面磨蚀

叶片暴露在室外，工作环境恶劣，受到风沙、暴雨冲刷及紫外线影响，旋转的叶片会与空气中的颗粒（沙尘、水汽）等产生摩擦碰撞，导致叶片前缘磨损或者后缘涡流磨蚀。常见的局部表面磨蚀故障包括表面腐蚀、局部砂眼等，主要发生在叶尖区域迎风面、中部迎风面、叶片前缘、叶片后缘等部位，叶片局部表面磨蚀如图2-52所示。局部表面磨蚀是叶片受损的初期阶段，需要及时发现损伤并有计划进行修复，一般情况可以恢复叶片正常运转，对叶片的安全性能和效率影响不大，该情况下叶片维护费用相对较低。

图2-52 叶片局部表面磨蚀

2. 雷击故障

随着风机容量的增大，叶片长度也越来越大，且风力发电机组多安装在开阔地带或者山顶，再加上机组服役时间延长，叶片表面污浊程度加深，遭受雷击的概率越来越大，而叶片是容易遭受雷击损害的部件。叶片受雷击导致的故障显见于接闪点处及叶尖附近。叶片雷击失效如图2-53所示。

图2-53 叶片雷击失效

3. 开裂故障

叶片设计生产制造时未重视尾边区域及叶片表层的胶衣耐磨性、风沙磨损侵蚀未得到及时修复、叶片呼吸孔堵塞以及雷击损伤等原因，可能会导致叶片开裂故障，叶片开裂失效如图 2-54 所示。开裂故障多发生在叶尖、叶片中部前缘处，呈纵向分离张口形式。叶片开裂时需要尽快修补，否则开裂裂纹会越变越长，在空气作用下，蒙皮就会出现脱开、开裂。如果叶片蒙皮开裂在一定长度内还可以勉强修补，但是开裂过长过大，就只能更换整个叶片，这意味着高额的费用和较长时间的发电损失。

4. 断裂故障

叶片设计时安全冗余系数选择过低、叶片制造时材料和工艺不符合要求、叶片实际运行载荷超出设计时的裕度极限、未及时发现处理磨蚀开裂等轻微故障，都可能导致叶片出现无法修复的破坏性损伤，严重时发生叶片断裂。叶片断裂故障多发生在叶片根部、叶片中部，呈折断形式，叶片断裂失效如图 2-55 所示。叶片断裂故障是叶片最严重的事故，叶片不可修复，必须进行更换，因此，造成高额的叶片更换费用和电量损失。

图 2-54　叶片开裂失效

图 2-55　叶片断裂失效

2.3.2　故障预测方法

当叶片发生故障，特别是单片断裂事故时，三只叶片平衡旋转状态被破坏，导致发电机组瞬间剧烈振动，若机组保护失效或刹车装置迟延动作，将对发电机组轴系以及塔筒带来严重危害，并可能导致机组倒塌事故。同时，断裂叶片在机组制动之前，极有可能撞击相邻叶片、机舱和塔筒，造成事故损失扩大。因此，通过对叶片的早期缺陷进行故障预测，并及时根据缺陷情况进行维护，对于预防叶片事故十分必要。

叶片故障预测的关键在于对叶片的早期故障信息进行监测和识别。一方面，叶片的早期故障信息可以传递到与其相连的部件上，如轮毂、机舱、塔架、传动链等机械部件，因此，可以通过塔架和传动链的振动信号进而判断叶片的缺陷，间接地对叶片进行故障预测；另一方面，叶片受到损伤时，常常会表现出表面裂纹、噪声、振动等现象。因此，也可以通过一定的方法对叶片进行监测和故障识别，直接对叶片进行故障预测。本节主要对直接的叶片故障预测方法进行介绍，包括基于声发射的故障预测方法、基于振动的模态分析故障预测方法、基于机器视觉的故障预测方法、基于 SCADA 数据的故障预测方法等。

1. 基于声发射监测的叶片故障预测方法

声发射是指材料断裂时释放的弹性能以应力波的形式在结构中传播的现象。随着压电效应的发现，应力波可以通过电压电材料（如压电陶瓷 PZT）的压电效应由力信号转化为

电信号被系统接收，通过分析应力波的波形、频率、幅值、时程、波数等信号特征，实现对材料的损伤探测。

基于声发射监测的叶片故障预测方法基本步骤如下：

（1）声发射在线监视和信号采集。通过在叶片上安装声发射传感器，可以采集叶片的声发射信号，从而实现对叶片状态的在线监视。

（2）特征分析与提取。通过小波分析、AE 信号分析、参数分析法等信号分析方法，对采集的声发射信号进行特征分析，提取出不同类型叶片故障的特征参数。

（3）故障预测。采用支持向量机法、神经网络法等故障预测方法，可以对叶片的一些早期裂纹等故障进行识别，进而对有损伤的叶片进行故障预测和告警，使得叶片得到及时维护。

基于声发射监测的叶片故障预测方法是非接触的，能够进行远程的监控，不过这种方式需要额外安装声发射传感器，故障预测的准确度较低，适合在精确度不高的时候使用。

2. 基于振动监测的叶片故障预测方法

基于振动的模态分析是结构动力学中一种重要的分析方法，也是最早最通用的损伤识别方法。当结构由于裂缝产生损伤或者构件之间连接损伤，将会导致结构的模态参数发生变化，通过识别并比较模态参数变化进行损伤识别，可以对一些早期的轻微损伤进行定位和预警，并进行针对性的维护，避免损伤的进一步加剧，从而实现故障预测的目的。

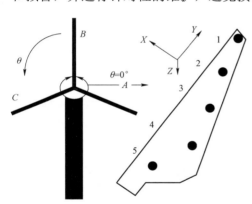

图 2-56　加速度传感器的安装方法

要实现风力发电机组叶片的振动在线监测，需要在叶片上安装加速度传感器，一种典型的安装方法如图 2-56 所示。风机的 3 个叶片分别配置标号为 1~5 的 5 个三轴加速度传感器，沿叶片径向从叶尖至叶根均匀布置，用于检测叶片 5 个不同位置的三维方向振动加速度值。通过对 5 个加速度信号进行分解、变换和分析，提取故障特征信号，并根据叶片当前的特征频率，可以监测叶片当前的实际运行状态，在叶片的特征频率到达轻微损伤频率阈值或者重度损伤频率阈值时，可以对叶片进行不同程度的预警，并采取针对性的检修决策，从而实现对叶片的故障预测，避免叶片的进一步损伤加剧，影响叶片和风力发电机组的正常运行。

基于振动监测的叶片故障预测方法优点在于相关损伤识别和故障预测算法成熟，在其他结构上都有较好的应用经验，可以实现叶片开裂、雷击、不平衡等故障识别和预警；缺点在于损伤识别效果不理想，只能得到整体的损伤指标和传感器所在区域附近的局部损伤指标，损伤定位精度不佳。

3. 基于光纤监测的叶片故障预测方法

光纤传感器近年来在土木工程领域得到了大量的研究、开发和应用，它利用光为载体，使用光线进行信息的传递，具有电绝缘性好、抗电磁干扰、灵敏性好等优点。

其中，光纤布拉格光栅（FBG）传感器具有抗电磁干扰、环境适应性强、绝缘性能好、寿命长、集成度高等优点，是进行叶片载荷、损伤监测最具潜力的传感器之一。其基本原理是被测量（应变、温度等）的变化会引起光纤光栅中心波长的变化，光纤光栅中心波长的变化与被测量之间具有确定的数学关系，只要准确测量出波长的偏移量，就可以计算出传感器所受应变、温度以及它们的变化量。

风力发电机组叶片光纤监测系统可以对叶片状态进行实时监控，该系统一般由宽带光源、光纤布拉格光栅（FBG）传感器、解调仪表、数据存储及传输系统、数据处理及显示系统等组成，如图 2 - 57 所示。可以采用胶粘、螺纹连接或焊接等方式，将光纤传感器安装于叶片表面的合理位置。宽带光源将有一定带宽的光通过光纤耦合器入射到光纤光栅中，由于光纤光栅的波长选择性作用，符合条件的光被反射回来，再经光纤耦合器送入解调装置测出光纤光栅的反射波长变化。当被测试件受振动作用或温度发生改变时，光纤光栅自身的折射率或栅距发生变化，从而引起反射波长的变化。再通过采用小波分析等信号处理方法，可以实现风机叶片运行载荷监测、叶片动平衡监测、叶片覆冰监测、叶片损伤监测等多种功能。因此，可以通过光纤监测的方法，实现对运行叶片的实时监测和故障预测，使得叶片得到及时维护。

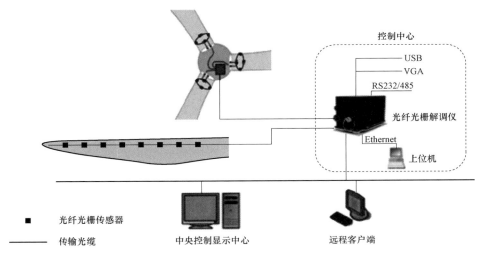

图 2 - 57　风力发电机组叶片光纤监测系统应用示意图

4. 基于噪声监测的叶片故障预测方法

基于噪声监测的叶片故障预测方法是通过采集运行叶片的噪声信号，经过故障特征提取，来评估叶片的健康状态，进而实现对叶片故障的预测和告警。主要包括以下步骤：

（1）信号采集。通过声音传感器实现运行叶片的实时噪声信号的在线采集。由于叶片旋转的下风侧的信噪比优于上风侧，因此，可依据风电场常年的主导风向的先验知识确定传感器的安装角，以获取信噪比较高的声信号。此外，传感器可安装在塔门附近，避免塔筒顶部机械噪声的影响，且便于安装维护，如图 2 - 58 所示。

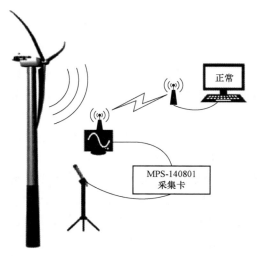

图 2-58　叶片噪声在线监测系统

（2）特征提取。在正常工作状态下，风机叶片产生的声音主要为叶轮扫风声。随着叶片服役时间的增加，可能出现一些异常的响声。如叶片脱胶在启动阶段会出现唰唰的声音，稳定运行后声音消失，外表面不平整则发出哨鸣声等。可见，相比于正常工作状态，故障声信号的频谱发生了显著变化。刻画声信号频谱变化的方式有多种，工程应用中常采用倍频程来描述信号的频谱变化趋势，常用的倍频程方法有 1/1 倍频程、1/3 倍频程、1/6 倍频程与 1/12 倍频程等，可以根据实际情况选取，从而提取出叶片不同故障下的特征频谱。

（3）故障预测。通过提取的故障特征，采用支持向量机等故障预测方法，可以基于监测的声信号判断叶片的当前健康状态，并对叶片的早期故障进行预警，继而及时通知风电场的维护人员前去检修。

噪声在线监测技术目前处于实验室研究阶段，由于复杂背景噪声信号影响可能导致故障识别的灵敏度不太高，当前还未实现实际工程应用。

5. 基于机器视觉监测的叶片故障预测方法

机器视觉由于其结构简单、成本低、效果好等优点在工业上受到越来越广泛的应用。这种方法的原理是利用光学成像装置取代人眼感受的功能，将摄取的目标图像转换成图像像素信号，并经图像采集装置将图像的像素信号转换成计算机能够识别的电信号，借助相关图像处理软件对其电信号进行分析处理，根据图像处理结果和特定需求实现对图像的识别与评估。目前由机器视觉和数字图像处理结合的新型无损检测系统在医药、国防、防灾减灾、建筑结构、道路工程及隧道工程等大型工程设备检测与故障识别方面得到了广泛的应用。

目前，基于机器视觉监测的叶片故障预测法也得到了一定的关注和研究，其基本原理是通过图像采集系统对叶片的特定区域进行图像采集，对其图像进行图像增强、图像分割及形态学重建各步骤的图像处理后，采用 SVM 支持向量机特征提取法、小波分析、神经网络等故障特征提取方法，对叶片不同类型的缺陷进行特征提取和缺陷识别，最终实现对叶片的故障预测和缺陷预警。基于在线机器视觉监测与故障预测系统的典型结构示意图如图 2-59 所示。该系统通常由图像采集子系统、触发控制子系统、数据传输子系统、状态监测子系统和故障预测子系统组成。图像采集子系统一方面实时监测叶片的运行状态，另一方面等待接收抓拍信号；触发控制子系统可在叶片到达某特定位置时向图像采集子系统传输抓拍信号；实时图像信息通过数据传输子系统进入中控室的状态监测子系统内，实时显示运行状态，抓拍的图像信息传入故障诊断子系统以对特定位置的叶片进行故障预测和故障诊断。若出现故障，故障预警装置进行声光报警和远程输出及根据预设指令自动停机待查。数据传输子系统可以采用 4G-LTE 移动网络传输数据，既可实现图像数据、控制数据等传输，也可利用互联网传入云端或直接实现资源共享，还可通过联网移动设备或 Web 网页远程查询叶片状态情况。这样既可查看叶片实时运动或保存的视频、故障图像，也可浏览叶片运行健康数据历史记录或故障统计数据。

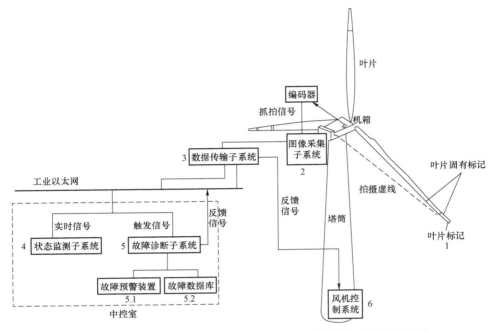

图 2-59　基于在线机器视觉监测与故障预测系统的典型结构示意图

　　基于在线机器视觉监测与故障预测系统可以实时监视叶片的运行状态，依据在不同状态下提取的特征参数，如图 2-60 所示，可以看到正常情况下叶片图像区域面积和最大长度与弯曲和断裂情况下有明显的不同。因此，可以根据系统监视得到的叶片当前运行参数，识别出叶片当前状态并及时预警，有助于运行人员及时发现故障叶片并进行处理，避免由叶片故障处理不及时引发的风力发电机组事故。

　　6. 基于 SCADA 数据的叶片结冰故障预测方法

　　基于 SCADA 数据的叶片结冰故障预测方法典型流程如图 2-61 所示，其基本步骤如下：

　　（1）首先采用卡尔检验法、主成分分析法等特征筛选算法，从 SCADA 的历史数据中提取故障模式最相关的特征（包括发电机转速、功率、变桨角度、电机温度、环境温度以及机舱温度）。

　　（2）结合类别不平衡学习算法处理高度不平衡的 SCADA 数据集，通过数据清洗等手段筛选出有效的 SCADA 数据集。

　　（3）基于特征参数和 SCADA 历史数据集，建立风力发电机组叶片结冰故障预测和故障诊断模型。

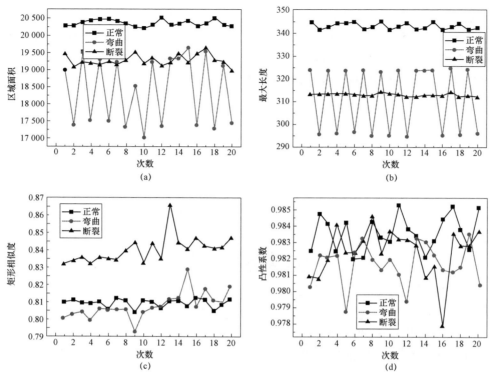

图2-60　正常、弯曲、断裂三种状态下特征参数数据统计图
（a）区域面积；（b）最大长度；（c）矩形相似度；（d）凸性系数

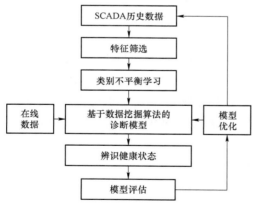

图2-61　基于SCADA数据的故障预测方法典型流程

（4）基于叶片当前的 SCADA 在线运行数据（包括发电机转速、功率、变桨角度、电机温度、环境温度以及机舱温度），以及叶片结冰故障的预测模型，实现叶片健康状态的辨识，从而对叶片的早期结冰情况进行故障预测。

目前，该方法主要应用于叶片结冰故障的预测和诊断。因为叶片结冰故障的监测手段主要是比较风机实际功率与理论功率之间的偏差，当偏差达到一定值后会触发风机的报警和停机。然而，触发报警时往往已经发生叶片大面积结冰现象，在这种情况下运行会增加叶片折断损坏的风险。虽然许多新型风机都设计了自动除冰系统，但是实际应用中面临的挑战是很难对结冰的早期过程进行精确预测，以便能够尽早开启除冰系统。因此，对结冰过程的预测准确度决定了除冰系统的效率、风机的效率损失和风机运行的风险。通过上述基于 SCADA 数据的叶片结冰故障预测方法，可以实现对叶片早期结冰故障的预测，对风场工作人员提前制订合理的检修保养计划，降低经济成本具有重要意义。

2.3.3 叶片故障预测方法对比总结

在实际中，通过登高人工检查、高倍望远镜检查、无人机巡视采集图像检查等日常巡检，以及防雷通道电阻测试等预防性试验，也可以发现叶片表面涂层损伤、壳体损伤或开裂、防雷引线固定不良等早期缺陷，并通过采取修补玻璃纤维、涂刷防腐层、固定防雷引线等检修措施，实现对早期缺陷的预测和消除。这些方法主要依赖于工程人员的经验和定性判断，本节不再进行详细阐述，具体可以参照本书第 4 章 4.5.1 节内容。本节主要针对引入故障预测模型的叶片故障预测方法，对各种预测方法的基本原理、实现方式、技术成熟度、适用性等进行对比分析，叶片故障预测方法对比分析如表 2−22 所示。

表 2−22　　　　　　　　　　　　　叶片故障预测方法对比分析

故障预测方法	基本原理	采集数据	可行性	发现故障阶段	技术成熟度	适用性
基于声发射监测的叶片故障预测方法	基于声发射原理，通过对采集到的声发射信号进行分析，来评估叶片的健康状态，进而实现对故障的预测和告警	需要在叶片上额外安装声发射传感器，通过电压电效应由力信号转化为电信号被系统采集	以带点测试及离线分析为主，实现在线监测与分析的难度较大	可以发现早期缺陷并进行预警，也可以监视缺陷发展过程	声发射在线监测技术目前处于实验室研究阶段，还未实现实际工程应用	主要可以实现叶片开裂、断裂、变形等故障识别
基于振动监测的叶片故障预测方法	通过采集叶片振动信号进行分析，来评估叶片的健康状态，进而实现对故障的预测和告警	通过在叶片上额外安装加速度传感器，在线采集运行叶片的振动信号	以在线数据采集、接入后台专家系统或远程专家人工离线分析为主	可以发现早期缺陷并进行预警，也可以监视缺陷发展过程	叶片振动在线监测技术目前处于实验室研究阶段，还未实现实际工程应用。基于振动信号的故障识别算法比较成熟，但当前损伤识别定位效果不理想，只能得到整体的损伤指标和传感器所在区域附近的局部损伤指标	主要可以实现叶片开裂、雷击、不平衡等故障识别
基于光纤监测的叶片故障预测方法	通过采集分析光纤光栅中心波长的变化，来评估叶片的健康状态，进而实现对故障的预测和告警	需要在叶片上额外安装光纤光栅传感器，在线采集叶片应变、温度等的信号	以在线数据采集、接入后台专家系统或远程专家人工离线分析为主	可以发现早期缺陷并进行预警，也可以监视缺陷发展过程	光纤光栅在线监测系统目前主要依赖于进口，价格昂贵，当前还处于工程应用初期	主要可以实现叶片开裂、断裂、变形等故障识别
基于噪声监测的叶片故障预测方法	通过采集叶片噪声信号进行分析，来评估叶片的健康状态，进而实现对故障的预测和告警	通过在风机塔门处安装声音传感器，在线采集运行叶片的实时噪声信号	以在线数据采集、接入后台专家系统或远程专家人工离线分析为主	可以发现早期缺陷并进行预警，也可以监视缺陷发展过程	噪声在线监测技术目前处于实验室研究阶段，由于复杂背景噪声信号影响可能导致故障识别的灵敏度不太高，还未实现实际工程应用	主要可以实现叶片开裂、雷击等故障识别
基于机器视觉监测的叶片故障预测方法	通过图像采集系统对叶片的特定区域进行图像采集，来评估叶片的健康状态，进而实现对故障的预测和告警	通过高清镜头采集叶片的图像信息，不需额外加装传感器	以图像信息在线采集、接入后台专家系统或远程专家人工离线分析为主	可以发现早期缺陷并进行预警，也可以监视缺陷发展过程	多处于实验室研究阶段，在实际工程中应用还较少	主要可以实现叶片开裂、雷击等故障识别

续表

故障预测方法	基本原理	采集数据	可行性	发现故障阶段	技术成熟度	适用性
基于SCADA数据挖掘的叶片故障预测方法	通过对SCADA运行状态数据采集，采用数据挖掘、人工智能等手段，找到SCADA测点与叶片特征的关联关系，提取故障特征，分析故障特征量的发展趋势，实现故障预测	SCADA运行监控系统采集的测点数据（发电机转速、功率、变桨角度、电机温度、环境温度、机舱温度等），包括历史运行数据和实时运行数据	以在线数据采集、远程专家人工离线分析为主	可以发现早期叶片结冰故障并进行预警，以便能够尽早开启除冰系统	该方法目前处于理论研究和实验室验证阶段，在实际工程中应用较少	主要用于叶片结冰故障识别和预警，针对其他故障类型的识别有待进一步研究

2.4 风力发电机故障预测技术

2.4.1 常见故障类型

风力发电机长期运行于变工况和电磁环境中，风力发电过程中存在机械故障、电路系统、磁路系统和通风散热系统等相互关联的工作系统，涉及机、电、磁、力等物理甚至化学演变过程。因此，发电机容易出现故障，其故障类型也多种多样。发电机故障从电机结构来看，可分为定子故障、转子故障、轴承故障等，其中轴承部分故障约占40%，定子部分故障约为38%，转子部分故障约为10%，其他故障约占12%；发电机故障按能量转换原理可分为电气类故障和机械类故障，其中电气类故障包括定子匝间短路、转子断条和转子偏心等；机械类故障包括转子不平衡和滚动轴承故障等。

1. 发电机前、后轴承故障

发电机的前后轴承为滚动轴承，通常由内环、外环、滚动体和保持架四部分组成。发电机运行时滚动体在内环和外环之间滚动。如果轴承滚动表面有损伤，则会造成凹凸不平，当滚动体滚动经过这些凹凸面时，会对轴承和轴承座产生交变的激振力，使其产生振动，并且在中心频率两侧出现调制现象。

2. 发电机绕组故障

发电机属于高速旋转部件，长期运行中，受到振动影响，容易造成端部绕组松动，加剧绕组绝缘层的磨损，同时受到温度变化影响，绝缘材料变脆，容易引起定子绕组接地和匝间短路。当发电机发生定子绕组匝间短路故障时，定子绕组结构不对称，各支路电流也不对称，造成发电机转矩不平衡，增加脉动分量，对发电机组振动产生不利影响。发电机发生相间短路时，发电机可能出现4～5倍于额定电流的大电流，产生急剧增大的短路电流和巨大的电磁力及电磁转矩，因此，可以通过检测发电机转子异常振动、定转子的气隙磁场和绕组电流的异常变化实现绕组故障预测。此外，发电机定、转子绕组发生匝间短路后，也会造成定、转子回路三相直流电阻不平衡。

3. 发电机绕组温升故障

绕组短路故障长时间持续之后，会逐步表现出机组振动增大，转子电流增加，绕组温度升高。另外，由于绕组散热差、散热器损坏等原因会造成发电机绕组温度升高。因此，可以通过对发电机绕组温度变化的监测实现故障的预测。

4. 发电机滑环、碳刷磨损故障

发电机滑环碳刷磨损主要包括机械磨损和电气磨损。碳刷与滑环表面接触，由于弹簧压力和材料弹性变形原因，造成直接接触部分压力过大，两者发生相对滑动时，会形成异常磨损。若碳刷质量不佳，磨损颗粒较硬，会对滑环表面进行刮割，加剧机械磨损。

此外，由于滑环和碳刷还有通流作用，在电流作用下，两者之间还会发生电气磨损。由于电弧高温和放电作用，会在滑环或碳刷表面造成局部熔化，烧损出凹坑。若滑环表面由于机械磨损造成接触不良，也会导致滑环和碳刷之间频繁放电，加剧电气磨损，反过来也会加剧机械磨损，造成恶性循环。发电机滑环与碳刷一般不设 SCADA 测点，只能依靠巡检或定检检查进行缺陷的早期发现。

2.4.2　故障预测方法

发电机包括轴承、传动机构等机械系统，也包括定/转子绕组等电气系统，一个故障常常表现出很多征兆，而且很多不同的故障会引起同一个故障征兆，如引起电机振动增大的原因有很多，除了定子绕组匝间短路，还有定子端部绕组松动、机座安装不当、铁芯松动、转子偏心等。由此可见，对于发电机这种运行状态复杂、影响因素众多的设备，需要根据不同故障的能量形式、不同故障征兆特征来进行相应的故障预测和故障诊断。

发电机机械系统与传动链部件类似，存在一个渐变的失效过程，具有可预测性。振动信号由于包含的机械故障信息丰富且对机械故障反应敏感，常用于机械故障特征量的提取。但除发电机轴承外，这些机械部件均不具备在线监测的测点，只能通过温度、压力、转速等 SCADA 测点趋势变化反映机械部件失效故障的早期发现；电气系统除绝缘失效故障外，其他故障均具有突发性，没有早期特征，基本不具备可预测性，而绝缘失效故障与 SCADA 测点存在关联关系，可以通过电压、电流、冷却温度等测点趋势变化进行绝缘失效故障的早期发现，且测点变化与风速、有功功率等实时运行工况强相关，因此，可以通过数据融合挖掘分析、深度学习等手段进行机电混合系统的故障预测。此外，发电机定、转子匝间短路、端部绝缘磨损等问题也可以通过定期试验等手段进行早期诊断和故障预测。因此，根据发电机轴承安装的振动传感器采集的振动在线监测数据，以及发电机电压、电流、温度等 SCADA 测点数据，可以开展发电机故障预测分析，同时结合定转子绝缘电阻、直流电阻测试，定位缺陷类型。

风力发电机故障预测的方法包括基于振动信号的风电发电机故障预测方法、基于电气信号的风电发电机故障预测方法、基于 SCADA 数据的风电发电机故障预测方法。

1. 基于振动信号的风力发电机故障预测方法

振动信号由于包含的机械故障信息丰富且对机械故障反应敏感，常用于机械故障特征量的提取。发电机轴承属于机械部件，也是发电机中最常见的故障部件之一。与齿轮箱轴

承故障类似，当发电机轴承发生故障时，会产生频率很高的振动信号。由于发电机轴承一般都安装了振动传感器进行振动监测，因此，对于发电机的轴承机械故障，可以采用基于振动信号的故障预测方法，如小波滤波分析法、变分模态分解法（VMD）、经验模态分解法（empirical mode decomposition，EMD）、主成分分析法（principal components analysis，PCA）等故障预测方法，对发电机轴承开展故障分析和故障预测。

某实际风电场采用 1.5MW 双馈风力发电机组，已运行两年。该机组通过振动状态监测系统将采集的振动数据上传至分析中心，使用专业分析软件进行时域、频域分析。对非驱动性端垂直方向、水平方向的振动进行监测分析，按照《德国风力发电机组及组件振动测量与评价标准》（VDI3834）中相关算法计算提取的不同故障状态下齿轮振动特征见表2-23。表中绿色表示特征值数值处于正常范围；黄色表示特征值已偏离正常范围，提升系统需注意；红色表示系统已经发生了故障。可见，该发电机非驱动端轴承的水平加速度和垂直加速度都已经偏离正常范围，而且水平加速度已经出现红色报警，可见该发电机轴承发生了故障。

表 2-23 不同故障状态下齿轮振动特征

位置	指标	数值
发电机非驱动端垂直	发电机加速度（m/s²）	15.54
	发电机速度（m/s）	4.32
发电机非驱动端水平	发电机加速度（m/s²）	24.9
	发电机速度（m/s）	4.61

通过对发电机轴承垂直方向振动加速度频谱（见图2-62）、水平方向振动加速度频谱（见图2-63）进一步分析，可以看到频谱中出现了发电机非驱动端轴承外圈故障频率，可见该故障为轴承外圈故障，需要更换此轴承。可见，通过振动分析定位了该发电机故障位置。

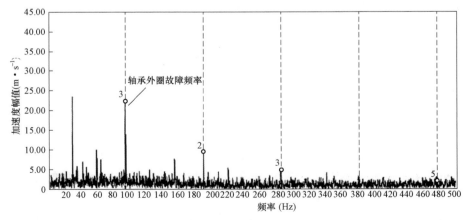

图 2-62 非驱动端轴承垂直加速度频谱

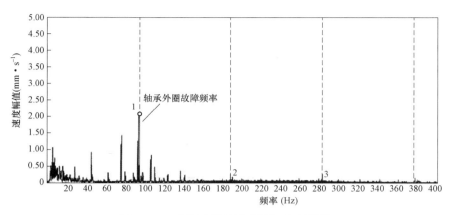

图 2-63　非驱动端轴承水平加速度频谱

现场检修人员登塔检查，发现该发电机非驱动端轴承外圈出现故障，如图 2-64 所示，非驱动端轴承座已经发生严重磨损，与振动分析结果一致。通过更换轴承，发电机正常运行，避免了发电机出现更严重故障而造成的损失。可见，通过振动监测分析，可以判断出发电机潜在的轴承故障，及时进行故障预测和故障预警，防止故障的进一步扩大。

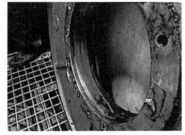

图 2-64　非驱动端轴承外圈故障

2. 基于电气信号的风力发电机故障预测方法

频谱分析是联系已知频谱和模态分析结果用来计算结构响应的一种分析方法。由于不同类型的故障表现出不同的频谱特征，因此，可以通过发电机的电流、电压、功率等电气采样信号进行倒频谱、高阶谱、功率谱等分析，得到各次谐波的幅值、相位等信息，提取故障特征频率，实现发电机的故障预测和故障诊断。

发电机的故障会引起发电机磁场的重新分布，而磁场的重新分布会导致发电机定转子电流的变化，加之电流容易采集，可以避免新增振动传感器，降低状态监测的成本。因此，常用电流信号作为发电机电气类故障的故障特征，常见的频谱分析法包括傅里叶变化法、功率谱分析法、小波变换法等。

基于快速傅里叶变换的谐波测量是如今通用的一种高效变换算法，通过采集的电流信号，利用傅里叶算法进行频域分析，得到电流信号的谐波分量，最后通过判断谐波分量的变化来实现对发电机各种故障的识别。通过分析双馈异步发电机定、转子电流信号，可以

提取发电机在不同故障下的特征频率，识别出发电机定、转子绕组匝间短路、轴承故障和混合故障，实现故障预测和预警。

（1）匝间短路故障。DFIG 的绕组一般采用三相对称的绕组，相绕组通电时，由于组成绕组的各个线圈磁通势波形中分数次和低次的谐波会相互抵消，所以相绕组总磁通势的波形主要是基波。当定、转子绕组发生匝间短路时，将在定、转子电流中感应出相应的谐波分量。

其中，当发生定子绕组匝间短路故障时，转子侧线圈的感应电流中所包含的谐波分量为$[1\pm v(1-s)]f_1$，定子侧线圈的感应电流中所包含的谐波分量为$[1+(n\pm v)(1-s)]f_1$，式中，f_1 为定子侧电流频率；v 为谐波次数，对于短距线圈 $v=1/P$，$2/P$，…，对于整距线圈 $v\neq2$，4，6…；P 为极对数；s 为转差率；$n=6k\pm1$，$k=0$，1，2…。当发生转子绕组匝间短路故障时，定子侧线圈中感应电流所包含的谐波分量为$[1\pm v(1-s)/s]f_2$，式中 f_2 为转子侧电流频率。

因此，可以通过对定、转子电流的傅里叶变换分析，提取其频谱信息，通过分析谐波成分来判断是否发生匝间短路故障，进而提前进行故障预警，避免故障进一步扩大。

（2）发电机轴承故障。当轴承发生故障时会引起电机转轴振动，转轴的振动会引起电动机内膛气隙振动，气隙磁通将会受到调制，在定子绕组中感应出特定的谐波电流，所以，可以通过对定子电流波形的分析，提取出与振动水平相对应的谐波分量，从而检测出轴承故障，进而提前进行故障预警，避免故障进一步扩大。大部分的发电机轴承振动频率可表示为 $f_i=0.4nf_z$；$f_o=0.6nf_z$。式中，f_i 和 f_o 分别为轴承内、外圈故障时的振动特征频率；n 为轴承滚珠的数目；f_z 为转子频率。通过振动特征频率可算出定子电流中相应故障特征频率为$|f_3\pm kf_{bug}|$，式中 $k=1$，2，3…；f_3 为风机的供电频率，f_{bug} 为转矩的振动频率。

某双馈发电机发生转子绕组匝间故障时，定子电流的时域波形和 FFT 频谱图分别如图 2－65 和图 2－66 所示。由时域波形可知，当发生转子故障时，定子三相电流发生畸变，三相电流幅值均有一定程度的波动，但波动不明显。通过对定子电流的 FFT 频谱分析，可以看到定子电流中出现了相应频率的谐波成分，可以识别出发电机转子绕组匝间故障，从而在故障早期实现预测预警，避免故障的进一步加剧。

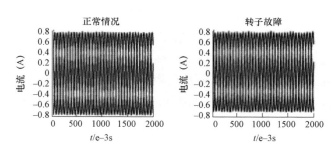

图 2－65　转子绕组匝间故障时定子电流时域波形

3. 基于 SCADA 数据的风力发电机故障预测方法

基于 SCADA 数据的发电机故障预测方法利用人工智能、数据挖掘等技术，通过对在线监测数据、历史运行数据等数据分析，挖掘故障特征参量，识别故障早期征兆，从而实现故障预警的目的，常见的方法包括神经网络、粗糙集、支持向量机、证据理论、模糊数学、人工免疫系统等、深度自编码网络等。

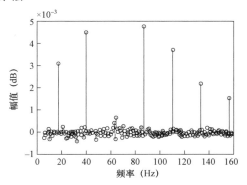

图 2-66 转子绕组匝间故障时定子电流 FFT 频谱图

（1）基于神经网络的故障预测和故障诊断方法是对大量已知样本故障数据进行网络层间学习，以建立故障征兆（输入）和故障分类（输出）之间的映射关系，并将待观测数据样本输送至已训练好的网络进行故障识别和故障判定，它是实现风力发电机早期故障预测的有效技术手段。这种方法需要大量已知样本数据，且样本数据的准确性和完备性直接影响着故障诊断的效果。神经网络的结构如图 2-67 所示。

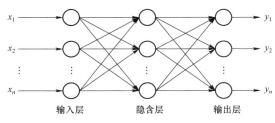

图 2-67 神经网络结构图

（2）基于支持向量机（support vector machine，SVM）的故障预测方法最早是建立在 VC（vapnik-chervonenkis）维理论和结构风险最小化基础上的一种学习方法，具有较强的分类能力，在解决小样本、非线性以及高维模式识别中优势明显，避免了人工神经网络等方法的网络结构难选择、过学习、欠学习以及陷入局部极小值等问题。SVM 的升维线性化原理如图 2-68 所示。通过事先选择好的某一个非线性变换，将低维样本空间的输入向量映射到高维特征空间中，在此高维特征空间中输入线性可分类的向量。其主要思想是基于支持向量构造一个最优分类超平面作为决策曲面，使得正例和反例之间的隔离边缘被最大化，求取最优分类超平面就等价于求取正例和反例的最大间隔。

（3）基于堆叠自编码（stacked autoencoder，SAE）深度学习网络的故障预测方法是基于风力发电机 SCADA 参数内部关联关系，采用深度自编码网络模型，对风力发电机的状态进行整体分析，深度学习数据规则，挖掘其蕴含的分布式特征，从而提取风力发电机的状态预测指标，实现缺陷判定，另外，通过分析缺陷与变量的相关关系，利用变量残差趋势的异常变化分析出缺陷原因，实现发电机的故障预测。SAE 深度学习网络结构如图 2-69 所示。详细方法可以参照 3.1.4 节内容，在此不再赘述。

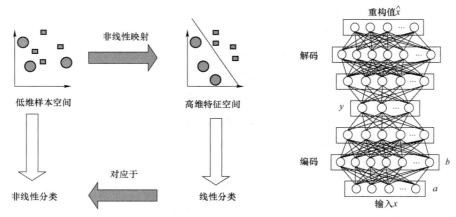

图 2-68　SVM 的升维线性化　　　　图 2-69　基于堆叠自编码深度学习网络结构

　　以某实际风电场为例，对 SAE 深度学习网络的故障预测方法有效性进行验证。某风电场 1.5MW 双馈风力发电机组的发电机在运行过程中出现故障。该机组在 6 月 21 日被检测出异常，首先判断是发电机侧 B 相电流互感器及线路侧 B 相电流互感器损坏，现场人员实施更换发电机侧 B 相电流互感器及线路侧 B 相电流互感器。随后，发电机在 6 月 22 日又出现故障，对此检修人员登机检查发电机未发现异常，现场复位恢复运行。6 月 24 日，该机组发电机依然再次报出发电机三相电流不对称。

　　采用 SAE 深度学习网络的故障预测方法对发电机进行故障分析。选取发电机 SCADA 变量数据作为训练样本，对该机组发电机正常状态下的 SCADA 数据进行 SAE 模型训练，数据参数描述见表 2-24。

表 2-24　　　　　　　　　　　　发电机 SCADA 状态数据参数描述

变量名称	变量符号	变量名称	变量符号
风速（m/s）	v_o	输出电压 U_2（V）	U_2
发电功率（kW）	P	输出电压 U_3（V）	U_3
发电机转速（r/min）	Ω	输出电流 I_1（A）	I_1
发电机转矩（N·m）	T_t	输出电流 I_2（A）	I_2
发电机滑环温度（℃）	T_s	输出电流 I_3（A）	I_3
发电机空冷温度（℃）	T_{ai}	发电机绕组 u_1 温度（℃）	T_{u1}
发电机前轴承温度 a（℃）	T_{ba}	发电机绕组 v_1 温度（℃）	T_{v1}
发电机后轴承温度 b（℃）	T_{bb}	发电机绕组 w_1 温度（℃）	T_{w1}
输出电压 U_1（V）	U_1		

　　发电机的输入变量表示为

$$X_G = [v_o, P, \Omega, U_1, U_2, U_3, I_1, I_2, I_3, T_t, T_s, T_{ai}, T_{ba}, T_{bb}, T_{u1}, T_{v1}, T_{w1}] \qquad (2-11)$$

利用发电机发现故障前一段时间内的记录数据进行仿真验证，重构误差 R_e 在其自适应阈值控制下的变化如图 2-70 所示。可以看出，R_e 曲线随时间动态变化，在 t_3 时刻之前 R_e 一直处于自适应阈值范围内动态波动。在 t_3 时刻开始上升并越过阈值。随后 R_e 的趋势上升速度加快，并一直保持在阈值之上，从而判定发电机出现异常，发出故障预警。随后 R_e 持续上升，最终越过告警阈值，发出告警信号。此时，需要采取相应措施，避免发生更严重的故障。通过与该机组的实际故障处理记录对比，发现该方法比实际发现异常提前 11h。

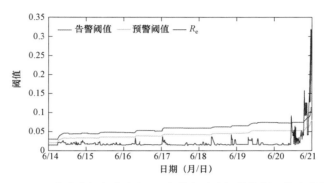

图 2-70 风力发电机组发电机 R_e 在其自适应阈值控制下的变化趋势

进一步分析发电机主要相关 SCADA 测点的残差曲线在故障前后的变化情况，发现三相电压、三相电流的残差变化在 t_3 时刻之后出现不一致，如图 2-71 所示。

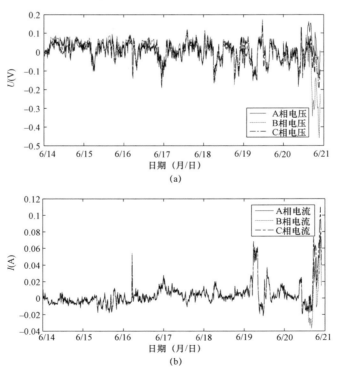

图 2-71 实际发电机三相电流和三相电压残差趋势变化

（a）三相电压残差；（b）三相电流残差

风电机组检修决策

由图 2-71 可以看出，B 相电压残差的变化明显偏离零值向负半轴波动，这表明实际中 B 相电压与相同条件正常状态下的 B 相电压相比较小，呈现三相电压不对称。同时三相电流的变化在 t_3 时刻也出现了相似的变化，三相电流残差从此刻开始也出现不对称的状况。根据 B 相电压、电流不对称的特征，分析可能是发电机 B 相绕组、电压/电流互感器或变流器 IGBT 出现故障。最后通过与实际故障结果比较，发现变流器的 B 相 IGBT 损坏，导致三相电压、电流不对称，从而定位了故障原因，实现了发电机故障预测的目的。

2.4.3 风力发电机故障预测方法对比总结

本节主要针对引入故障预测模型的风力发电机故障预测方法，对各种预测方法的基本原理、实现方式、技术成熟度、适用性等进行对比分析，如表 2-25 所示。在实际中，也可以通过目视检查、异常噪声判断等日常巡检，发现风力发电机的冷却系统液压管路泄漏、集电环碳刷粉积聚等早期缺陷并进行检修，而发电机定、转子匝间短路、端部绝缘磨损等故障也可以通过定转子绝缘电阻、直流电阻测试等试验手段进行故障预测和诊断检修，但是这些方法主要基于工程人员的经验判断或定性试验，本节对此不进行详细阐述，具体缺陷判断及处理方式可以参照本书第 4 章 4.5.3 节内容。

表 2-25   风力发电机故障预测方法对比分析

故障预测方法	基本原理	采集数据	可行性	发现故障阶段	技术成熟度	适用性
基于振动信号的发电机故障预测方法	通过采集发电机轴承的振动信号及分析，提取不同故障类型的特征信号，判断发电机轴承当前的运行状态，进而实现故障预测和告警	发电机轴承一般都安装了振动传感器，可以实现振动数据的实时在线监测采集，并存储于振动状态监测系统	以在线数据采集、接入后台专家系统或远程专家人工离线分析为主，无法在整机厂家 SCADA 系统中实现振动监测与分析	可以发现早期缺陷并进行预警，也可以监视缺陷发展过程	风电场振动状态监测系统目前比较成熟，已经成为新投运机组的标配，可以较好地实现发电机轴承故障识别和预测	主要用于发电机轴承故障预测和诊断
基于电气信号的发电机故障预测方法	通过采集发电机的电气信号进行频谱分析，提取故障特征频率，实现发电机的故障预测和故障诊断	采集发电机的电气信号数据（定子电流及转子电流、电压、功率等）	以在线数据采集、接入后台专家系统或远程专家人工离线分析为主	可以发现早期缺陷并进行预警，也可以监视缺陷发展过程	该方法在实际工程中得到了初步的应用	可以应用于发电机定/转子绕组匝间短路、轴承损坏、转子偏心等故障的预测和诊断
基于 SCADA 数据的发电机故障预测方法	通过对 SCADA 运行状态数据采集，采用人工智能算法，挖掘到 SCADA 测点与部件失效特征的关联关系，提取故障特征，分析故障特征量的发展趋势，实现故障预测	SCADA 运行监控系统采集的测点数据（温度、转速、风速、角度、振动、扭矩、应力、电流、电压、功率、振动等），包括历史运行数据和实时运行数据	以在线数据采集、远程专家人工离线分析为主	可以发现早期缺陷并进行预警，也可以监视缺陷发展过程	该方法多处于理论研究和实验室研究阶段，在先进的风力发电机组上已得到了初步的应用	可以应用于发电机定/转子绕组匝间短路、单相或多相短路、轴承损坏、转子偏心等故障的预测和诊断

2.5　变桨系统故障预测技术

2.5.1　常见故障类型

风力发电机组变桨系统是一个随动系统，风速增大时机组的功率也增大，当输出功率超过发电机额定功率后，变桨系统开始动作。变桨系统用于调节桨矩角，对获得最大风能利用率、稳定系统功率输出和保护机组安全运行十分重要。常见的变桨系统包括电动变桨系统和液压变桨系统，本节主要针对电动变桨系统进行介绍。常见的电动变桨系统故障主要包括变桨驱动电机故障、变频控制器故障、变桨电池故障、变桨齿轮和变桨轴承故障、传感器故障。

1. 变桨驱动电机故障

变桨驱动电机故障主要包括变桨电机温度过高和变桨电机过电流两个方面。变桨驱动电机过电流的同时也将影响变桨电机的温度，是相互影响、相互作用的两个故障，同时变桨电机超温和过电流也会引起编码器等部件发生故障，将对机组的运行造成严重的影响。

变桨驱动电机温度故障是一种连续型变化故障，故障的发生直接影响变桨系统的安全稳定运行，因此，变桨驱动电机温度是判断变桨系统是否正常运行的一项重要指标。变桨驱动电机温度与两个方面因素相关，一是风力发电机组所处环境中的风速，风速过高时变桨驱动电机动作频繁，摩擦增加，温度也随之增加；二是变桨驱动电机所处环境温度，环境温度越高，变桨驱动电机温度也随之增加，因此，设置温度报警值时需要考虑不同季节情况下的环境温度影响。变桨驱动电机温度过高的原因包括变桨齿轮异物入侵、系统振动过大、电气刹车未打开等引起的线圈发热，以及变桨驱动电机堵转等。

变桨驱动电机过电流的原因包括机械故障导致的变桨电机卡死或者转动不畅、变桨电机转速过高导致的轮毂驱动异常等。

2. 变桨控制器故障

与常规逆变器类似，变桨控制器一般都是风冷结构，主要是由散热不良、通信故障、滑环故障、主要功率元件损坏、接地短路、通信模块损坏等原因引起。此类故障的发生不具有随时间逐步退化的特点，没有早期特征，一般不可预测。但可在故障发生后，结合SCADA 数据挖掘算法，可追溯故障原因。

3. 变桨电池故障

常见的风力发电机组变桨电池包括锂电池组、蓄电池组、超级电容等。其中锂电池容量、电压一致性等特征会随着运行时间而发生变化，且在低温严寒天气，电池容量可能会急剧降低，严重时可能出现紧急情况下无法快速顺桨而导致机组事故。一般而言，风力发电机组启动时主控系统会自动检测电池组电压，当电压达不到规定值时自动发出故障或告警。

由于电池单体电压没有采集测点，电池单体电压采集不到，依靠在线监测的手段也无法判断电池单体电压一致性引发的容量退化问题，因此，可以通过定期或极端天气来临时开展安全顺桨功能性试验，检验电池容量是否正常。此外，还可以根据厂家推荐的运行时

限或家族缺陷情况，提前进行更换。

4. 变桨齿轮和变桨轴承故障

变桨齿轮故障主要是由润滑不良、轴承安装不当、部件损伤等原因造成的。变桨轴承的故障多是由于轴承安装不当、润滑不良、疲劳失效、温度传感器异常等原因造成的。

5. 传感器故障

变桨系统传感器主要包括叶片角度编码器、限位开关、接近开关。叶片角度编码器是机械凸轮结构，与叶片的变桨齿轮啮合，精度不高且会不断磨损。叶片角度编码器的损坏，会导致变桨电机编码器与叶片角度编码器测量值差值超过保护阈值，造成故障。限位开关、接近开关的损坏，会导致叶片过度顺桨或开桨，一方面会损失发电功率，另一方面也会对叶片或整机载荷产生影响，影响机组安全运行可靠性。

2.5.2 故障预测方法

风力发电机组变桨系统用于调节桨矩角，对获得最大风能利用率、稳定系统功率输出和保护机组安全运行十分重要，因此，对变桨系统的早期故障进行预测具有重要意义。变桨系统是机电混合系统，涉及多个部件，不同部件的结构和工作原理不同，其故障预测的方法也不相同。针对变桨系统的故障预测的方法主要包括基于模型的变桨系统故障预测方法和基于 SCADA 数据的变桨系统故障预测方法。

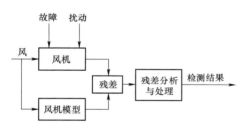

图 2 - 72　变桨系统故障预测流程图

1. 基于模型的变桨系统故障预测方法

基于模型的变桨系统故障预测流程图如图 2 - 72 所示。其基本原理是通过对采用变桨距控制的风力发电机组根据物理特性建立数学模型，将所建模型与实际系统并行运行，得到相应输出变量的残差，通过对残差的处理分析以及阈值的设定，判断系统当前的运行状态，从而进行故障预测和故障预警。

该方法主要依赖于系统模型进行故障预测，所以所建立的系统模型的精细程度决定了可以进行预测的故障种类及故障发生的部位。由于电动变桨距系统故障和桨距角传感器故障均为缓变故障，利用基于模型的故障预测方法在故障发生的早期就可以识别，但受制于变桨系统还无法实现精细化建模，目前对风机变桨距系统的故障预测只能实现对故障位置的判断，对于具体的故障类型及严重程度还无法区分和描述，现阶段主要处于理论和实验室仿真阶段，在实际现场应用效果还有待验证。

基于模型的变桨系统故障预测过程主要包括以下三个方面：

（1）变桨系统动态模型的建立。变桨距风力发电机组内部机械部件包括叶片、传动系统、发电机、变桨距系统等，变桨系统控制结构如图 2 - 73 所示。各组成部件的数学模型和风速模型构成了用于电动变桨距系统故障预测的完整风机模型。因此，首先需要建立风机各部件的数学模型，包括叶片模型、传动系统模型、发电机模型、变桨距系统模型、桨距角传感器模型、控制器模型。

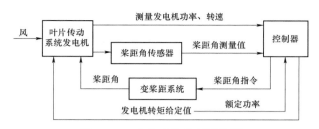

图 2-73　变桨系统控制结构图

（2）残差估计。残差是反映实际系统变量与数学模型之间不一致程度的量。基于数学模型，可以推导出系统许多不同变量之间的不变的（动态或静态）关系，而与这些关系的任何违背都可以用作残差。实际中，可以用残差均值作为故障检测的变量

$$J_{RMS} = \|r(t)\|_{RMS} = \left[\frac{1}{t_T} \int_t^{t+t_T} \|r(\tau)\|^2 d\tau \right]^{\frac{1}{2}} \tag{2-12}$$

式中：J_{RMS} 为残差均值；r 为残差值；t 与 τ 均为时间变量；t_T 为计算周期长度。显然，系统无故障时，残差均值 J_{RMS} 接近于 0，反之则说明系统存在异常。

（3）阈值的设计。残差估计的目的是在避免误报警的前提下，判断系统是否发生了故障。为了实现此目的，引入阈值作为判断故障发生与否的依据。阈值可以采用固定阈值或者可变阈值，通过设定合理的残差均值阈值，判断系统的当前状态是否正常。当残差均值小于设定阈值时，系统正常运行；当残差均值大于设定阈值时，系统出现故障，进行故障预警，从而实现系统的故障预测。

$$\begin{cases} J_{RMS} > J_{th,RMS}, & 故障 \\ J_{RMS} \leqslant J_{th,RMS}, & 正常 \end{cases} \tag{2-13}$$

式中：$J_{th,RMS}$ 为残差的设定阈值。

（4）仿真实例。某机组在一段时间桨距角的残差如图 2-74 所示。由图 2-74 可知叶片 2 桨距角残差均值大约在 110s 后超出了预定义的阈值，而叶片 1 和叶片 2 桨距角残差均值一直处于正常状态，未超出预定义的阈值。因此，可以通过三个桨距角残差均值的变化趋势，判断出叶片 2 的变桨系统发生了故障，从而实现变桨系统的故障预测。

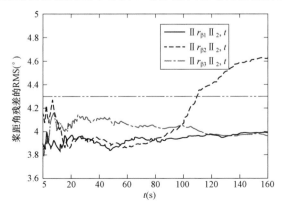

图 2-74　某机组在一段时间桨距角的残差

2. 基于 SCADA 数据的变桨系统故障预测方法

基于 SCADA 数据的变桨系统故障预测方法不需要建立系统的定量数学模型，而是利用人工智能学习算法，采用数据挖掘的手段，找到 SCADA 测点与变桨系统失效特征的关联关系，提取故障特征，分析故障特征量的发展趋势，达到变桨系统故障预测的目的。其中，与变桨系统驱动故障相关的 SCADA 运行参数主要包括变桨电机的运行参数，如定子电流、电机转速、转子位置角等，叶片的变桨角度、变桨速度和加速度，变桨电机驱动控制器 IGBT 的运行参数，后备电源的运行信息，风速，发电机转速，有功功率等。目前文献中基于 SCADA 数据的变桨系统故障预测方法主要包括深度自编码网络法、BP 神经网络法、小波分析法、Relief 法、支持相量机法、熵加权学习向量法、非线性状态估计法等。

（1）基于深度学习网络的变桨系统故障预测方法。基于深度学习网络的变桨系统故障预测方法是基于风力发电机 SCADA 参数内部关联关系，采用深度自编码网络模型，对变桨系统的状态进行整体分析，深度学习数据规则，挖掘其蕴含的分布式特征，从而提取变桨系统的状态预测指标，实现缺陷判定。另外，通过分析缺陷与变量的相关关系，利用变量残差趋势的异常变化分析出缺陷原因，实现变桨系统的故障预测。详细方法可以参照 2.2.4 节内容，在此不再赘述。

采用深度学习网络法，对某机组的变桨电机进行故障预测。变桨电机的 SCADA 数据关联参数如表 2-26 所示。

表 2-26　　　　　　　　　　　　变桨电机 SCADA 参数

名称	参数符号
1 号叶片电动机驱动电流（A）	$I_{1号}$
2 号叶片电动机驱动电流（A）	$I_{2号}$
3 号叶片电动机驱动电流（A）	$I_{3号}$
1 号叶片电机温度（℃）	$T_{1号}$
2 号叶片电机温度（℃）	$T_{2号}$
3 号叶片电机温度（℃）	$T_{3号}$
变桨轴 1 号电压（V）	$U_{1号}$
变桨轴 2 号电压（V）	$U_{2号}$
变桨轴 3 号电压（V）	$U_{3号}$

变桨电机 SAE 网络的输入可表示为

$$x_{\mathrm{P}} = [I_{1号}, I_{2号}, I_{3号}, T_{1号}, T_{2号}, T_{3号}, U_{1号}, U_{2号}, U_{3号}] \qquad (2-14)$$

在建立 SAE 模型之后，利用联合动力机组变桨电机卡塞故障前后一段时间内的 SCADA 数据进行仿真测试，变桨电机的 R_{e} 变化趋势如图 2-75 所示。从仿真结果中可以看出，变桨电机的检测变量 R_{e} 在 600s 时刻趋势发生改变，偏离原有的动态平衡趋势，在 780s 时刻 R_{e} 越过控制线并保持在控制线之上，判定发生异常，发出预警信号。随后变桨电机的 R_{e} 继续呈现上升趋势，经过约 100s 的时间 R_{e} 越过告警阈值，从而发出告警信号。结果表明，该方法能够在故障早期实现变桨电机卡塞的故障预测。

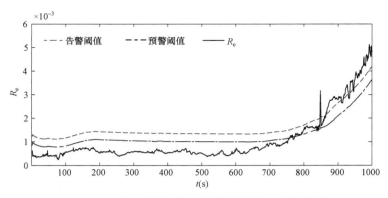

图 2-75 某风力发电机组变桨电机的 R_e 变化趋势

（2）基于 Relief 的变桨系统故障预测方法。基于 Relief 的变桨系统故障预测方法基本原理是利用 Relief 方法挖掘出表征变桨系统状态的主要特征量，采用变桨系统状态异常识别方法对系统故障进行识别，从而实现对变桨系统的故障预测。某文献提出的基于多特征参量距离的变桨系统异常识别流程如图 2-76 所示。其实现思路是：首先，通过机组 SCADA 系统的历史监测数据，基于 Relief 方法挖掘变桨系统特征参量相量 F；然后，按照挖掘出的特征参量相量 F 选择 SCADA 系统的实时监测数据作为 F 的测量值相量（记为 A_F），并实时计算出 A_F 与相应特征参量回归模型输出的观测值相量（记为 A_F'）的距离（记为 δ），从而根据此特征参量的距离是否超出其阈值（距离阈值记为 τ）来识别变桨系统的异常状态，从而实现对变桨系统早期故障的识别和预测。

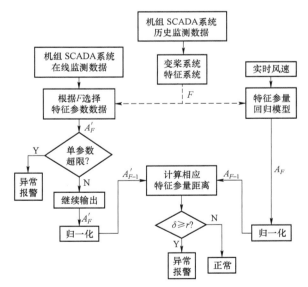

图 2-76 基于多特征参量距离的变桨系统故障识别流程图

2.5.3 变桨系统故障预测方法对比总结

在日常巡检或定期维护时，可以通过变桨功能试验、目视检查等方法，发现变桨电机

刹车损坏、变桨齿轮箱漏油、变桨轴承漏油、螺栓松动、滑环碳刷磨损等变桨系统的早期缺陷，并针对性的进行检修，从而实现变桨系统部分早期缺陷的预测、告警及消除，但是这些方法主要依赖于工程人员的经验或定性判断，未引入故障预测模型，本节对此不进行详细阐述，具体可以参照本书第 4 章 4.5.5 节内容。本节主要针对上述变桨系统的故障预测方法，对各种预测方法的基本原理、实现方式、技术成熟度、适用性等进行对比分析，如表 2-27 所示。

表 2-27　　　　　　　　变桨系统故障预测方法对比分析

故障预测方法	基本原理	采集数据	可行性	发现故障阶段	技术成熟度	适用性
基于模型的变桨系统故障预测	通过对采用变桨距控制的风力发电机组根据物理特性建立数学模型，将所建模型与实际系统并行运行，得到相应输出变量的残差，通过对残差的处理分析以及阈值的设定，判断系统当前的运行状态，从而进行故障预测和故障预警	SCADA 运行监控系统采集的风速、桨距角等数据，包括历史运行数据和实时运行数据	以在线数据采集，远程专家人工离线分析为主	可以发现早期缺陷并进行监视缺陷发展过程	该方法对系统模型的准确性要求较高，目前多处于理论研究和实验室仿真阶段，在实际工程中应用较少	可以用于电动变桨执行机构故障和桨距角传感器故障识别和预测，但目前还只能实现故障位置的判断，对于具体的故障类型及严重程度还无法准确识别
基于 SCADA 数据的变桨系统故障预测方法	通过对 SCADA 运行状态数据采集，采用数据挖掘、人工智能等手段，找到 SCADA 测点与部件失效特征的关联关系，提取故障特征，分析故障特征量的发展趋势，实现故障预测	SCADA 运行监控系统采集的测点数据（桨距角、叶片电机驱动电流、发电机转速、叶片 IGBT 温度、有功功率、风速等），包括历史运行数据和实时运行数据	以在线数据采集，远程专家人工离线分析为主	可以发现早期缺陷并进行预警，也可以监视缺陷发展过程	该方法多处于理论研究和实验室研究阶段，在先进的风力发电机组上已得到了初步的应用	可以应用于变桨轴承、变桨传感器、变桨驱动电机等故障预测和诊断

2.6　偏航系统故障预测技术

2.6.1　常见故障类型

1. 偏航噪声偏大

偏航噪声大是风力发电机组常出现的问题，噪声的产生必然有振动的存在，从而对整机的安全稳定运行造成不利影响，因此，噪声问题必须引起重视。一般情况下，偏航噪声产生的原因主要有以下几个方面。

（1）偏航驱动小齿轮与偏航轴承齿圈啮合异常产生噪声，异常原因主要有两个方面：一方面为偏航驱动小齿轮与偏航轴承大齿圈之间的齿侧间隙设计不合理或没有调整到设计值。为了方便调整输出齿轮与大齿圈的齿侧间隙，偏航驱动输出小齿轮有一定的偏心量（一般为 1~1.5mm），如齿侧间隙不合理，轻则导致启动瞬间有异响，重则会发生齿轮啮合卡死现象。另一方面偏航过程中驱动齿轮与偏航轴承齿圈表面缺少润滑油脂，齿面润滑脂在齿轮啮合过程中可以起到减小齿面磨损、防腐蚀及降低噪声的作用，由于偏航处载荷较大，齿面缺少润滑脂，在偏航时会产生较大噪声，加速齿轮磨损，因此，在日常维护时必须保证齿面润滑良好。

（2）偏航过程中偏航制动器与制动盘产生的摩擦噪声。为保证偏航过程中整机运行稳定，降低外载荷对偏航小齿轮的冲击，通常会在偏航过程中让偏航制动器保留一定余压，即整个偏航过程偏航制动器夹紧制动盘完成，有些机组在此过程中会产生异响。

（3）其他方面原因导致制动力矩不够，机组在风载作用下整机不规律晃动产生噪声。偏航部分设计时，设计人员都会充分考虑偏航制动力矩问题。

（4）机械结构件干涉产生噪声。由于偏航过程中存在相对运行的情况，如塔筒顶法兰与偏航轴承内圈连接，偏航轴承外圈与主机架连接，偏航时偏航轴承内圈固定不动，偏航轴承外圈与主机架在偏航驱动作用下绕偏航轴承内圈旋转，在相对旋转过程中有可能发生安装在主机架下表面的结构件或主机架下表面误差超差与偏航轴承内圈或塔筒顶法兰干涉，此类干涉产生的噪声比较有规律且容易被查出。

2. 偏航减速齿轮箱打齿

偏航驱动齿轮箱已经基本国产化，产品质量趋于稳定，但仍有个别风力发电机组中会发生偏航驱动齿轮箱打齿现象，原因主要有以下几个方面：

（1）偏航过程中、偏航制动时受到外载荷的冲击。在偏航过程中偏航制动器虽然带有一定压力，但是此时的偏航制动器仅起到提供一定阻尼的作用，突然的阵风依然会对齿轮产生一定冲击；偏航制动时，当外载荷大于偏航制动器制动力矩之和时，偏航驱动电机尾部的制动器参与制动，当外载荷继续增大超过设计载荷时，偏航驱动电机尾部制动器先发生打滑，甚至发生崩脱，如果偏航驱动电机尾部制动器设置的制动力矩安全系数过高，那么减速机行星结构中安全系数最小的一级就会先发生损坏。因此，在保证整机偏航稳定性的同时，尽量选择合理的偏航制动力矩。

（2）齿轮加工或热处理过程中产生缺陷。这会导致材料脆性增加，冲击韧性大大降低，齿轮受到轻微冲击载荷时就会发生断裂，这通常是造成此类齿轮断齿的主要原因。

（3）齿轮箱漏油导致减速机高速级齿轮缺少润滑发生打齿。由于偏航减速机齿轮的气密性不合格或运行一段事件后发生润滑油泄漏问题，高速级齿轮最先处于缺油运行状态，加之一定的冲击载荷，高速级行星传动很容易出现打齿。因此，风力发电机组日常巡检工作，对避免此类故障尤为重要。

3. 偏航轴承断齿及滚道脱落

偏航轴承是风力发电机组机舱与塔筒连接的关键部件，目前运行的机组中偏航轴承发生的故障率不高，一般集中在偏航轴承的齿圈和内外圈之间的滚道。偏航轴承的齿圈最容易发生断齿，一般是由于偏航驱动齿轮的冲击或加工、热处理过程中出现缺陷导致。内外圈之间的滚道容易发生滚道脱落、剥离，产生的原因多为受冲击载荷较大、润滑缺失、热处理工艺不合格。

风电机组检修决策

4. 偏航制动盘磨损

偏航制动盘在偏航系统中扮演重要角色，偏航过程中偏航制动盘与偏航制动器配合为整机提供一定阻尼；偏航制动时，偏航制动器夹紧偏航制动盘为整机提供制动力矩，保证风机始终处于迎风状态。但是制动盘一旦发生过度磨损依然要动用大型设备进行现场更换，出现过度磨损的情况可分为两类：一类是偏航过程中偏航制动器偏航压力设置较大，长期磨损导致制动盘不能满足制动器的夹紧要求；另一类是制动器摩擦片磨损过度，制动器里的液压缸与制动盘直接接触导致制动盘磨损严重。

2.6.2 故障预测方法

当风力发电机组偏航系统存在故障时，如风向标零位不准、风速仪直采数据不准、驱动电机故障、传感器故障等，都将使偏航系统不能正常运转，导致风机不能及时跟风，虽然故障初期未导致机组停机，但是将带来巨大隐形发电量损失，若发展到后期成为重大恶性故障，将对机组产生更为严重的影响，因此，需要在偏航故障的早期实现故障预测。

目前针对偏航系统故障预测的研究较少，主要包括基于模型的偏航系统故障预测方法、基于 SCADA 数据的偏航系统故障预测方法。

1. 基于模型的偏航系统故障预测方法

基于模型的偏航系统故障检测原理如图 2-77 所示。其基本原理是通过建立偏航系统的动态模型，将所建偏航系统模型与实际偏航系统并行运行，得到相应输出变量的残差，通过对残差的处理分析以及阈值的设定，判断系统当前的运行状态，从而进行故障预测和故障预警。

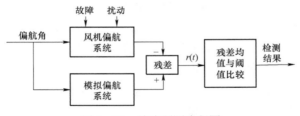

图 2-77 故障预测流程图

（1）偏航系统动态模型的建立。以永磁同步电机（PMSM）为偏航系统的驱动电机，构建位置环、速度环和电流环三闭环控制系统，来模拟偏航伺服系统，如图 2-78 所示。

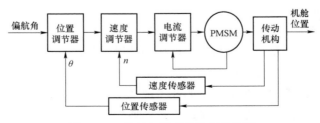

图 2-78 偏航伺服系统控制结构图

102

当系统给出偏航指令后，先经过位置环的 PI 控制器得到转速参考值送入速度调节器，再由速度环的 PI 控制器得到偏航电机电流参考值送入电流调节器，最后通过电流控制器来控制偏航电机进行偏航操作。

1）偏航电机的动态模型。为了方便 PMSM 控制器的设计，选择同步旋转坐标系 $d-q$ 下的数学模型，得到电机运动方程为

$$J\frac{\mathrm{d}\omega_{\mathrm{m}}}{\mathrm{d}t} = T_{\mathrm{e}} - T_{\mathrm{L}} - B\omega_{\mathrm{m}} \tag{2-15}$$

$$\omega_{\mathrm{e}} = p_{\mathrm{n}}\omega_{\mathrm{m}} \tag{2-16}$$

电磁转矩方程可以写为

$$T_{\mathrm{e}} = \frac{3}{2}p_{\mathrm{n}}i_{\mathrm{q}}\left[i_{\mathrm{d}}(L_{\mathrm{d}} - L_{\mathrm{q}}) + \psi_{\mathrm{f}}\right] \tag{2-17}$$

式（2-15）～式（2-17）中：J 为电机转动惯量；ω_{m} 为电机机械角速度；ω_{e} 为电机电角速度；B 为阻尼系数，T_{e} 为电磁转矩；T_{L} 为负载转矩；p_{n} 为电机极对数。式（2-15）～式（2-17）是针对内置式三相 PMSM 建立的数学模型，对于表贴式三相 PMSM，由于定子电感满足 $L_{\mathrm{d}} = L_{\mathrm{q}} = L_{\mathrm{s}}$，因此，式（2-17）可以化简为

$$T_{\mathrm{e}} = \frac{3}{2}p_{\mathrm{n}}i_{\mathrm{q}}\psi_{\mathrm{f}} \tag{2-18}$$

偏航电机控制系统包括转速环和电流环，电流环可采用滞环电流控制瞬态电流输出的方法，能够快速稳定的调节电机转速，有良好的鲁棒性。而转速环采用传统 PI 控制器对偏航电机进行控制。

2）传动机构的动态模型。传动系统的作用是实现偏航电机到机舱的减速传动，一般采用齿轮传动。传动系统数学模型为

$$\begin{cases} J_{\mathrm{e}}\dfrac{\mathrm{d}\omega_{\mathrm{e}}}{\mathrm{d}t} = T_{\mathrm{e}} - T_{\mathrm{c}} \\[2mm] J_{\mathrm{r}}\dfrac{\mathrm{d}\omega_{r}}{\mathrm{d}t} = T_{\mathrm{c}}' - T_{\mathrm{r}} \\[2mm] T_{\mathrm{c}}\omega_{\mathrm{e}} = T_{\mathrm{c}}'\omega_{\mathrm{r}} \\[2mm] \dfrac{\omega_{\mathrm{e}}}{\omega_{\mathrm{r}}} = k \end{cases} \tag{2-19}$$

式中：J_{e} 为偏航电机转动惯量；ω_{e} 为偏航电机角速度；T_{e} 为偏航电机输出的电磁转矩；T_{c} 为电机作用于传动轴的力矩；J_{r} 为机舱转动惯量；ω_{r} 为机舱转动的角速度；T_{c}' 为传动轴驱动负载的力矩；T_{r} 为机舱转动时的阻力矩；k 为偏航传动机构的传动比。

实际搭建模型过程中，由于偏航电机转速和机舱转速之间存在传动比的关系，因而，可以利用传动比系数来模拟机舱转速变量。

3）传感器模型。传感器模型一般可视为一个典型的一阶惯性环节，简化为传递函数模型，即

$$G(s) = \frac{K}{t_{\text{ff}}s + 1} \qquad (2-20)$$

式中：K 为传感器反馈系数；t_{ff} 为反馈滤波时间常数。研究中搭建的偏航系统模型采用三个传感器，分别为模拟风向仪传感器、机舱位置传感器和偏航角速度传感器。

（2）残差估计函数。残差是反映实际系统变量与数学模型之间不一致程度的一个量。基于数学模型，可以推导出系统许多不同变量之间的不变的（动态或静态）关系，而与这些关系的任何违背都可以用作残差。取偏航角速度残差和偏航电机电流残差为

$$r_{\omega}(t) = \omega_{\text{mod}}(t) - \omega_{\text{real}}(t) \qquad (2-21)$$

$$r_{\text{i}}(t) = i_{\text{mod}}(t) - i_{\text{real}}(t) \qquad (2-22)$$

式中（2-21）～式（2-22）中：$r_{\omega}(t)$ 为偏航角速度残差；$r_{\text{i}}(t)$ 为偏航电机电流残差；下标 mod 为模型输出量；下标 real 为系统实际输出量。

对残差取均值作为故障检测变量

$$D_{\text{mean}} = \frac{1}{n}\sum_{j=1}^{n} r_j(t) \qquad (2-23)$$

显然，系统无故障时，残差均值 D_{mean} 接近于 0，反之则说明系统存在异常。

（3）阈值的设计。残差估计的目的是在避免误报警的前提下，判断系统是否发生了故障。为了实现此目的，引入阈值作为判断故障发生与否的依据。定义检测阈值为

$$D_{\text{th.mean}} = \mu_0 \pm \gamma\sigma_0^2 \qquad (2-24)$$

$$\mu_0 = \frac{1}{n}\sum_{j=1}^{n} r_{0j} \qquad (2-25)$$

$$\sigma_0 = \frac{1}{n-1}\sum_{j=1}^{n}(r_{0j} - \mu_0) \qquad (2-26)$$

式（2-23）～式（2-25）中：μ_0 为系统正常时的残差均值；σ_0^2 为系统正常时的残差方差；γ 一般可取 3～5，阈值设定 γ 取 3。

通过设定合理的残差均值阈值，可以判断系统的当前状态是否正常，当残差均值小于设定阈值时，系统正常运行；当残差均值大于设定阈值时，系统出现故障，进行故障预警，从而实现系统的故障预测。

$$\begin{cases} D_{\text{mean}} \geqslant D_{\text{th.mean}}, & \text{系统故障} \\ D_{\text{mean}} < D_{\text{th.mean}}, & \text{系统正常} \end{cases} \qquad (2-27)$$

（4）仿真实例。采用基于动态模型的偏航系统故障预测方法，对某机组的偏航系统进行故障预测。变桨电机的 SCADA 数据关联参数如表 2-28 所示。以 1.5MW 风力发电机组参数为例，设计所用的偏航系统模型参数，利用永磁同步电机作为偏航驱动电机，参数如表 2-28 所示。

表 2-28   偏 航 系 统 模 型 参 数

名称	参数	名称	参数
风力发电机组转动惯量（kg·m²）	258 300	制动阻尼力矩（N·m）	200 000
风轮质量（t）	35.2	永磁同步电机额定转速（r/min）	1500
机舱质量（t）	50.9	永磁同步电机转子惯量（kg·m²）	0.003 999
偏航轴承直径（m）	2.8	永磁同步电机定子阻抗（Ω）	0.174
偏航轴承摩擦系数	0.01	永磁同步电机定子感抗（mH）	2.885
偏航齿轮箱传动比	1050	永磁同步电机转子磁链（Wb）	0.175
大小齿轮传动比	9.1	永磁同步电机极对数	4

大中型风力发电机组每秒偏航角度在 $0.51° \sim 1.8°$ 之间选择。当偏航系统正常调节时，仿真结果如图 2-79 所示。由图 2-79 可知，如果偏航角为 30°，偏航系统开始运行，此时每秒偏航角度最高达到 0.8°，对于 1.5MW 风力发电机组来说处于正常范围。偏航电机转速未超过额定转速，机舱转过的角度由 0° 逐渐增大至 30° 后到达迎风位置，约在 100s 左右完成偏航指令，机舱旋转角度不再发生变化，此时偏航角速度和偏航电机转速也逐渐减小至 0，偏航结束。电流残差均值和偏航角速度残差均值在给定阈值范围内，说明系统没有发生故障，正常运行。

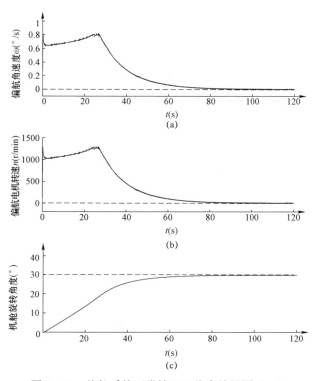

图 2-79　偏航系统正常情况下仿真结果图（一）
（a）机舱旋转角度曲线；（b）偏航电机转速曲线；（c）偏航角速度曲线

风电机组检修决策

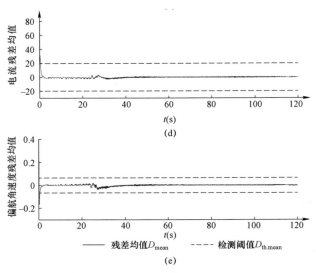

图 2-79 偏航系统正常情况下仿真结果图（二）

（d）电流残差均值曲线；（e）偏航角速度残差均值曲线

1）偏航系统传动机构卡死故障。偏航系统发生传动卡死故障，即偏航过程中，传动机构卡死，从而导致偏航电机不再转动，仿真结果如图 2-80 所示。

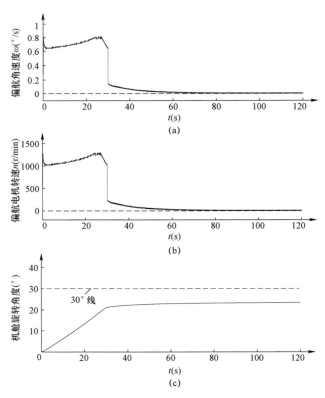

图 2-80 偏航系统传动卡死故障仿真结果图（一）

（a）机舱旋转角度曲线；（b）偏航电机转速曲线；（c）偏航角速度曲线

106

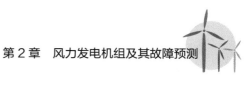

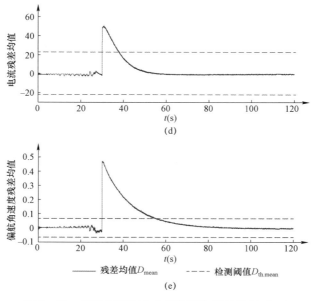

图 2 - 80　偏航系统传动卡死故障仿真结果图（二）

（d）电流残差均值曲线；（e）偏航角速度残差均值曲线

　　偏航系统发生传动机构卡死故障，由于惯性原因，偏航角速度和偏航电机转速不可能在瞬间变为 0，而是经过一段时间逐渐降为 0，偏航角度在发生故障后，由于传动部分卡死无法转动，不再有大的变动。由图 2 - 81 可知，若偏航系统在 $t=30s$ 时发生传动机构卡死故障，偏航角速度和偏航电机转速在故障发生时发生改变，而后逐渐减小至 0。机舱在 $t=30s$ 时旋转了 20°左右，此后由于故障发生，旋转角度不会发生较大变化，不能完成旋转至 30°的偏航指令。因为所建立的偏航系统模型处于正常运行状态，故而当实际偏航系统发生故障时，在开始阶段，残差会远超过阈值，随着偏航系统模型的运行，偏航角速度和偏航电机电流不断减小直至偏航过程结束降为 0，因而残差也在不断减小。由图 2 - 81 可知，电流残差均值和偏航角速度残差均值在 $t=30s$ 时越过阈值，表明系统发生故障，而后残差会重新回归至阈值范围内，与分析相符，系统可以实现故障预测和预警。

　　2）偏航驱动电机故障的仿真验证。偏航驱动电机发生故障，即电机内部出现问题，电机毁坏停机，进而导致偏航系统故障/停止偏航，偏航电机故障仿真图如图 2 - 81 所示。通过偏航电机三相供电电压突变为单相来模拟电机缺相故障。电机缺相运行后，导致电机烧毁，不能正常使用，电机处于停机状态，输出转矩、电流、电压等均为 0，故而无法带动传动系统进行偏航操作。由图 2 - 81（a）可知，当 $t=30s$ 时偏航电机发生故障而停机，偏航角速度、偏航电机转速和偏航电机电流均变为 0，机舱旋转角度将保持故障前所转动的角度不再变化。此时，由于偏航系统模型正常运行，偏航角速度残差和偏航电机电流残差会突然增大，随着偏航系统模型偏航过程的运行，偏航角速度和偏航电机电流不断减小直至偏航过程结束降为 0，因而，残差也在不断减小。如图 2 - 81（b）所示，$t=30s$ 时，残差均值越过阈值，表示系统发生故障，而后残差均值减小，重新回归至阈值范围内，与分析相符，系统可以实现故障预测和预警。

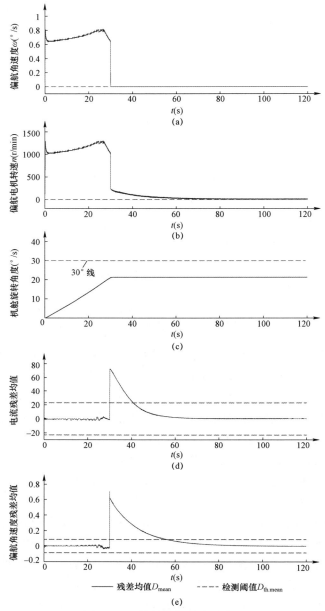

图 2-81 偏航电机故障仿真图

(a) 机舱旋转角度曲线;(b) 偏航电机转速曲线;(c) 偏航角速度曲线;(d) 电流残差均值曲线;
(e) 偏航角速度残差均值曲线

3）传感器故障。传感器发生故障后,不能准确地反馈偏航位置信号,此时,偏航系统不能按照给定的偏航指令进行偏航,机舱无法正常旋转至偏航角度,仿真结果如图 2-82 所示。通过在机舱位置反馈支路上加入随机干扰信号来模拟传感器故障。传感器发生故障后不能准确地反映偏航位置,此时偏航系统根据反馈回来错误的机舱位置进行偏航操作。图 2-82 中,当 $t=30s$ 时传感器发生故障,此时,机舱位置反馈信号不再准确反应机舱位置,而是反馈随机乱码信息,从而导致偏航角速度和偏航电机转速受到干扰,不能随偏航过程不断减小,无法正常进行偏航操作，导致机舱持续旋转，错过迎风位置。由于偏航系统模型处于正常运行状态，残差在故障时发生明显变化，电流残差均值和偏航角速度残差均值在 $t = 30s$ 时开始越过阈值，且随机频繁波动，说明系统发生故障，系统可以实现故障预测和预警。

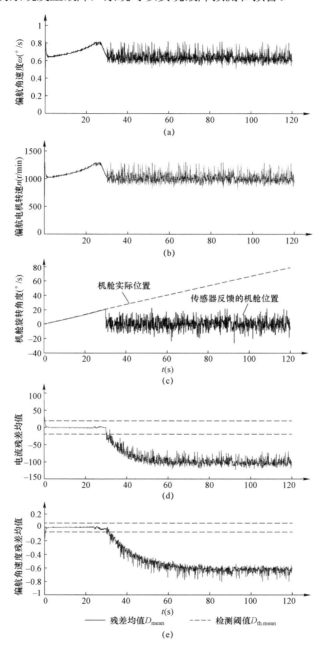

图 2-82　传感器故障仿真图

（a）机舱旋转角度曲线；（b）偏航电机转速曲线；（c）偏航角速度曲线；（d）电流残差均值曲线；
（e）偏航角速度残差均值曲线

2. 基于 SCADA 数据的偏航系统故障预测方法

基于 SCADA 运行数据的偏航系统故障预测方法不需要建立系统的定量数学模型，而是采用数据挖掘的手段，找到 SCADA 测点与偏航系统失效特征的关联关系，提取故障特征，实现对偏航系统的早期故障进行预测和预警。

偏航系统由于受叶片尾流、传感器误差、安装等因素影响，会导致偏航控制系统产生偏航静态偏差。由于风力发电机组是根据风向标测量的偏航误差角度作为参考进行偏航动作，当系统存在偏航静态偏差时，即使风向标测量的偏航误差角度值为 0，此时叶轮与风向之间也无法保持垂直，风力发电机组风能捕获的能力降低。大部分机组也不具备测量来流风数据的条件，使得机组的偏航静态偏差较难获取而容易被忽略，机组长时间处于无法准确对风的状态，机组出现长期隐形发电量损失，或者发展到后期成为重大恶性故障。

基于 SCADA 运行数据对偏航系统的静态偏差进行计算，其基本原理是在叶轮与来流风向保持垂直时，机组的发电效率和功率曲线最佳。因此，可以通过对风向标测量的偏航误差角度及机组功率曲线数据进行综合对比分析，确定机组偏航静态偏差的大小，计算流程图如图 2-83 所示，步骤如下：

（1）采集 SCADA 运行监控系统的偏航角度、风速、风向、功率等数据，对数据进行清洗和预处理；

（2）基于风速和偏航误差双重分区的偏航静态偏差计算方法，其计算具体流程如图 2-84 所示。基于将风向标测量的偏航误差角度和风速进行区间化处理。其中风速段选取接近额定风速的高风速段，由于在此风速段，风力发电机组的发电功率较高，如果机组风向标存在偏航静差，此测量误差将会造成机组不同偏航误差下的发电功率存在较明显的差异，能够较为准确的识别出偏航静差。分区间处理后，以偏航误差为横坐标，以功率为纵坐标，绘制各子区间对应的功率，最大功率性能

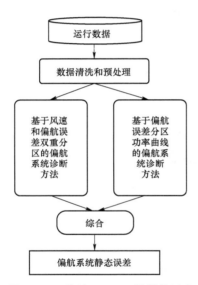

图 2-83 基于 SCADA 数据的风力
发电机组偏航静态偏差计算流程

指标对应的偏航误差区间即为静态偏差值的估计区间，选取该子区间内所有数据的偏航误差的均值作为偏航系统静态偏差的估计值 θ_{e1}，如式（2-28）所示

$$\theta_{e1} = \sum_{i=1}^{n} \alpha_{ij} \qquad (2-28)$$

式中：n 为该偏航误差区间内风速子区间的数量；α_{ij} 为每个子区间内偏航误差的平均值。

（3）基于偏航误差分区功率曲线的偏航静态偏差计算方法，其计算具体流程如图 2-85 所示。将运行数据根据其偏航误差值将其分配到各个偏航误差区间中，以风速为横坐标，以功率为纵坐标，画出每个偏航误差区间对应的功率曲线。由于位于最上方的功率曲线，拥有最大功率性能指标，故该曲线代表着最佳的发电性能，其对应的偏航误差区间为偏航

静差的估计区间。选取该区间内所有数据的偏航误差的均值作为偏航系统静差的估计值，如式（2-29）所示

$$\theta_{e2} = \sum_{j=1}^{n} \alpha_{ij} \qquad (2-29)$$

式中：n 为该偏航误差区间内风速子区间的数量；α_{ij} 为每个子区间内偏航误差的平均值。

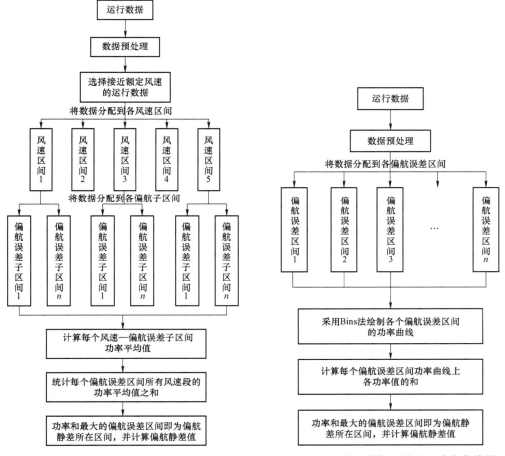

图 2-84　基于风速和偏航误差双重分区的偏航静态偏差计算流程

图 2-85　基于偏航误差分区功率曲线的偏航静态偏差计算流程

（4）将以上两种方法计算得到的偏航静差平均值作为最终的风力发电机组偏航静差估计值，即

$$\theta = \frac{1}{2}(\theta_{e1} + \theta_{e2}) \qquad (2-30)$$

2.6.3　偏航系统故障预测方法对比总结

本节主要针对引入故障预测模型的偏航系统故障预测方法，对各种预测方法的基本原

111

理、实现方式、技术成熟度、适用性等进行对比分析，如表 2-29 所示。在实际中，也可以通过偏航功能试验、目视检查等方法，发现偏航电机制动器损坏、偏航齿轮箱漏油、偏航驱动连接螺栓松动或损坏、偏航轴承表面锈蚀、润滑管路漏油等偏航系统的早期缺陷，并针对性地进行检修，从而实现偏航系统部分早期缺陷的预测、告警及消除，但是这些方法主要依赖于工程人员的经验或定性判断，本节对此不进行详细阐述，具体缺陷判断及处理方式可以参照本书第 4 章 4.5.6 节内容。

表 2-29　　　　　　　　　　偏航系统故障预测方法对比分析

故障预测方法	基本原理	采集数据	可行性	发现故障阶段	技术成熟度	适用性
基于模型的偏航系统故障预测	通过建立偏航系统的动态模型，将所建偏航系统模型与实际偏航系统并行运行，得到相应输出变量的残差，通过对残差的处理分析以及阈值的设定，判断系统当前的运行状态，从而进行故障预测和故障预警	SCADA 运行监控系统采集的偏航角速度、偏航电机转速、风速、风向等数据，包括历史运行数据和实时运行数据	目前以在线数据采集，远程专家人工离线分析为主	可以发现早期缺陷并进行预警，也可以监视缺陷发展过程	该方法对系统模型的准确性要求较高，目前多处于理论研究和实验室仿真阶段，还未实现工程应用	可以用于偏航驱动电机故障、传动机构卡死故障、偏航传感器故障等故障的识别和预测，但只能实现故障位置的判断，对于具体的故障类型及严重程度还无法准确识别
基于 SCADA 数据的偏航故障预测方法	通过 SCADA 运行数据的关联分析，提取机组偏航静态偏差对发电性能的影响特征，对机组的对风不准缺陷进行早期故障预测和预警	SCADA 运行监控系统采集的偏航角度、风速、风向、功率等数据，包括历史运行数据和实时运行数据	系统在线分析或专家人工离线分析	可以发现早期缺陷并进行预警，也可以监视缺陷发展过程	目前在实际工程中得到初步应用	可实现风电场偏航对风不准的故障识别和故障预测

第 3 章

风力发电机组检修决策

风力发电机组检修决策是风电场资产管理的重要内容，要兼顾安全、可靠、经济三方面因素，确定哪台机组要检修、检修哪个部件、何时检修、修到何种程度。检修决策技术是集技术、信息、经济的综合应用技术，是多对象、多变量、多约束的复杂决策过程，不但取决于检修对象的结构、功能、故障预测方法等因素，而且与检修对象的运行模式、检修商业模式都有密切关系。

本章 3.1 节首先介绍了风电场组成、运行和维护的特点以及主流运维商业模式；3.2 节总结了风电场和风力发电机组运行评价指标及计算方法，这些指标是检修决策和检修实施效果评价的依据；3.3 节梳理了风力发电机组主要故障的特点，包括故障类型分布统计、各主要部件故障的可预测性、故障停机的类别及修复难度等，分析了基础检修策略的适用性；3.4 节以第 1 章的检修基础理论和本章前 3 节的分析为基础，全面梳理、提炼风电场检修决策要素，构建了风力发电机组检修决策框架，涵盖状态评估与故障预测、基本检修策略组合、检修决策优化、检修计划制订和检修效果评估 5 个环节。读者通过本章可以了解风电场设备及运检修管理的基本情况，理解检修决策的关键要素以及各环节间的关系。

3.1 风电场设备构成及检修现状

3.1.1 风电场典型设备构成

风电场是在风能资源良好的较大范围内，将几台或几十台、几百台单机容量数百千瓦、数兆瓦的风力发电机组，按一定的阵列布局方式，成群安装组成的向电网供电的群体。

风电场的类型包括陆上风电场和海上风电场两类。其中我国陆上风电场一般建设在风资源丰富的"三北"（东北、西北、华北）以及西南、华中等低风速地区，由于清洁低碳、建设方便、技术成熟等优点，陆上风电装机容量近些年一直保持高速增长。海上风能资源因风速更大、湍流度更低、风向更稳定、对环境影响较小，以及海上风电场往往靠近能源需求较大的沿海发达区域、海面可利用面积广阔、不占用土地等优势，近些年在江苏、山东、上海、浙江、福建和广东等也得到了快速发展，在未来风电发展中占有重要地位。与陆地风电相比，海上风电在机组安装、运行维护、设备监控、电力输送等许多方面都与陆地风电存在很大差异，同时面临潮汐、台风、气流和闪电等恶劣环境，机组

故障风险比陆地风电机组更高且检修窗口期短、难度更大，导致运维成本更高，其故障预测和检修决策也更为复杂。

考虑到当前我国绝大多数风电场是陆上风电场，因此，本书主要针对陆上风力发电机组和陆上风电场进行介绍。风电场基本组成如图 3-1 所示。陆上风电场电气部分主要分为一次部分和二次部分，其中一次部分是指直接参与电能生产、变换、传输和使用的设备及装置，除了风力发电机组，还包括风机出口升压变压器（也称箱式变压器，简称箱变）、集电线路、变电站一次设备、送出线路等，风电场典型的一次部分系统结构如图 3-2 所示；二次部分是指对一次系统进行测量、监视、控制和保护作用的系统，主要包括变电站内的自动化监控、调度、保护等设备。

图 3-1　风电场基本组成

1. 集电系统

集电系统的作用是将风力发电机组生产的电能按组收集起来送入升压站，其中分组采用位置就近原则，每组包含风机数目大体相同。集电系统由机组升压变压器、集电线路构成。机组升压变压器是将风力发电机组输出的电能进行升压变换的设备，主要包括变压器、风机连接电缆、变压器基础等部分，一般安装在接近风力发电机组的全封闭、可移动钢结构箱体内；集电线路是将风力发电机组箱变的电能传输至变电站的连接线路，可以采用架空线、电缆或者电缆架空线混合连接方式。我国集电系统电压等级最常见的是 35kV，部分东北地区风电场采用 66kV，早期部分小型风电场有 10kV。为避免线路过长而电压控制困难，线路长度通常不超过 10km，1 条集电线路上一般有 7 台左右风机，这意味着汇集线路或其接入变电站的断路器故障，将导致所有风力发电机组陪停。

2. 变电站

变电站是风电场的运行监控中心及电能配送中心，包括一次设备和二次设备。其中一次设备包括变压器、断路器（开关柜）、母线、隔离开关、互感器（电流和电压）、避雷器、场用变压器、接地电阻柜、无功补偿装置等，主要实现站内电能的电压变换。我国风电场变电站电压等级最常见的是 220kV，通常至少有 2 台主变压器。

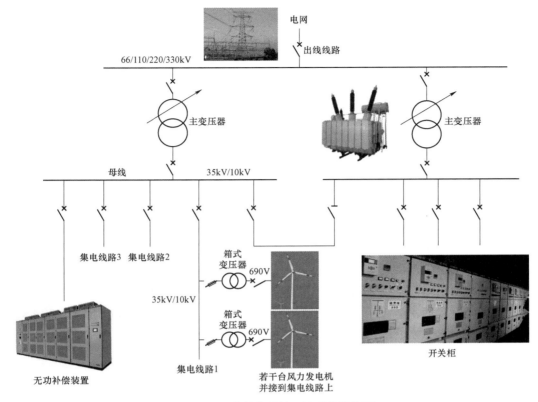

图 3-2　风电场典型的一次系统结构图

　　变压器是起变换电压的作用，可以升高电压以利于功率的传输、降低线损；断路器是用于切断和闭合高压电路的空载和负荷电流，而且当系统发生故障时，变压器和继电保护及自动化装置相配合，迅速切断故障电流，以减少停电范围，防止事故扩大，保证系统的安全运行；隔离开关的作用是设备检修时提供明显断开点，使检修设备与带电设备隔离，同时与断路器配合改变运行方式；互感器的作用是将大电流变换为小电流，将高电压变换为低电压，供给继电保护及仪表所需，同时将高压系统与二次相隔离保证人员、设备的安全，还可以使仪表、继电器的制造标准化、简单化，以利于生产；无功补偿装置主要用来补偿电网中频繁波动的无功功率，抑制电网闪变和谐波，提高电网的功率因数，改善高压配电网的供电质量和使用效率，进而降低网络损耗。

　　二次设备是实现风电场站内自动化监控、控制、保护的设备，主要包括风力发电机组、变压器、母线、电抗器、电容器、线路（含电缆）、断路器等设备的继电保护装置，风电场运行控制系统、备用设备及备用电源自动投入装置、故障录波器及其他保证系统稳定的系统安全自动装置，控制屏、信号屏与继电保护有关的继电器和元件，连接保护装置的二次回路，继电保护专用的通道设备等。

　　3. 送出线路

　　风电场的送出线路是将变电站的电能传输至电网的输电线路，为减小损耗，一般都是采用高电压等级的架空线，我国常见的是 220kV 电压等级。为减少建设成本，很多风电场

的送出线路是单回，这意味着如果送出线路跳闸或停电，将导致风电场全停。

3.1.2 风电场检修现状分析

1. 风电场输变电设备检修

风电场的输变电设备主要包括变压器及附属设施、电力电缆、架空线路、通信线路、防雷设施、断路器、隔离开关等设备。当风电场内的输变电设备发生故障时，会直接影响风力发电机组的正常运行，严重时会导致大量风力发电机组发生陪停，影响风电场的发电效益。

早期风电场输电线路跳闸率居高不下，主要是气候差异化设计不足导致的，如雷击、覆冰、风偏、舞动等；变电设备故障也主要是因选型不当、维护不足导致的。随着针对风电场输变电设备的技术改造完成以及风电场设计水平提高，近些年风电场输变电设备故障率显著下降，并逐渐趋于平稳。

鉴于风电场内的电压等级较低，输变电检修的技术和管理都非常成熟，可以参照电力行业或国家电网公司《电力变压器运行规程》《电力设备交接和预防性试验规程》《输变电设备状态检修试验规程》等相关标准进行设计、试验和运维管理。另外，因场内输变电设备的日常运维相对独立、成熟，也可以将其分包给专业公司。

2. 风力发电机组检修内容

风力发电机组检修主要根据整机厂提供的维护手册开展。维护手册通常包括以下内容：

（1）检修人员具备的条件。包括风电机组检修人员具备的资质要求、技术能力要求等。

（2）安全注意事项。包括对风电机组检修人员的安全要求，以及检修工作时的注意事项及管理规定，以确保风电机组检修工作安全、有序地进行。

（3）风电机组各部件检查与检修方法。包括风电机组的整体结构、工作原理，风电机组基础、塔架、叶片、发电机、主轴、齿轮箱、变桨系统、偏航系统、变流器、刹车系统、润滑冷却系统等各组成部件的原理、功能、技术参数、工作过程，以及各部件的详细检修方法、要求、使用的工具、检修周期等内容。

（4）检修工作记录。检修过程中及检修完成后的工作记录。其中，风力发电机组检修主要包括4方面工作：

1）无需停机的检查及检修，主要包括日常定期的巡视和巡检、润滑油脂和液压油检查和补充、定期检测（包括齿轮箱油液、螺栓紧度等）及处理；有些需检查无需停机，但更换需停机，如碳刷等磨损件。

2）需停机的定期检查及检修，包括重要安全试验，如顺桨试验、过速测试、紧急停机测试、扭揽开关测试、振动开关测试等，以及厂家规定的按运行时间或次数规定更换部件等。

3）对缺陷部件进行预防性检修或更换，即故障前的预防性检修。

4）检修或更换已发生故障的部件，即故障后的事后检修。

从检修决策角度看，上述具体的内容可以分为3个主要环节：

1）部件健康状态评估：通过日常检查、SCADA数据分析、试验、在线监测等手段，判断零部件、子系统和整机是否正常，以制订检修计划以及实施检修后检查检修效果。

2）检修计划制订：以厂家手册或检修标准为基础，根据部件健康状态评估结果，制订具体的检修计划。

3）检修实施：根据检修计划实施检修，或在故障发生后实施检修。

3. 风力发电机组检修商业模式

在风电行业起步较早的欧美国家，风力发电机组的检修保养、修理甚至运行等工作大都已实现社会化和专业化。所谓社会化就是将设备日常维护保养工作交由社会专业检修公司来承担；专业化是指专业检修公司通过合同方式，按区域或风力发电机组类别给风电企业提供检修服务。如在美国，一般都由第三方专业公司来负责运行和维护风电场，包括负责日常故障排除和一些临修工作，而定期检修或者大修则由专业公司来完成，这些公司包括咨询顾问公司、检修公司、备品备件公司等；在德国，专业化和社会化的检修服务也相当普及，专业化公司可以提供全面的检修改造咨询、检修计划编制与实施、监理、设备安装及改造、事故分析处理等；法国的企业也已普及推行专业化的检修服务，中小发电企业一般不设置专门的检修部门，大型企业也只配备少量检修人员，检修任务大多依靠社会第三方力量。

中国风电行业在经历了过去十年的飞速增长后，已经形成了一个巨大的风电检修市场。随着未来每年保持 20GW 以上的风电增量，中国将成为全球未来十年最大的风电运维市场之一，预计运维收入将从 2017 年的 100 亿元人民币增长到 2025 年的 350 亿元人民币，风电运维市场潜力巨大。我国风电运维市场类型及特点比较见表 3-1。因此，风电开发商、整机厂商及第三方运维公司纷纷涉足这一领域。开发商主要进行风电场投资，关注风电场的全生命运行周期，但较难掌握风电设备的核心技术；整机商手中握有风电设备的核心技术，但其通常只负责质保期内的风力发电机组现场运维工作，风机运维并不是其擅长的主要业务；第三方企业则专注于风机设备的检修及状态分析，但技术水平参差不齐、服务质量堪忧。总体看，目前整个国内运维市场的规范化、标准化水平还比较低，处在发展初期。

表 3-1　　　　　　　　　　　我国风电运维市场类型及特点比较

运维类型	特点
开发商成立的服务子公司	承接集团旗下的风电运维服务订单，同时向其他业主提供风电运行和维护服务
整机制造商成立的服务子公司	拥有较强的技术实力，提供整体运维服务方案，服务价值最大化，运维市场可能受其风机市场份额的影响
第三方服务公司	能够提供较多的增值服务，覆盖多种厂家风机的大多数问题

我国风电发电商和技术人员主要来自传统火电行业，而风电行业的运行和维护的技术、管理标准远未能跟上风电装机增长速度，因此，早期风电场运维管理主要是参照火电厂管理模式，沿用火电厂的检修决策经验对风电场进行管理。然而，由于火电厂与风电场的设备特点、运行特点、检修特点均存在极大不同，直接照搬火电厂经验在实践中带来很多问

题，因此，国内各大发电集团在充分考虑设备安全、人员素质、财务成本等综合因素下，纷纷探索更适合自身的风电运营管理模式。

总体来说，国内风电场的运营主体已经包括了开发商业主自主检修、第三方专业检修、整机厂商检修等多种形式，运维模式主要分为运维（运行和检修，也称为"运检"）合一、运维分离等。不同的运维模式各有优缺点，风电业主具体采用哪种运维模式，应根据风电场装机容量、机型特点、岗位定员、风电场人员专业技术水平、委托服务费用、外委市场条件等综合考虑。

（1）运维合一模式。运维合一模式是指风电场的运检人员同时负责风电场的运行和检修工作，运行和检修人员无明确分工，共同负责风电场的安全运行与检修维护。

该模式对现场人员综合能力要求较高，要求现场人员具备倒闸操作、设备运行参数及告警信息监视、风力发电机组运行数据统计与分析、设备巡检、异常故障处理、风机定检、风机维护、设备异常状况分析、变电设备简单检修的能力。该种模式下的运检人员综合技能水平提高较快，有利于综合技能人才的培养，企业管理机构相对简单。然而，随着风电场规模的不断扩大，此模式会逐渐显现出运维人员检修工作量过大、专业分工不明确等诸多问题，随着风电场建设规模的不断增大，该种管理模式应用也逐渐减少。

（2）运维分离模式。运维分离模式是指风电场的运行人员和检修人员分开管理，其中运行人员负责风电场升压站、风力发电机组的运行检查和现场复位及其他基础性管理工作，检修人员负责风力发电机组等设备检修工作，一般在大型风电场应用较多。运维分离模式又可分为3种工作方式：

1）风电场级的运维分离。此模式下风电场内分运行班组与检修班组，运行、检修均由风电场负责。这种模式目前在国内应用较多，该种模式的优点是从专业划分角度出发，运行、检修各尽所责，有利于提高风力发电机组维护管理水平和变电设备的运行管理水平；缺点是风电场人员较多，人力成本较高，对场内检修人员的技术要求较高，人才队伍建设需要较长时间，且不利于对有多个风电场的风电企业人力资源的有效利用。

2）发电公司级的运维分离。此模式下风电企业建立公司级的专业检修队伍，专门负责公司内各风电场风力发电机组的检修工作，而风电场的运行工作由风电场或发电公司自行负责开展。近年来部分发电企业还采用了区域远程集中监控管理模式，将同一区域内多个风电场运行工况和生产信息统一接入一个控制室实现集中监视控制，建立区域巡检维护队伍，实施分级检修，实现巡检、维护和检修的一体化、专业化管理，并适时减少现场人员，做到风电场的少人值守或无人值守运行，在全企业层面建立一套统一的、符合风力发电特点的安全生产管理制度，以实现区域内所有风电场的经济运行。该种模式的优点是管理灵活，专业分工明确，人力资源可以得到充分利用，减少了人员数量和人力成本，尤其适合在同一区域风电场数量多、机型少的风电企业；缺点是检修人员较少，当同一时间内不同风电场的风力发电机组故障较多时，分身乏术，可能会导致部分风力发电机组较长时间停机。

3）检修外委的运维分离。此模式下风电企业负责风电场的运行管理，风电场的检修工作部分或者全部委托给专业检修公司负责。专业检修公司可以是第三方专业检修队伍或者厂商检修队伍，风电企业与专业检修公司签订一定的检修合同和费用协议，通过全包和部分承包的方式完成风电场检修任务。该种模式的优点是可以有效降低业主的人员数量和人工成本，依托专业检修公司丰富的检修经验和技术能力，风力发电机组可利用率能得到有效保障；缺点是运行检修等工作依赖于外委单位，业主议价能力弱，委托费用较高，也不利于发电企业人员运行检修经验的积累。

3.2　风电场和风力发电机组运行评价

对风电场和风力发电机组的可靠性和发电性能进行不同角度的评价和分析，可以帮助找到设备本身和运维管理两方面存在的问题，指导提出针对性的检修方案和改进措施，并在检修和改进实施后，检验和评估这些方案和措施的有效性，以不断改进检修决策、提高运行和维护水平。

3.2.1　风电场等效运行小时数和发电量损失分析

我国风电行业主要使用等效利用小时数等指标评价风电场运行水平，可以从整体上反映风电场运行情况，但对于影响风电场发电量和利用小时数的具体原因及影响程度，尤其是风电场内影响发电量损失的不同环节，缺乏系统分析，难以针对性地制订提高运行水平的措施。

为确定风电场发电量的损失来源，可以从风资源、电网限功率、电气设备陪停、机组可靠性和发电性能 4 个维度对风电场发电量损失环节进行定量分析。可以将风电场发电量损失原因分析分为风资源下降、电网限功率、电气设备停运和风力发电机组自身共 4 个层面，其中电气设备停运分为场外电气设备停运和场内电气设备停运，风力发电机组自身原因包括风力发电机组故障停机损失和发电性能劣化两方面，风电场发电量损失来源分析如图 3-3 所示。

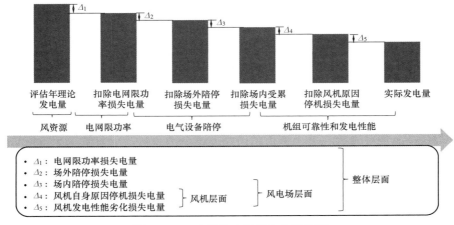

图 3-3　风电场发电量损失来源分析

风电场有监测、记录各台机组运行状态的 SCADA 系统，可以使用这些数据，计算出风电场发电量和发电时间损失各细节的主要数据。

1. 输变电设备陪停时间及损失电量计算

风电场的陪停包括场内输变电设备陪停和场外输变电设备陪停，其发电量损失计算方法为：

（1）由生产运行数据，得到场内电气设备故障导致的陪停时间 $t_{sn,i}$、场外电气设备故障导致的陪停时间 $t_{sw,i}$ 和陪停总时间 $t_{s,i}=t_{sn,i}+t_{sw,i}$。

（2）基于各机组的标准功率特性曲线，得到陪停时间段的理论功率 $P_{Fp,i}$。

（3）输变电设备陪停损失电量

$$Q_{s,i}=\sum P_{Fp}t_{s,i} \qquad (3-1)$$

2. 风力发电机组故障损失时间与电量计算

（1）根据风力发电机组 SCADA 故障列表，风力发电机组故障停机时间为状态位第一次出现"故障"的时间和状态位由"故障"变为"发电"或"待机"的时间差，记为 $t_{w,ij}$，则某风力发电机组在统计时间内的总故障停机时间为 $t_{w,i}=\sum t_{w,ij}$。

（2）根据前述分析，得到统计时间段内风力发电机组因电网、外部电气设备故障、发电设备例行维护及其他原因等造成的停机时间，记为 $t_{wt,i}$，则风力发电机组在统计时间内由于自身故障导致的停机时间为 $t_{g,i}'=t_{w,i}-t_{wt,i}$。

（3）基于机组的标准功率特性曲线可计算得到故障时间内的理论功率，记为 $P_{w,i}$。则风力发电机组由于自身故障停机损失电量为 $Q_{w,i}=\sum P_{w,i}t_{g,i}$。

3. 风力发电机组发电性能劣化损失电量计算

当风力发电机组在运行过程中由于部件损伤、关键部件老化、温度过高或过低、塔架振动过大等原因时，会导致风力发电机组能量捕获能力下降，但不会马上引发故障，当能量捕获能力下降到一定程度时，才会触发保护，造成故障停机。因此，需要在设备状态开始劣化但还未触发故障的运行期间内，基于发电能力指标，对风力发电机组的发电性能劣化导致的损失电量进行分析计算。

风力发电机组发电能力表示风力发电机组实际发电功率与理论发电功率的比值，由下式计算

$$F_g=\frac{\sum_{i=1}^{N}P_{Fa,i}}{\sum_{i=1}^{N}P_{Fp,i}}\times 100\% \qquad (3-2)$$

式中：F_g 为统计时间长度内，风力发电机组的发电能力指标；N 为统计时间长度内风力发电机组的有效数据点个数；$P_{Fa,i}$ 为统计时间长度内，风力发电机组实际输出的有功功率值；$P_{Fp,i}$ 为标准大气密度条件下，通过风速和功率曲线计算得到的风力发电机组理论功率值。

基于风力发电机组的发电能力指标，可以得到由于机组发电性能劣化等原因造成的发电量损失计算方法：

（1）采集生产报表、单机运行数据、单机故障列表、测风塔数据等，统计出风力发电机组正常发电时间 $t_{F,i}$、电网限功率时间 $t_{D,i}$，则除电网限功率时间外的风力发电机组运行时间为

$$t_{Y,i} = t_{F,i} - t_{D,i} \tag{3-3}$$

（2）基于机组的标准功率曲线，得到除电网限功率时间外的发电时间内理论发电量 $P_{zl,i}$ 和发电能力指标 F_g。

（3）由于主动限功率等因素导致的风力发电机组发电性能劣化损失电量为

$$Q_{z,i} = \sum P_{zl,i}(1 - F_g) \cdot t_{Y,i} \tag{3-4}$$

其中，风力发电机组故障停机损失电量、风力发电机组定期检修损失电量、风力发电机组陪停损失电量均是通过以上所述的方法，计算出各部分的停机时间，然后按照单机信息法计算损失电量；调度限功率损失电量根据调度限功率的时间和当前可发电量来进行计算。

为保证 SCADA 数据的可用性和准确性，必要时可以进行现场测试与 SCADA 数据比对。其中，各台机组的标准功率特性曲线也可以进行实测。

3.2.2 风力发电机组运行可靠性指标

缩短上小节所述的风力发电机组故障损失时间，是检修决策和实施的核心目标。为进一步分析机组故障损失时间的细节，还需进行更详细的风力发电机组运行可靠性指标计算。

风力发电机组故障可大致分为两类，一类是部分部件的故障发生频次很高，但其修复时间较快，如控制系统部件、变流器模块等；另一类是部件故障发生频率较低，但一旦发生故障，恢复功能所需时间长，将引起较长时间的机组停机，典型的故障部件如叶片、齿轮箱、发电机等。所以，风力发电机组可靠性评价应兼顾机组或部件的故障频次和程度（即影响时间），主要包括代表故障频次的平均无故障运行时间（mean time between，MTBF）、代表故障程度的平均故障修复时间（mean time to，MTTR），以及综合频次和程度、平均可利用率，这些指标均可利用 SCADA 系统中的数据进行计算统计。

1. 风力发电机组平均无故障运行时间

平均无故障运行时间（MTBF）是设备可靠性的关键指标，体现了设备在一定时间长度内保持持续并网运行的一种能力。具体来说，是指设备在一定时间长度内，相邻两次故障之间的平均工作时间，用以评价设备的故障停机频率，由于设备某些故障发生频率较高但可以自动复位，不会对设备的实际可利用率指标产生影响，但可以说明设备内部可能存在设计、安装中遗留下来的缺陷或隐患。

（1）数据源。根据风电 SCADA 监控系统的故障记录、生产报表等，统计在统计时间长度内各台风力发电机组的故障次数 n_i 和机组的故障停机时间 B_i 等参数。

（2）算法。平均无故障运行时间（MTBF）按下式计算

$$t_{ave.f} = \frac{1}{N}\sum_{i=1}^{N}\frac{t_T - B_i}{n_i + 1} \tag{3-5}$$

式中：$t_{ave.f}$ 为统计时间长度内风电场风力发电机组的平均无故障运行时间，h；t_T 为统计时间长度，h；B_i 为统计时间长度内，第 i 台风力发电机组故障停机时间，h；N 为风电场统计的机组数量，台；n_i 为统计时间长度内，第 i 台风力发电机组故障次数，次。

2. 风力发电机组平均故障修复时间

平均故障修复时间（MTTR）是设备检修性的关键指标，直接反映检修工作量的大小、检修人员的水平及检修的难度，也从侧面反映了故障后对机组停机时间的影响水平，其包含检修人员响应的时间、确认故障原因所需要的时间、因备品备件或工器具等原因的检修等待时间以及检修执行所需要的时间，MTTR 越短表示设备或部件的恢复性越好。根据风力发电机组部件的特征，建议可根据部件进行分别统计。

（1）数据源。根据风电 SCADA 监控系统的故障记录、生产报表等，统计在统计时间长度内各台风力发电机组的故障次数 n_i 和机组的故障停机时间 B_i 等参数。

（2）算法。平均故障修复时间（MTTR）按下式计算

$$t_{ave.r} = \frac{1}{N}\sum_{i=1}^{N}\frac{B_i}{n_i} \qquad (3-6)$$

式中：$t_{ave.r}$ 为统计时间长度内风电场风力发电机组的平均故障修复时间，h；B_i 为统计时间长度内，第 i 台风力发电机组故障停机时间，h；N 为风电场统计的机组数量，台；n_i 为统计时间长度内，第 i 台风力发电机组故障次数，次。

3. 风力发电机组平均可利用率

风力发电机组实际可利用率 A 指在一定时间长度内，可利用小时数占具备条件运行时间的百分比。其中具备条件运行时间不包括因外部电气设备陪停、气象条件及其他不可抗力等原因造成的停机时间。设备可利用率用以评价设备的停机时间，在一定程度上能够反映设备的设计、制造、安装和调试质量，同时也能在一定程度上反映发电站的运维水平。

（1）数据源。统计时间长度内风电 SCADA 监控系统、生产报表中记录的各台风力发电机组故障停机时间 $t_{B,i}$ 和状态不明时间 $t_{D,i}$。

（2）算法。风力发电机组可利用率按下式计算

$$A_{au} = \sum_{i=1}^{N}\left(1-\frac{B_i}{t_T-t_{D,i}}\right)\times100\% \qquad (3-7)$$

式中：A_{au} 为统计时间长度风电场机组的平均可利用率；t_T 为统计时间长度，h；N 为风电场统计的机组数量，台；B_i 为统计时间长度内，第 i 台风力发电机组故障停机时间，h；$t_{D,i}$ 为统计时间长度内第 i 台发电设备的状态不明时间，h。

其中状态不明时间是指由以下因素造成的停机时间：

1）电网因素。

2）与发电设备相连的电气设备（包括主变压器、馈线开关柜、架空线、馈线电缆、箱式变压器等）因素。

3）例行维护时间。

4）其他因素（气象条件或其他不可抗力造成）。

3.2.3　风力发电机组全寿命周期度电成本

当前，国内大部分风电企业用风力发电机组可靠性指标作为检修目标，包括可利用率、可用度等，定义和计算方法参见 3.2.2 节。这些指标便于统计、管理，也便于闭环评估维护决策实施的效果。随着风电大规模发展和运营水平的提高，为进一步提高风电竞争力，降低全寿命周期度电成本（LCOE）成为全行业共识，这也是检修决策优化追求的最终理论目标。

从全寿命周期看，风电场的运营可分为勘测设计、建设、运行维护和报废 4 个阶段。LCOE 是在整个项目寿命期内，建造并运维发电项目每千瓦时的成本，它能够综合风电场发电量和总体运行成本投入两个评价维度，立足于风电场的整个寿命周期，能够综合反映风电场的综合竞争力，其准确计算更为复杂。

$$\text{LCOE} = \frac{C_\text{N}}{EN_\text{Y}} \tag{3-8}$$

式中：全寿命周期成本 C_N 指风电场运维 4 个阶段投入的所有成本，主要包括风电项目投资成本、运行维护成本、财务费用及设备残值；全寿命周期净发电量 EN_Y 指在整个项目周期内风电场的发电量。

可见，降低 LCOE 一方面可降低风电场全寿命周期成本，另一方面可提高风电场全寿命周期净发电量。就运行维护阶段而言，成本主要包括运行成本、耗材和备件成本、技改费用、故障检修成本等。而发电量除电网限电因素外，主要取决于风力发电机组的可靠性和发电性能，机组的可靠性越高、发电性能越好，机组故障发生次数越少，故障停电时间越短、发电能力越强，风电场的发电量也越大，发电效益也越高。因此，如何在降低维护检修成本和保证机组可靠性和发电性能上找到最优决策，是每个风电场运营主体必须面对的问题。

同时，全寿命周期度电成本是一个受多方面因素影响的、复杂的、往往难以写出具体的函数表达式，无法转化为数学函数求优的问题。通常而言，初期准确的风电场宏观和微观选址、高可靠性和高性能的风力发电机组和输变电设备选型是低度电成本的硬件基础条件，但检修模式的软条件也很重要，如高水平的运维人员、检修规模带来的备品备件低库存成本或议价能力，以及本书研究的检修决策技术能力等。准确计算 LCOE 需要两方面的参数，一是设备状态和预测寿命方面的；二是与财务相关的，包括发电收益、检修成本等。从技术角度说，风力发电机组关键部件的寿命预测技术还达不到准确计算要求；从管理角度说，目前风电企业的管理水平、信息化水平大多无法支持获取相关财务数据，风电行业数字化发展为未来制订这类更精准检修决策提供了可能。

3.3　风力发电机组基础检修策略分析

3.3.1　主要部件故障分布统计

一般大型的陆上风力发电机组都是安装在广阔的边远区域，如近海、戈壁滩、草原以

及山区等，分布面积广、单机数量多、自然环境比较恶劣。同时，风力发电机组既有旋转的叶片、轮毂、齿轮箱、轴承、轴等机械部件，又有液压系统、电气系统以及复杂的控制系统和电力电子系统，相比传统的发电系统，风力发电机组故障率相对较高。由于运行环境恶劣，载荷复杂多变，对风力发电机组轴承、齿轮箱、发电机等传动链机械部件的运行可靠性会造成极大影响，据我国"三北"地区某典型风电场的不完全统计，由于设备制造、安装、老化、恶劣环境、变工况运行等原因，每台风力发电机组每年的失效停机维护时间平均超过 200h，导致故障停机损失和检修费用居高不下，影响风电场的经济效益。

Wind Energy 发布的《2017 年风力发电运行与维护》（*The Wind Energy Operations & Maintenance Report 2017*）中指出：风力发电机组的传动链和低速旋转部件的故障损失占总故障损失的比重达到 42%～52%，齿轮箱的主要故障发生在前 5～8 年。风力发电机组运行前 10 年内各部件的故障率统计如图 3-4 所示。由图 3-4 可见，齿轮箱、主轴、主轴承等传动链关键部件在前 5 年故障率相对不高，但从第 6 年开始故障率大幅上升；叶片在前五年的故障率占比较高，之后有所改善；发电机、变桨系统、电气控制系统的故障率占比相差不多，且在 10 年运行周期内故障率变化不大，机组内大型结构件和机械外壳的故障率占比也较高。

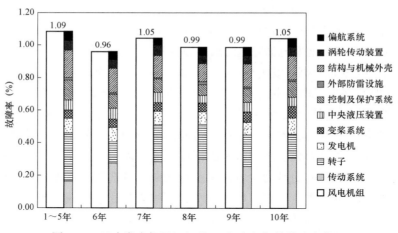

图 3-4　风力发电机组运行前 10 年内各部件故障率统计

美国可再生能源实验室统计的欧洲在运风机各部件故障率及停机时间如图 3-5 所示，可见电气系统、叶片、偏航系统、液压系统的故障率相对较高，齿轮箱、叶片、轮毂、发电机和传动链的平均停机时间较长。

综上所述，风力发电机组故障率较高的部件集中在齿轮箱、变桨系统、发电机、电气系统和控制系统上。其中，风力发电机组电气和控制系统的故障发生较为频繁，但该类故障导致的停机时间相对较短；传动链主轴及轴承、齿轮箱、发电机等故障率较低的部件，检修时间很长，且检修成本很高。

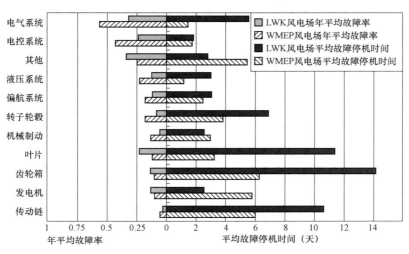

图 3-5　欧洲在运风机故障率/停机时间统计

（数据来源：美国可再生能源实验室）

3.3.2　不同类型部件的故障可预测性

本书第 2 章已对风力发电机组主要部件故障预测方法进行了详细介绍，可以总结为以下三大类。

（1）叶片、传动系统等机械旋转部件。叶片和齿轮箱、主轴、主轴承等传动系统机械部件的失效故障主要是由长期疲劳积累和频繁冲击所致，这些机械部件的故障通常都呈现出渐变发展过程，一般不会毫无先兆地突发故障。如本书 2.2 节所述，传动系统失效过程中会有外观变化、振动加剧、油液质量变差、温度异常、噪声异常等早期缺陷特征出现，因此，结合传动链部件配置的 SCADA 实时监控系统中温度、压力、转速等数据，以及振动在线监测装置和油液在线监测装置，通过分析各部件振动信号特征与失效状态、油液质量与磨损状态之间的关系，可以比较准确地发现传动系统早期故障隐患及位置。而如 2.3 节所述，叶片通过视觉检查和一些试验即可发现故障隐患。因此，这类机械旋转大部件都有较好的故障可预测性。

（2）发电机、变桨电机、偏航系统等机电混合系统。发电机、变桨系统、偏航系统等系统包括轴承、传动机构等机械系统，也包括定/转子绕组、变桨电机、偏航电机、控制器等电气系统。机械系统与传动链部件类似，存在一个渐变的失效过程，具有可预测性，但除发电机轴承外，这些机械部件均不具备在线监测的测点，只能通过温度、压力、转速等 SCADA 测点趋势变化实现机械部件失效故障的早期发现。电气系统除绝缘失效故障外，其他故障均具有突发性，没有早期特征，不具备可预测性。而绝缘失效故障与电压、电流、温度等运行参数存在着潜在的关系，即这些参数 SCADA 测点的趋势变化中隐含着早期缺陷信息，且这些参数变化与风速、有功功率等实时运行工况强相关，因此，可以通过数据融合挖掘分析、深度学习的手段进行机电混合系统的机械类、绝缘类失效故障预测。此外，发电机定、转子匝间短路及端部绝缘磨损等问题也可以通过定期检查和试验的手段进行早

期诊断。此类部件更详细的故障预测方法见 2.4～2.6 节。

（3）电气控制系统。控制系统故障一般由继电器、接触器等电气回路元件、辅助系统、通信系统的损坏引起，具有突发性的特点，不具有可预测性，但可在故障发生后通过 SCADA 测点数据和逻辑分析，高效追溯故障原因和故障定位，快速实施精准检修、恢复机组运行。本部分内容详见第 6 章。

对于变流器故障，近年提出了一类基于模型的检测方法，充分利用变流器内部的深层信息及有效反映物理系统故障的本质特征，对系统进行故障隔离和辨识。但这需要实时采集运行数据，并在模型中进行实时计算，当发现明显差异时才可发出故障预警。这种故障预警也具有实时性，可在一定程度上避免故障的扩大，但因实施成本较高、预警可靠性较差，尚未得到工程应用，本书对该方法不再进行详细介绍。

3.3.3　风力发电机组故障停机原因类别及修复难度分析

按照是否可复位，将风力发电机组故障停机分为可自动复位故障停机、可人工复位故障停机、不可复位故障停机。可复位故障通常主要由机组的暂时性异常引起，需要人员到现场检查确认，通常没有部件的损坏。不可复位故障停机通常由机组或部件的缺陷、损坏造成的机组失效引起，需要人工介入开展机组的维护作业，方可恢复机组的运行；等级较高的故障将导致不得不进行一个或多个重要部件的局部检修或更换；更严重的甚至可能导致连锁的严重风力发电机组整机事故。

风力发电机组不同的部件缺陷或损坏对风力发电机组的安全、可靠性和性能影响差别很大，且造成的故障停机的时间长短差异也很大。本书附录按照风力发电机组大部件及其分部件，详细梳理了部件特征（设计寿命、部件价值、家族缺陷可能性等）、日常维护手段（SCADA 监视、巡视、定检等）、故障预测手段（故障早期可预测性、故障预测成本、故障预测成熟度或准确率等）、带缺陷运行可能性、检修成本〔故障停机时间损失、检修方式（局部检修/更换）、检修时间损失、检修装备成本等〕。

表 3-2 对附录内容进行了提炼，汇总了风力发电机组各大部件的部件特征、带缺陷运行可能、故障停机时间长短和故障修复难度。

表 3-2　　　　　　　　　　风力发电机组各部件故障及修复难度分析

一级部件	二级部件	部件特征	带缺陷运行可能	故障停机时间	修复难度
叶片	叶片	高强度结构件	大	长	大
变桨	变桨轴承	纯机械部件	大	长	大
	变桨电控部件	电气零部件	小	短	小
	变桨驱动部件	机械零部件	较小	较短	较小
主轴	主轴及轴承	纯机械部件	大	较长	较大
齿轮箱	齿轮箱本体	纯机械部件	大	较长	较大
	齿轮箱辅件	多机电零部件	较小	较短	较小

一级部件	二级部件	部件特征	带缺陷运行可能	故障停机时间	修复难度
发电机	发电机本体	旋转机电设备	大	较长	较大
	发电机辅件	多机电零部件	较小	较短	较小
偏航	偏航轴承	纯机械部件	大	长	大
	偏航驱动部件	机械零部件	较小	较短	较小
变流器	变流器	电气设备	较小	较短	较小
主控	主控	二次控制和通信	小	短	小

3.3.4　风力发电机组的基础检修策略

由上述分析可知,风力发电机组的检修策略是各子系统或部件的基本检修策略的组合,需根据整机、整风电场,甚至多风电场的总体决策目标,明确资金、人员、备品备件等约束条件,优化全局检修资源,统筹进行检修决策。

就单台风力发电机组而言,各主要部件的故障概率分布、故障可预测性、对机组运行的影响、检修难度和成本差异都很大,如何统筹考虑这些问题制订检修计划以实现机组的安全性、可靠性、经济性,是检修决策的研究目标。其中,对于叶片、齿轮箱、主轴、发电机等大部件,本体一旦发生损坏将造成较长时间的停机且修复难度较大,但其带缺陷运行的可能性较大,一般性缺陷不会直接引起机组失效而导致机组停机,所以,对于此类部件应主要利用故障预测技术等预防性手段及早发现、跟踪缺陷发展情况,并根据检修决策优化结果,适时检修,即主要采用状态检修 CBM 或预知检修 PdM 的基础检修策略。而对于变桨、偏航、变流器等部件,一旦发生缺陷就比较容易引起部件失效,甚至机组停机,其带缺陷运行的可能性较小,所以,如果通过故障预测发现缺陷,应尽快实施检修、避免突发故障停机损失,即主要采用定期预防性检修或定期检修(RPM)。

风力发电机组检修决策涉及多对象(不同机组、不同部件)、多边界条件(检修预算、人力资源、备品备件、供应链等)、多类型数据输入(故障分布历史统计数据、家族缺陷、维护试验数据、运行与监测实时数据、故障和寿命预测数据等)、多层次目标(机组或整场可用率、度电成本等),输出的检修计划包括定期检修计划和特殊检修任务等,本质上是一个多目标网络优化问题。

参考第 1 章复杂机电系统检修基础理论以及本章 3.1~3.3 节的分析,可以建立风力发电机组检修决策框架如图 3-6 所示。检修对象是由多机组组成的风力发电机组群,重点对象是每台风力发电机组由传动链、叶片、发电机等大部件。检修活动的过程可以分为 5 个环节,即健康状态评估、基本检修策略组合、检修决策优化、检修计划制订、检修评估。5 个环节形成检修活动的闭环,持续改进检修决策,可以不断提高风电场的安全、可靠和经济运行水平。

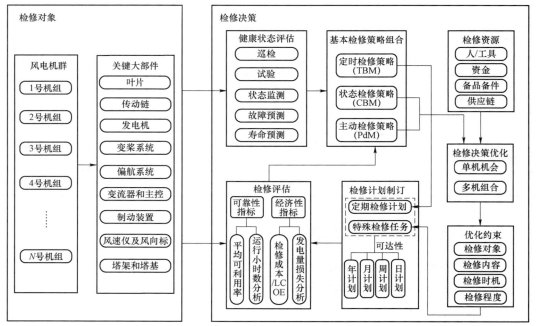

图 3-6   风力发电机组检修决策框架

3.3.5   健康状态评估

健康状态评估是通过巡检、试验、状态监测以及故障预测、寿命预测等综合技术手段，分析风力发电机组的零部件、子系统、整机及机群的健康状态，判断完好、带缺陷、异常、故障等状态分级，并掌握缺陷、异常和故障详细数据。其中，常规的巡检、定检手段通常只能发现风力发电机组的异常或故障状态，即已经比较严重的问题，而状态监测、故障预测、寿命预测等技术手段可以发现机组早期缺陷，并根据评估结果预先判断机组的健康衰退趋势，合理调整运行并安排检修，这对提高机组运行的安全性和可靠性，降低运行与维护的费用具有重要意义，也是近年来技术发展的趋势。关于机组故障预测的部分可以参考第 2 章内容。

健康状态评估是选取基本检修策略和制订检修计划的基础，可为合理选择基本检修策略和安排维护计划提供依据。

3.3.6   基本检修策略组合

风力发电机组状态评估的能力和水平决定了可以采取何种基本检修策略。如果只具备基本的巡检、定检手段，只能采用最简单的定时检修策略，设备故障后采用被动的故障后检修。如果有一定的历史缺陷和家族缺陷的分析和管理能力，对一些关键大部件具备一定的状态监测和试验分析能力，就可以采用状态检修基本检修策略。如果具备全面信息化的设备缺陷管理能力，对主要关键大部件有比较全面的故障预测能力，就具备了采用最先进的主动检修策略的基本条件，这可以使检修更有针对性，精准提高风电场的可靠性和经济性。

国内风电企业大多采用以周期检修与预知检修相结合的状态检修策略,本部分将在第 4 章详细介绍。

3.3.7 检修决策优化

检修决策如 3.3 节所述,风力发电机组关键大部件对风电场运行可靠性和经济性起着决定性的影响,因此是检修决策的重点,可以通过检修决策优化这个环节来实现。根据大部件状态监测、故障预测或寿命预测的结果,考虑检修资源,可以选择单机机会检修、多机组合检修等优化方法,提出针对大部件的检修决策优化结果,其决策要素包括优化目标、约束条件和决策变量。

(1) 优化目标。参见 3.2 节,风电场和风力发电机组的运行评价指标就是检修决策的优化目标,可以是可靠性指标、发电性能指标或全寿命周期度电成本等。

(2) 约束条件。约束条件主要包括检修资源和技术条件两个方面。

1) 检修资源:包括资金、人员数量和能力、车辆等检修合作资源及能力、备品备件、部件供应链等。

2) 技术条件:健康状态评估技术条件包括在线监测水平、离线试验水平、数据管理和分析水平等,这决定了能为检修决策提供多少有效的数据;检修决策技术条件是指掌握的决策模型和算法等;信息平台技术条件是指能够为检修决策提供各类数据的能力。

(3) 决策结果。决策优化本质上就是在约束条件下,为达到目标最优,通过比较做出选择,决策结果包括:

1) 检修对象:哪些风力发电机组的哪些部件要检修。

2) 检修时机:何时检修。

3) 检修方式:怎么修,包括检查、修理、更换等方式。

总之,检修决策优化通常是全局性的,而且考虑比较长远。如对某台故障频发、可靠性指标低的机组,可以针对性对其全年的检修方案进行细致的分析和决策;对于某重要部件可以结合检修进行技术参数升级改造,不但可以提高可靠性,还可以提高发电性能;对某个型号多台机组的同一部件故障频繁的家族性问题,可以统筹制订整个风电场,甚至多个风电场的专项检修计划等。另外,备品备件管理具有明显的规模效益,也是典型的检修决策优化问题。总之,这类优化策略可以帮助企业实现全局的风电场检修资源优化配置和有效利用,本部分将在第 5 章详细介绍。

另外需要指出的是,受限于模型无法完全反映现实的复杂性,这类基于定量或半定量化的数学模型及求优算法求解的决策,绝大多数情况下仍需要结合专家分析来辅助决策。

3.3.8 检修计划制订

如上所述,工程中检修计划通常由两类组成,一部分是定时间周期为特点的日常检修计划,另一部分是根据检修决策优化得到的特殊的预防性检修任务。由于风力发电机组检修受道路、天气等影响较大,存在可达性、检修时间窗口等特殊性;另外,由于风资源的

时间随机性，运维人员如果参考风功率预测系统的超短期、短期和中长期预测结果，可以在一定范围内调整实施检修工作的时机，以尽量让机组在大风工况下继续发电，使因检修停机造成的发电量损失最小，即在相同的检修时间条件，获得更大的发电量。检修人员通常会根据季节、人员、天气、道路条件，将这两类检修任务从年度计划逐级分解，制订月计划、周计划、日计划。可达性和时间窗口问题给海上风电检修带来的挑战更大。

3.3.9　检修评估

检修评估通常是用一些可靠性和经济性运行统计指标，分析、判断、评价检修决策和检修工作的效果，总结检修决策和实施的经验，以不断改进和提高检修工作的效益。

检修评估可以针对某台机组某一次检修活动，也可以针对某台机组一年或多年的检修策略和活动，还可以针对某个风电场，甚至某个型号机组的长期检修策略（多次检修活动）进行评估。3.2 节给出了风电场和风力发电机组的一些评价指标及具体的计算方法。

第4章

风力发电机组状态检修

全寿命周期度电成本最低是风电行业追求的目标，也是检修决策的终极目标，但当前技术和管理手段还无法做到精准计算每台机组的成本和收益，全寿命周期中还存在大量不确定的、无法量化的因素，因此，在工程实际中，风电场通常将管理目标简化分解为可靠性最高、发电性能最优两个维度。在可靠性管理方面，在当前技术条件下，国内大部分风电场采用的"基础检修策略"是以周期检修与预知检修相结合的状态检修策略。本章遵循第 3 章风力发电机组检修决策的基本框架，从工程实施标准化的角度，将检修等级和检修时机进行了半定量化的定义，并融合第 2 章中风力发电机组关键部件的一些成熟的故障预测技术，建立了风力发电机组状态检修体系，最后通过调研国内大量风电场检修实际案例，梳理、总结了状态检修的具体实施标准。

本章 4.1、4.2 节介绍了风力发电机组状态检修基本原则和一些术语，4.3、4.4 节分别规范了风力发电机组检修等级和检修时机，4.5 节全面梳理了 6 大关键部件的缺陷判断及处理方式。风电技术管理人员可以本章内容为基础，根据机组可靠性水平、人员条件、在线监测能力等参照制订具体检修计划。

4.1 制订原则

（1）安全性。当前大部分风电场遵循的检修决策第一原则是"安全第一"，即杜绝恶性事故、重大故障，确保人身和设备安全，这是风电场运行的基本要求，也是实现经济性的基础。

（2）可靠性。在当前技术条件下，国内大部分风电场采用的"基础检修策略"是以周期检修与预知检修相结合的状态检修策略，保证机组和风电场的可靠性指标。一方面，对于所有部件，按标准或经验及时开展检查、试验和健康状态分析工作，建立以缺陷管理为核心的风电场检修决策体系，这类设备缺陷（包括确认的家族性缺陷），相对比较容易判断，通常可以制订出技术标准，并在实践中不断完善。另一方面，对于齿轮箱等关键部件，采用预知检修，即采用综合设备 SCADA 运行数据、在线监测、故障率等信息得到故障预警结果，以更准确地掌握设备状态，甚至预测状态劣化趋势。

（3）经济性。近年来，运行维护的经济性也日益受到重视，检修决策还应遵循成本最优的原则，但目前大部分风电场遵循应修必修、应修早修、修必修好、避免失修的原则，这可以保证机组和风电场的高可靠性，但这种管理理念可能会造成检修过度，降低经济性。

为在保证安全和可靠的前提下进一步提高经济性，要求更多的数据、决策模型和算法等技术手段和信息平台，才能支撑检修决策向精益化方向发展。

4.2　基本术语

（1）状态检修。以设备安全、可靠性、发电量为基础，根据设备状态评估结果、状态监测和故障预测技术等提供的信息，在故障发生前选择合适的时间进行检修的预知检修方式。

（2）日常巡检。设备正常运行方式下，为掌握设备状态，对设备进行的巡视和检查。

（3）定期检修。根据设备磨损、老化和消耗的规律，事先确定维护项目和基准周期的检修方式。

（4）故障检修。设备在发生故障或其他失效时进行的检查、隔离和修理等的非计划检修方式（详见 DL/T 797—2012《风力发电场检修规程》，定义 3.1）。

（5）大型部件更换。根据设备及其辅助系统部件损坏的统计规律，对相关部件进行更换的检修方式。

（6）家族缺陷。经确认由设计、和/或材质、和/或工艺共性因素导致的设备缺陷称为家族缺陷。如出现这类缺陷，具有同一设计、和/或材质、和/或工艺的其他设备，不论其当前是否可检出同类缺陷，在这种缺陷隐患被消除之前，都称为有家族缺陷设备。

（7）不良工况。设备在运行中经受可能对设备状态造成不良影响的各种特殊工况。

（8）高故障率报警。风力发电机组同一部件在一个统计周期内频繁发生故障停机，即使可人工复位启动，仍需进行缺陷认定并实施检修。

4.3　检修等级和检修时机

在无法对决策要素进行准确量化的情况下，等级划分是个常用的半定量化手段，可以规范管理，为检修信息化管理和决策提供规则。分析当前国内大部分风力发电商的维护管理现状，本节将检修等级、检修时间安排（检修时机）进行了最低程度的半定量化定义，也就是说，有更高管理精细化要求的企业可以在此基础上进行更细化的分级。

（1）检修等级。按工作性质、内容及涉及范围，将风力发电机组检修等级分为 A、B、C、D 四个等级。

A 级检修：指必须动用吊车的风力发电机组大型部件更换，主要覆盖齿轮箱本体、发电机本体、主轴及轴承、变桨轴承、偏航轴承、叶片、轮毂等大型部件。

B 级检修：指因风力发电机组某些部件存在问题，进行不需动用吊车的问题部件更换、大部件的局部处理，以及需停机进行的试验。

C 级检修：指碳刷、板卡、继电器、传感器等小型零部件的更换与修理，以及不需停机进行的试验。

D 级检修：指紧固螺栓、注油、注冷却液等低耗材料的调整与处理。

其中，A、B 级检修有备件需求，C 级检修有备品需求，D 级检修主要是低值易耗品的需求。另外，如风力发电机组执行反事故措施、节能措施、技改措施等检修项目，可根据需要安排在各级检修中。其中备件指部件，备品指润滑油、碳刷等日常维护使用的耗材。

（2）检修时间安排（检修时机）。根据设备故障损坏的程度，以及缺陷隐患导致的安全性和经济性风险，将检修时间安排分为 4 类：

1）立即停机处理。

2）限功率运行，尽快处理：只要天气、道路条件允许，即停机检查或处理。

3）限功率运行，适时处理：考虑备品备件库存余量、风功率预测结果，可结合巡检安排停机处理。

4）正常运行，适时处理：结合巡检或定期检修计划等停机机会处理。

4.4　检修项目分级

风电场风力发电机组检修的具体项目见表 4-1，分为 A 级、B 级、C 级、D 级 4 个等级。

表 4-1　　　　　　　　　　风电场风力发电机组检修项目表

检修等级	检修内容
A 级	A.1　齿轮箱整体更换； A.2　主轴、主轴承更换； A.3　发电机整体更换； A.4　变桨轴承更换； A.5　偏航轴承更换； A.6　叶片更换和下架检修； A.7　轮毂更换
B 级	**B.1　齿轮箱部件的处理、更换或检修** B.1.1　冷却系统整体更换； B.1.2　齿轮箱本体相关部件的更换或检修； B.1.3　齿轮箱换油； B.1.4　齿轮箱局部漏油处理； B.1.5　高速轴刹车系统的更换与检修。 **B.2　发电机部件更换和处理** B.2.1　发电机轴承更换； B.2.2　发电机冷却系统整体更换； B.2.3　联轴器更换； B.2.4　发电机定转子绕组绝缘局部修理； B.2.5　集电环总成更换； B.2.6　发电机轴颈修补。 **B.3　变桨系统部件更换** B.3.1　变桨后备电源更换； B.3.2　变桨变频器更换； B.3.3　变桨齿轮箱更换或检修； B.3.4　变桨电机更换； B.3.5　变桨柜体更换； B.3.6　变桨润滑系统整体更换。

检修等级	检修内容
B 级	**B.4　偏航系统部件更换** B.4.1　偏航制动器的更换； B.4.2　偏航电机更换； B.4.3　偏航齿轮箱更换； B.4.4　偏航润滑系统更换； B.4.5　动力电缆更换。 **B.5　变流器部件更换** B.5.1　变流器 IGBT 模块更换； B.5.2　冷却系统整体更换； B.5.3　控制板更换； B.5.4　其他电容器、电抗器、断路器等电气元件的更换。 **B.6　叶片局部修理** B.6.1　叶片防雷通道检查与修复； B.6.2　叶片壳体修复。 **B.7　传动链部件检查及试验** B.7.1　齿轮箱内窥镜检查； B.7.2　齿轮箱油品质量离线检测； B.7.3　传动链振动测试； B.7.4　发电机定、转子绕组绝缘电阻测试； B.7.5　发电机定、转子绕组直流电阻测试； B.7.6　联轴器对中测试。 **B.8　部件功能试验** B.8.1　安全顺桨功能测试； B.8.2　变桨控制精度测试； B.8.3　偏航控制精度试验； B.8.4　偏航动作测试； B.8.5　偏航转速测试； B.8.6　偏航解缆保护测试； B.8.7　安全链保护功能测试； B.8.8　启停机功能检查； B.8.9　变流器绝缘电阻测试； B.8.10　变流器保护功能测试
C 级	C.1　传感器的更换； C.2　冷却系统部件的检修或更换； C.3　润滑系统部件的检修或更换； C.4　继电器、开关等电控类电气元件的更换； C.5　碳刷的更换； C.6　塔筒垂直度测试； C.7　地基沉降测试
D 级	紧固螺栓、齿轮箱补油、润滑系统补脂、冷却系统补液、电缆磨损检查、清扫等日常检查与维护工作

4.5　关键部件的缺陷判断及处理方式

4.5.1　叶片

叶片是驱动风力发电机组发电的关键部件，其性能优劣将影响整个机组系统可否可靠运行。因叶片整体裸露在外，工作条件恶劣，叶片损坏失效事故时有发生。叶片主要由叶片和防雷引线组成，叶片的具体缺陷判断及处理方式见表 4-2。

表 4-2　　　　　　　　　　　　叶片的具体缺陷判断及处理方式

类别	部件	缺陷判断方式	主要缺陷类别	检修时间	检修措施
叶片	防雷引线	(1) 登高人工检查； (2) 防雷通道电阻测试； (3) 经历雷暴等恶劣工况	防雷引线固定不良、接闪器腐蚀	限功率运行，适时处理	检修级别：B 级检修； 检修措施：固定防雷引线，更换接闪器
			防雷引线或与接闪器连接处断裂	限功率运行，尽快处理	检修级别：B 级检修； 检修措施：修复防雷引线，复测叶片防雷通道电阻
	叶片	(1) 高倍望远镜检查； (2) 无人机巡视采集图像检查； (3) 登高人工检查； (4) 经专家认定存在家族性缺陷； (5) 经历雷暴、冰灾等恶劣工况	叶片主梁裂纹、叶片前后缘开裂 2m 以上、叶片大面积鼓起分层 (50cm×50cm 及以上)	立即停机处理	检修级别：A 级检修； 检修措施：吊装下架检修或更换
			叶片壳体损伤、开裂、内部结构裸露	限功率运行，尽快处理	检修级别：B 级检修； 检修措施：错层打磨，修补玻璃纤维层
			叶片表面涂层损伤、玻璃纤维裸露	限功率运行，适时处理	检修级别：B 级检修； 检修措施：修补玻璃纤维，涂刷防腐层

4.5.2　齿轮箱

齿轮箱是风力发电机组一个重要的机械部件，其主要功用是将风轮在风力作用下所产生的动力传递给发电机并使其得到相应的转速。按照故障部件的类别可分为齿轮、轴承、结构件、润滑冷却系统、润滑油等。齿轮箱的缺陷判断及处理方式见表 4-3。

表 4-3　　　　　　　　　　　　齿轮箱的缺陷判断及处理方式

类别	部件	缺陷判断方式	主要缺陷类别	检修时间	检修措施
齿轮（空中可更换）	高速轴；中间级齿轮；中间级齿轮轴；低速级齿轮	(1) 内窥镜检查； (2) 振动在线监测分析； (3) 油液在线监测分析； (4) 异常噪声判断； (5) 故障预测：基于振动监测的齿轮箱故障预测结果为"三级故障"或"二级故障"； (6) 故障预测：基于油液监测的齿轮箱故障预测结果为"故障状态"或"异常状态"； (7) 经专家认定为齿轮存在家族性缺陷； (8) SCADA 测点告警：齿轮箱油温高告警或故障； (9) 经历强风、严寒等恶劣工况	齿面轻微压痕、齿面黑线、齿面微点蚀	限功率运行，适时处理	检修级别：C 级检修； 检修措施：观察振动和油品质量变化趋势，结合巡检时机更换润滑油
			齿面点蚀、齿面金属剥落、齿轮齿面严重塑性变形、齿轮断裂	立即停机处理	检修级别：B 级检修； 检修措施：更换齿轮
齿轮（空中不可更换）	太阳轮；行星轮；齿圈		齿面轻微压痕、齿面黑线、齿面微点蚀	限功率运行，适时处理	检修级别：C 级检修； 检修措施：观察振动和油品质量变化趋势，更换润滑油
			齿面点蚀、齿面金属剥落、齿轮齿面严重塑性变形、齿轮断裂	立即停机处理	检修级别：A 级检修； 检修措施：吊装下架检修

类别	部件	缺陷判断方式	主要缺陷类别	检修时间	检修措施
轴承 1（空中可更换）	高速级轴承；中间级轴承；低速级轴承	（1）内窥镜检查；（2）振动在线监测分析：通过观察齿轮箱所有轴承故障频率以及齿轮轴的转频是否有异常来判断是否出现轴承失效问题；（3）油液在线监测分析；（4）异常噪声判断；（5）轴承温度高告警或故障；（6）故障预测：低速、高速轴承故障预测算法输出结果为"故障告警"或"故障预警"；（7）经专家认定某型号轴承存在家族性缺陷；（8）经历强风、严寒等恶劣工况	轴承黑化层磨损、轴承滚珠、滚道表面轻微压痕、轴承滚珠滚道微点蚀	限功率运行，适时处理	检修级别：C级检修；检修措施：观察振动变化趋势，更换润滑油
			轴承滚道断裂或挡边断裂、轴承内外圈打滑	立即停机处理	检修级别：B级检修；检修措施：更换轴承
轴承 2（空中不可更换）	行星轮轴承；行星架轴承		轴承黑化层磨损、轴承滚珠、滚道表面轻微压痕、轴承滚珠滚道微点蚀	限功率运行，适时处理	检修级别：C级检修；检修措施：观察振动变化趋势，更换润滑油
			轴承滚道断裂或挡边断裂、轴承内外圈打滑	立即停机处理	检修级别：A级检修；检修措施：吊装下架检修
结构件	上下箱体；前后箱体；扭力臂；行星架	（1）箱体外观检查；（2）箱体紧固螺栓检查；（3）油液在线监测分析；（4）异常噪声判断；（5）齿轮箱油位低告警；（6）经专家认定存在家族性缺陷	箱体轴承孔轻微磨损，箱体渗油	限功率运行，适时处理	检修级别：B级检修；检修措施：进行磨损位置修复
			箱体轴承孔磨损严重，箱体漏油	限功率运行，尽快处理	检修级别：B级检修；检修措施：进行磨损位置修复，采取堵漏措施
			箱体严重漏油，堵漏措施无效	限功率运行，尽快处理	检修级别：A级检修；检修措施：吊装下架检修
			箱体变形、箱体开裂、行星架断裂	限功率运行，尽快处理	检修级别：A级检修；检修措施：吊装下架检修
			箱体紧固螺栓松动	限功率运行，尽快处理	检修级别：D级检修；检修措施：紧固松动螺栓，确保达到力矩要求
润滑冷却系统	润滑冷却系统	（1）齿轮箱油温高/低告警或故障；（2）齿轮箱油位高/低告警或故障；（3）经历严寒等恶劣工况	油泵电机损坏、油泵损坏	限功率运行，尽快处理	检修级别：B级检修；检修措施：更换相应损坏部件
			冷却风扇堵塞、传感器损坏、齿轮箱油管漏油	限功率运行，尽快处理	检修级别：C级检修；检修措施：清理或更换冷却器
润滑油	润滑油	（1）油液在线监测分析；（2）离线油样试验	润滑油黏度超标、润滑油添加剂成分不足、润滑油清洁度差、油中金属含量超标	限功率运行，适时处理	检修级别：C级检修；检修措施：更换润滑油或者添加相关添加剂改善其性能

4.5.3 发电机

　　发电机是整个风力发电系统的做功装置。它的作用是将机械能转换成电能。目前市面上主流的发电机类型包括笼式异步发电机、绕线转子异步发电机、永磁同步发电机、绕线转子同步发电机。以双馈风力发电机组的绕线转子异步发电机为例，具体缺陷判断及处理方式见表 4-4。

表 4-4　　　　　　　　　双馈异步发电机的具体缺陷判断及处理方式

类别	部件	缺陷判断方式	主要缺陷类别	检修时间	检修措施
转子	转轴；转子铁芯；转子绕组	（1）滑环温度高告警；（2）振动在线监测分析：发电机基座、转轴、轴承位置振动超标；（3）异常噪声判断；（4）转子三相直流电阻测试不合格、绝缘电阻测试不合格；（5）经专家认定存在家族性缺陷；（6）发电机故障预测结果为"故障告警"或"故障预警"；（7）经历雷暴等恶劣工况	转轴和转子铁芯之间配合松动	立即停机处理	检修级别：A 级检修；检修措施：吊装下架检修或更换损坏部件
			转子铁芯松动	立即停机处理	检修级别：A 级检修；检修措施：吊装下架检修或更换铁芯
			转子绕组接地、短路、开路	立即停机处理	检修级别：A 级检修；检修措施：吊装下架检修或更换绕组
			转子绕组端部无纬带破损、端部绕组松动	立即停机处理	检修级别：B 级检修；检修措施：机舱内检修，修复破损部位，紧固绕组
			端部轴承绝缘层磨损，轴电流形成电蚀	立即停机处理	检修级别：B 级检修；检修措施：修复绝缘层，电蚀点处理或更换端部轴承
	轴承	（1）轴承温度高或者温升异常告警；（2）振动在线监测分析；（3）异常噪声判断；（4）经专家认定存在家族性缺陷；（5）经历雷暴、强风、严寒等恶劣工况	前后轴承损坏	立即停机处理	检修级别：B 级检修；检修措施：更换轴承
	集电环	（1）转子三相直流电阻测试、绝缘电阻测试不合格；（2）目视检查；（3）经专家认定存在家族性缺陷；（4）经历雷暴等恶劣工况	滑环和碳刷接触不良、碳刷粉积聚	限功率运行，尽快处理	检修级别：C 级检修；检修措施：更换碳刷，清理积碳
			集电环总成损坏	立即停机处理	检修级别：B 级检修；检修措施：机舱内检修或更换集电环
	润滑油系统	（1）轴承温度高或者温升异常告警；油压低告警；（2）目视检查；（3）经历严寒等恶劣工况	润滑泵损坏	限功率运行，尽快处理	检修级别：C 级检修；检修措施：更换润滑泵
			润滑管路渗油	限功率运行，适时处理	检修级别：D 级检修；检修措施：修复润滑管路渗油点，添加润滑油
			润滑管路漏油	限功率运行，尽快处理	检修级别：C 级检修；检修措施：更换管路或油阀，添加润滑油

类别	部件	缺陷判断方式	主要缺陷类别	检修时间	检修措施
定子	定子铁芯；定子绕组；基座	（1）定子绕组温度高告警或温升异常； （2）螺栓力矩检查； （3）异常噪声判断； （4）定子三相直流电阻测试、绝缘电阻测试不合格； （5）经专家认定存在家族性缺陷； （6）经历雷暴等恶劣工况	定子铁芯松动	立即停机处理	检修级别：A级检修； 检修措施：吊装下架检修或更换铁芯
			定子扫膛	立即停机处理	检修级别：A级检修； 检修措施：吊装下架更换发电机
			定子绕组接地、短路、开路	立即停机处理	检修级别：A级检修； 检修措施：吊装下架检修或更换绕组
			定子绕组端部无纬带破损、端部绕组松动	立即停机处理	检修级别：B级检修； 检修措施：机舱内检修，修复破损部位，紧固绕组
冷却系统	冷却系统	（1）定子绕组温度高告警或故障； （2）故障预警模型给出"发电机散热系统异常"； （3）目视检查； （4）经历严寒等恶劣工况	冷却风扇损坏	限功率运行，尽快处理	检修级别：B级检修； 检修措施：更换冷却风扇
			液压管路泄漏或控制阀体损坏	限功率运行，尽快处理	检修级别：C级检修； 检修措施：处理漏油或更换控制阀及管路，补充冷却液
			驱动电机或水泵运行异常	限功率运行，适时处理	检修级别：B级检修； 检修措施：更换水泵电机
			驱动电机或水泵损坏	限功率运行，尽快处理	检修级别：B级检修； 检修措施：更换水泵电机
传感器	传感器	（1）定子绕组温度告警或故障； （2）目视检查； （3）经历雷暴等恶劣工况	传感器损坏或测量不准确	限功率运行，尽快处理	检修级别：C级检修； 检修措施：更换传感器

4.5.4 主轴及轴承

主轴及轴承是风力发电机组的主要传动部件，其性能的好坏直接影响风力发电机组的传递效率和使用寿命，主轴及轴承损伤是风力发电机组的主要故障之一。主轴及轴承的具体缺陷判断及处理方式见表4-5。

表4-5 主轴及轴承的具体缺陷判断及处理方式

类别	部件	缺陷判断方式	主要缺陷类别	检修时间	检修措施
主轴及轴承	主轴	（1）目视检查； （2）内窥镜检查； （3）超声波探伤； （4）同轴度测试； （5）异常噪声判断； （6）振动在线监测分析； （7）经专家认定存在家族性缺陷	轴颈磨损、主轴异常磨损	限功率运行，适时处理	检修级别：A级检修； 检修措施：判断振动变化趋势，吊装下架检修
			主轴变形、裂纹、断裂	立即停机处理	检修级别：A级检修； 检修措施：吊装下架检修

类别	部件	缺陷判断方式	主要缺陷类别	检修时间	检修措施
主轴及轴承	主轴承	（1）目视检查； （2）内窥镜检查； （3）超声波探伤； （4）同轴度测试； （5）异常声音判断； （6）轴承温度高告警或故障； （7）振动在线监测分析； （8）经专家认定存在家族性缺陷； 主轴及轴承故障预测结果为"故障告警"或"故障预警"； （9）经历强风、严寒、雷暴等恶劣工况	主轴及轴承孔轻微磨损	限功率运行，适时处理	检修级别：B 级检修； 检修措施：进行磨损位置修复
			主轴及轴承孔磨损严重	限功率运行，尽快处理	检修级别：B 级检修； 检修措施：进行磨损位置修复
			轴承黑化层磨损、轴承滚珠、滚道表面轻微压痕、轴承滚珠滚道微点蚀	限功率运行，适时处理	检修级别：C 级检修； 检修措施：观察振动变化趋势，更换或清洗润滑油
			轴承滚珠滚道点蚀、轴承滚珠滚道剥落、轴承滚道断裂或挡边断裂	立即停机处理	检修级别：A 级检修； 检修措施：更换轴承

4.5.5　变桨系统

变桨系统作为大型风力发电机组控制系统的核心部分之一，对机组安全、稳定、高效的运行具有十分重要的作用。简单来说，就是通过调节桨叶的节距角，改变气流对桨叶的攻角，进而控制风轮捕获的气动转矩和气动功率。变桨系统主要由变桨电机、变桨齿轮箱、变桨轴承、润滑系统、变桨控制柜、滑环等部件组成。变桨系统的具体缺陷判断及处理方式见表 4-6。

表 4-6　　　　　　　　变桨系统的具体缺陷判断及处理方式

类别	部件	缺陷判断方式	主要缺陷类别	检修时间	检修措施
变桨驱动装置（变桨电机及齿轮箱）	变桨电机	（1）日常巡检时，进行变桨功能试验，判断变桨是否有异常噪声； （2）风机正常运行中频报1112"变桨驱动器故障""变桨电机过载"等故障，并登机检查无外部电缆异常； （3）风机运行中频报"电磁刹车未松开"并确定刹车供电无问题； （4）风机正常运行时频报"变桨电机温度偏高"，并检查发现无温度传感器异常； （5）风机正常运行中频报"变桨驱动器故障""变桨角度偏差大"等故障	变桨电机绕组烧坏	立即停机处理	检修级别：B 级检修； 检修措施：更换变桨电机
			变桨电机刹车损坏	立即停机处理	检修级别：C 级检修； 检修措施：更换变桨电机自锁装置
			变桨电机轴键损坏	立即停机处理	检修级别：B 级检修； 检修措施：更换变桨电机
			电机轴承损坏	立即停机处理	检修级别：B 级检修； 检修措施：更换变桨电机
			变桨电机编码器和温度传感器损坏	立即停机处理	检修级别：B 级检修； 检修措施：更换变桨电机
	变桨齿轮箱	（1）日常巡检时，进行变桨功能试验，判断变桨是否有异常噪声； （2）定期维护时，检查变桨齿轮箱输出小齿轮及变桨轴承的齿面是否磨损或损坏，检查变桨驱动及轴承的齿面是否有异物，检查变桨齿轮的齿隙是否超出正常范围； （3）定期维护时检查变桨齿轮箱是否有润滑油及油脂渗漏、检查齿轮箱油窗油位是否异常	变桨齿轮箱内部结构损坏	立即停机处理	检修级别：B 级检修； 检修措施：更滑变桨齿轮箱
			变桨齿轮箱轻微漏油	正常运行，适时处理	检修级别：C 级检修； 检修措施：处理漏油故障，补充润滑油
			变桨齿轮箱严重漏油	立即停机处理	检修级别：B 级检修； 检修措施：更换变桨齿轮箱
			变桨齿轮箱缺油	立即停机处理	检修级别：C 级检修； 检修措施：补充润滑油

风电机组检修决策

续表

类别	部件	缺陷判断方式	主要缺陷类别	检修时间	检修措施
变桨轴承	变桨轴承	（1）日常巡检时，手动进行变桨功能试验，判断变桨是否有异常噪声； （2）定期维护时，检查变桨轴承所有密封是否渗漏油脂；检查变桨轴承所有密封是否存在裂纹、翘曲、破损或其他异常情况；检查变桨轴承防腐涂层是否损坏 （3）风机正常运行中频报"变桨驱动器故障""驱动器过载"，并已排除变桨齿轮箱出现问题	变桨轴承损坏、卡死	立即停机处理	检修级别：A级检修； 检修措施：更换轴承
			变桨轴承齿圈断齿、变形或严重磨损	立即停机处理	检修级别：A级检修； 检修措施：更换轴承
			变桨轴承漏油及外观损伤	正常运行，适时处理	检修级别：C级检修； 检修措施：进行补漆，更换密封圈
	螺栓	（1）定期维护时检查变桨轴承和轮毂的螺栓连接情况，是否出现异常松动或损坏； （2）日常巡检时，手动进行变桨功能试验，判断变桨是否有异常噪声	螺栓松动或断裂	立即停机处理	检修级别：D级检修； 检修措施：更换螺栓
			螺栓断裂并卡死	立即停机处理	检修级别：A级检修； 检修措施：更换螺栓
	润滑系统	（1）巡检时，手动进行润滑，观察润滑泵是否动作； （2）风机运行时，报"轴承润滑油脂耗尽"故障； （3）巡检和定期维护时，观察润滑面板是否正常显示	润滑泵损坏	正常运行，适时处理	检修级别：C级检修； 检修措施：更换润滑泵
			润滑管路漏油	正常运行，适时处理	检修级别：C级检修； 检修措施：处理漏油故障，补充润滑油或更换润滑管路
			润滑泵堵塞故障	正常运行，适时处理	检修级别：C级检修； 检修措施：处理堵塞故障，进行排气或更换损坏器件
滑环	滑环	（1）日常巡检时，检查滑环外观是否损坏，电缆是否破损、老化松动等； （2）定期维护时，对滑环进行维护，检查是否有滑环污染、滑环碳刷磨损、积灰或刷针脱落出现短路等； （3）风机正常运行时，频报变桨驱动器CAN通信故障	滑道污染	正常运行，适时处理	检修级别：D级检修； 检修措施：清洗滑环
			滑环底座灼烧损坏	立即停机处理	检修级别：B级检修； 检修措施：更换滑环
			滑环碳刷磨损、积灰或刷针脱落出现短路	立即停机处理	检修级别：D级检修； 检修措施：更换碳刷或重新安装刷针
			滑环电缆和连接头破损、老化、松动	正常运行，适时处理	检修时间：适时； 检修级别：D级检修； 检修措施：更换连接头和滑环电缆
变桨控制柜	变桨变频器	风机正常运行频报"变桨驱动器故障""驱动器状态异常"，并检查相关继电器正常动作	变桨变频器故障	立即停机处理	检修级别：B级检修； 检修措施：更换变桨变频器
	变桨电源故障	（1）日常巡检和定期维护时，观察变桨电源是否有灼烧、破损等情况，电缆是否有老化、破皮等情况，紧固螺栓是否松动； （2）自检时报"变桨电源容量低"故障； （3）风机正常运行时，频报"充电时间过长""电压偏差大"，并检查变桨驱动输出正常	容量不足或损坏	立即停机处理	检修级别：B级检修； 检修措施：更换变桨电容
			充电回路故障	立即停机处理	检修级别：C级检修； 检修措施：更换继电器或接触器

续表

类别	部件	缺陷判断方式	主要缺陷类别	检修时间	检修措施
变桨控制柜	柜体	日常巡检或定期检查时，检查柜体外观是否正常	柜体破损	正常运行，适时处理	检修级别：A 或 B 级检修；检修措施：更换变桨柜体和内部元件
	限位开关、位置编码器、接近开关等传感器	定期维护和巡检时，检查相关传感器工作是否正常	传感器损坏	立即停机处理	检修级别：C 级检修；检修措施：更换传感器开关
过电压保护柜和润滑系统端子盒	柜体	日常巡检或定期检查时，检查柜体外观是否正常，柜内所有电气元件接线、屏蔽线、接地线的连接情况。检查柜内防雷器情况	柜体破损	正常运行，适时处理	检修级别：B 级检修；检修措施：更换过电压保护柜体、润滑端子盒及柜内元器件

4.5.6　偏航系统

偏航系统又称对风装置，是风力发电机机舱的一部分，其作用在于当风速矢量的方向变化时，能够快速平稳地对准风向，以便风轮获得最大的风能。偏航系统主要由偏航电机、偏航齿轮箱、偏航轴承、偏航控制系统、偏航润滑系统组成。偏航系统具体缺陷判断及处理方式见表 4-7。

表 4-7　　　　　　　　　偏航系统的具体缺陷判断及处理方式

类别	部件	缺陷判断方式	主要缺陷类别	检修时间	检修措施
偏航驱动装置（包含电机、齿轮箱）	偏航电机	(1) 日常巡检时，手动进行偏航功能试验，判断偏航是否有异常噪声；(2) 定期巡检时塞尺检测偏航电机制动器间隙，间隙超过额定范围；(3) 风机运行频报"偏航驱动故障"或"偏航电机过电流"故障，并登机检查无外部电缆异常；(4) 风机运行中频报"偏航电机超温"故障	偏航电机绕组烧坏	立即停机处理	检修级别：B 级检修；检修措施：更换偏航电机
			偏航电机轴键损坏	立即停机处理	检修级别：B 级检修；检修措施：更换偏航电机
			电机轴承损坏	立即停机处理	检修级别：B 级检修；检修措施：更换偏航电机
			偏航电机制动器损坏	立即停机处理	检修级别：C 级检修；检修措施：更换偏航电机制动器
	偏航齿轮箱	(1) 日常巡检时，手动进行偏航功能试验，判断偏航是否有异常噪声；(2) 日常巡检和定期维护时，检查润滑油是否有缺失，偏航齿轮箱外壳是否有渗漏；(3) 定期维护时，检查偏航齿轮及偏航齿圈齿面磨损及损坏情况；(4) 定期维护时，检查啮合齿轮副的侧隙，偏航齿轮副啮合侧隙超出正常值；(5) 日常巡检和定期维护时，检查偏航齿轮及偏航齿圈齿面是否有锈蚀；(6) 风机运行中频报"偏航电机启动后机舱位置未变化""偏航速度与指令值偏差过大"等故障；(7) 定期维护时，检查偏航齿轮箱与主机架的螺栓连接情况，螺栓力矩异常	偏航齿轮箱内部结构损坏	立即停机处理	检修级别：B 级检修；检修措施：更换偏航齿轮箱
			偏航齿轮箱轻微漏油	正常运行，适时处理	检修级别：C 级检修；检修措施：处理漏油故障并补充润滑油
			偏航齿轮箱严重漏油	立即停机处理	检修级别：B 级检修；检修措施：更换偏航齿轮箱
			偏航齿轮箱外部偏航齿轮损坏	立即停机处理	检修级别：B 级检修；检修措施：更换偏航齿轮箱外齿，重新调整间隙
			偏航驱动连接螺栓松动或损坏	立即停机处理	检修级别：D 级检修；检修措施：重新紧固或更换螺栓

类别	部件	缺陷判断方式	主要缺陷类别	检修时间	检修措施
偏航轴承	偏航轴承	（1）日常巡检时，手动进行偏航功能试验，判断偏航是否有异常噪声； （2）定期检查时，检查偏航齿轮及偏航齿圈齿面磨损及锈蚀情况	偏航轴承表面出现锈蚀	正常运行，适时处理	检修级别：D级检修； 检修措施：检查轴承，清理偏航轴承表面锈蚀
			偏航轴承表面出现裂纹或凹坑	正常运行，适时处理	检修级别：A级检修； 检修措施：更换偏航轴承
			偏航齿圈断齿、变形或严重磨损	立即停机处理	检修级别：A级检修； 检修措施：更换偏航轴承
偏航控制装置	偏航编码器、凸轮开关等	机组正常运行时频报"偏航电机启动后机舱位置未变化""偏航启动后，机舱位置改变小于目标值""偏航速度与指令值偏差过大""偏航超时"等相关故障	编码器损坏	立即停机处理	检修级别：C级检修； 检修措施：更换相关传感器
			凸轮开关损坏	立即停机处理	检修级别：C级检修； 检修措施：重新调整凸轮或更换偏航控制器
	偏航变频器	（1）手动启动偏航变频器，判断是否有异常声音； （2）机组正常运行时，频报"偏航驱动故障"	偏航变频器故障	立即停机处理	检修级别：B级检修； 检修措施：更换偏航变频器
	电缆	日常巡检和定期维护时，发现电缆外皮破损	动力电缆发生绝缘破损	立即停机处理	检修级别：C级检修； 检修措施：更换动力电缆
润滑系统	润滑泵	日常巡检和定期维护时，发现油脂大量泄漏，手动启动润滑泵，润滑泵动作异常	润滑泵损坏	立即停机处理	检修级别：C级检修； 检修措施：更换润滑泵
	润滑管路	日常巡检和定期维护时，发现润滑管路油脂大量泄漏	润滑管路漏油	正常运行，适时处理	检修级别：C级检修； 检修措施：处理漏油故障，补充润滑脂或更换润滑管路

风力发电机组检修决策优化

随着风力发电机组在线监测和故障预测技术手段的进步、风电运行和检修信息化的快速发展以及检修决策数学模型研究成果在工业界的推广应用，3.4.3 节检修决策中的目标函数、约束条件和决策变量逐步可以有限地用量化或半量化参数和模型来表征，这使得实现以全寿命周期度电成本最低为理想目标的检修决策在风电行业中应用逐步成为可能。同时，数量众多、分散运行是风力发电的典型特征，规模化经营和管理是风电行业降低成本的重要途径，其管理目标是机群最优而非单台机组最优，因此，如何在更大机群范围确定检修优先权、组织检修组合、优化备品备件，通过检修决策优化提高资产运营效率，是风电行业发展面临的现实问题。

本章针对当前风电运营的几类现实需求，在第 4 章风力发电机组实施状态检修策略的基础上，应用检修决策基础理论，进一步提出了目标更高的检修决策优化方法；同时为便于读者理解，每种策略都给出了尽量贴近实际典型应用的算例供理解和参考。5.1 节研究提出了针对单台机组和机群的检修组合策略，这是当前学术研究的热点和难点，也是大规模机群检修面临的迫切问题。5.2 节根据当前国内主流的年度检修预算管理的现实需求，研究提出了风力发电机组大部件年度组合检修策略。5.3 节介绍了单场站和区域级风力发电机组的备品备件库存优化策略，并给出了具体案例。本章是第 3 章风力发电机组检修决策基本框架中决策优化技术部分，对风力发电机组健康状态监测和分析能力要求较高且理论性较强，风电技术管理人员可以根据实际需求和条件应用这些优化决策方法。

5.1 单台风力发电机组检修策略优化

由于影响风力发电机组检修决策的主要大部件齿轮箱、主轴承、发电机、叶片等都是运动部件，其可靠性劣化曲线主要是 B 类和 C 类（见图 1−3），即随着役龄增长，如无检修干预，其可靠性将逐渐降低；同时这些部件存在很强的检修结构和检修经济相关性，即故障时相互影响、大修拆装执行存在结构相关性，都有昂贵的大型吊装费等。因此，其检修决策存在很大的联合优化潜力。本节的研究对象主要针对这类关键大部件。

5.1.1 单台机组关键部件的状态—机会检修

在传统机会检修中，"机会"的给定往往是基于设备运行时间或者可靠性指标的，而不考虑部件的实时状态监测信息。在状态—机会检修策略中，给出了一种新的方式来定义

"机会"的概念，即当某部件的运行状态恶化需要进行状态检修时，其他部件获得了检修的机会。

　　风力发电机组是典型的多部件串联可修系统，其中某个部件发生故障，则整体停止运行。仅从单部件检修来考虑，会出现各部件间的检修不协调的情况，即为检修不同的部件不得不重复停机，这增加了运行成本和停机时间。状态—机会检修策略就是指当机组各部件的故障率服从某一分布函数时，将单部件的状态检修与多部件的机会检修结合，建立状态—机会检修模型，通过制订状态检修阈值函数和机会检修阈值函数，将机组中两个或多个处于不同状态部件的检修，利用"机会"组合起来，使各部件之间的检修相互协调，实现多个部件同时检修，达到节约机组检修成本和提高机组利用率的目的。

　　1. 状态—机会检修模型

　　从检修时机的角度，风力发电机组关键部件的状态可划分为不需检修（正常状态）、已停机检修（故障状态）、等待适时进行不完全检修或完全检修（带缺陷运行状态）、尽快停机进行不完全检修或完全检修（状态异常）。

　　以齿轮箱为例，根据齿轮箱的监测值判断其运行状态，如果有缺陷但运行状态平稳，或维护检修人员因天气或其他因素无法在短时间内进行检修时，则允许其继续运行，但需加强监视和巡查；如果其运行状态发生突变，引起警告，则应对齿轮啮合及齿面磨损情况检查、润滑及散热系统功能检查、更换齿轮油滤清器等，但综合考虑检修成本，暂无需全部拆卸进行检修，这种"不完全检修"方案在风电场的实际维护过程中是经常使用的方法。显然，不完全检修仅能保持设备的功能，并不会使其可靠性恢复如新，即其健康状态无法恢复到新设备状态。"完全检修"通常是当设备已老化或磨损严重，运行状态已非常恶劣，仅实施不完全检修可能无法继续保持功能，必须尽快更换或返厂进行大修。

　　在部件功能、性能和可靠性的衰退过程中，其健康状态可由各特征状态监测信息来描述，但为了对各种不同的监测信息进行统筹考虑，定义"状态指示器"用标幺化的数值（如0~1、0~100等）来定量统一描述部件的健康状态。与1.2.1节健康状态的4个半定量化定义对应，状态异常检修阈值为部件已进入异常状态，应尽快进行检修；定义机会检修阈值为部件进入带缺陷运行状态，如有停机机会即可实施检修，即在等待检修时机。

　　在状态—机会检修策略中，分别定义各主要相关部件的状态异常检修阈值函数（曲线）和机会检修阈值函数（曲线），然后依据状态指示器与两条阈值函数的大小关系来判断部件是否需要检修以及如何检修，并制订检修策略。

　　当在某个时刻，系统中一个部件的状态指示器的值大于状态异常检修阈值函数的值时，则表明该部件运行状态恶劣，需要实施检修。考虑到各部件在检修中存在的结构和/或经济相关性，此次检修为其他部件的检修提供了机会。若此时存在其他部件满足自身状态指示器的值大于自身机会检修阈值函数且小于自身状态异常检修阈值函数，则表明该部件的运行状态也在逐渐恶化，可以对该部件提前实施检修，因此，将此时的检修定义为机会检修，将两条阈值函数中间的部分定义为机会检修区域。

　　图 5-1 以三部件系统（i，j，k）为例对状态—机会检修策略的基本原理进行阐述。$m_{co}^{(i)}[t, Z(t)]$、$m_{co}^{(j)}[t, Z(t)]$ 和 $m_{co}^{(k)}[t, Z(t)]$ 分别为部件 i、j 和 k 的状态指示器；$M_c^{(i)}(t)$、$M_c^{(j)}(t)$

和 $M_c^{(k)}(t)$ 分别为部件 i、j 和 k 的状态异常检修阈值函数；$M_o^{(i)}(t)$、$M_o^{(j)}(t)$ 和 $M_o^{(k)}(t)$ 分别为部件 i、j 和 k 的机会检修阈值函数；$\Delta M^{(i)}$、$\Delta M^{(j)}$ 和 $\Delta M^{(k)}$ 分别为部件 i、j 和 k 的机会检修区域。

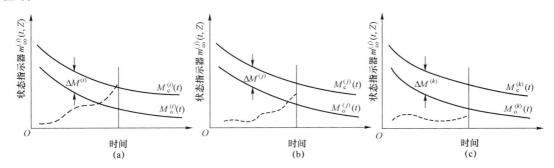

图 5-1　状态—机会检修的原理图
（a）部件 i；（b）部件 j；（c）部件 k

从图 5-1 可以看出，在时刻 t_1，部件的检修行为主要包括以下 3 种：

（1）状态异常检修：对于部件 i 来说，其状态指示器 $m_{co}^{(i)}(t, Z)$ 的值越过其自身的状态异常检修阈值函数 $M_c^{(i)}(t)$，对其实施检修。

（2）机会检修：对于部件 j 来说，在部件 i 进行状态异常检修时，其状态指示器 $m_{co}^{(j)}(t, Z)$ 的值落入其自身的机会检修区间带 $\Delta M^{(j)}$，则随部件 i 同时进行完全或不完全检修，即机会检修。

（3）无检修：对于部件 k 来说，其状态指示器的值在机会检修阈值函数之下，不需要检修。

最终，该三部件系统在时刻 t_1 的检修策略为：部件 i 和 j 同时进行检修，部件 i 实施状态异常检修，部件 j 实施机会检修，而部件 k 不进行检修。部件 i 和 j 同时检修只需停机一次，花费一次固定检修费用，能够大大节省系统总检修成本和提高可用度。

对于由 N 个部件构成的系统，状态—机会检修模型定义如下：

（1）对于任意部件 i（$i=1$，$\cdots$，N），若满足式（5-1），则对其实施状态异常检修

$$m_{co}^{(i)}(t, \boldsymbol{Z}) > M_c^{(i)}(t) \qquad (5-1)$$

（2）对于任意部件 j（$j=1$，$\cdots$，N），且 $j \neq i$，若存在某部件进行状态异常检修，部件 j 满足式（5-2），则对其实施机会检修

$$M_o^{(j)}(t) < m_{co}^{(j)}(t, \boldsymbol{Z}) < M_c^{(j)}(t) \qquad (5-2)$$

（3）对于任意部件 k（$k=1$，$\cdots$，N），且 $k \neq i \neq j$，部件 k 满足式（5-3），则不对其实施任何检修

$$m_{co}^{(k)}(t, \boldsymbol{Z}) < M_o^{(k)}(t) \qquad (5-3)$$

2. 基于威布尔比例失效模型建立及决策流程

风力发电机组关键部件功能、性能和可靠性的劣化受多方面因素的综合影响。首先，随着役龄的增加各种材料和结构会出现自然的劣化；其次，在运行过程中如受到多种内部

或外部因素的冲击，可能使其劣化和老化加速。因此，在评估其各部件的健康状况时，需要综合考虑多种状态监测信息。

风力发电机组的状态监测信息可以称为状态协变量，这些状态协变量可以是振动、温度等。风力发电机组关键部件健康状态可以由统计的役龄规律（即时间的确定性函数）和状态协变量来共同描述。一般，协变量具有各自独立的量纲和数据类型，处理这些量纲和数据类型不同的变量时，数理统计中一个重要的方法是通过建立多元回归模型来确定这些变量之间的关系。因此，可采用威布尔比例失效模型（weibull proportional hazards model，WPHM）来评估部件的健康状况。该模型可以结合部件的役龄和状态协变量，是典型的评估部件运行状态的模型。模型描述如下

$$h(t, Z) = h_0(t)\varphi(Z) = \frac{\beta}{\eta}\left(\frac{t}{\eta}\right)^{\beta-1}\exp(\gamma Z) \tag{5-4}$$

式中：$h(t,Z)$ 为部件的威布尔比例失效函数，与部件运行时间 t 和 p 维状态协变量 $Z(t)$ 有关，综合反映了部件的健康状态；$h_0(t)$ 为部件的威布尔基本失效函数，与运行时间 t 有关，用来反映部件随运行年限的自然劣化过程；$\varphi[Z(t)]$ 为部件的状态协变量函数，依赖于 p 维状态协变量 $Z(t)$，用来反映状态协变量对部件状态的冲击和影响；$\gamma = [\gamma_1, \gamma_2, \cdots, \gamma_p]$ 为状态协变量 $Z(t) = [z_1, z_2, \cdots, z_p]$ 的回归系数，即 $\gamma \cdot Z(t) = \gamma_1 z_1 + \gamma_2 z_2 + \cdots + \gamma_p z_p$；$\eta$ 为部件的寿命参数；$\beta > 1$，为部件的威布尔形状参数。式（5-4）中的参数 β、η 和 γ，可根据部件的历史故障统计数据和状态协变量监测值，以及利用极大似然估计算法求得。

3. 状态指示器和检修阈值函数的定义

从式（5-4）可以看出，部件的威布尔比例失效函数综合描述了运行时间和状态协变量对部件健康状态的影响。随着部件役龄的延长或者某些状态协变量突变，失效函数 $h[t, Z(t)]$ 的值也相应变化。当威布尔比例失效函数的值大于某个预设值 H_c 时，可以对部件采取状态异常检修，即

$$h[t, Z(t)] = \frac{\beta}{\eta}\left(\frac{t}{\eta}\right)^{\beta-1} \cdot \exp(\gamma \cdot Z) > H_c \tag{5-5}$$

式中：H_c 为部件的异常检修阈值。

为便于直接观察，对比例失效函数 $h[t, Z(t)]$ 进行变换处理，以利用状态协变量对监测部件进行状态评估，得

$$\gamma Z > \ln\left(\frac{\eta^\beta H_c}{\beta}\right) - (\beta - 1)\ln t \tag{5-6}$$

从式（5-6）可以看出，不等式左边为设备各状态协变量的权重和，反映的是设备综合状态；右边是关于时间变化的函数（曲线）。由此可看出，状态异常评估式（5-6）的阈值是一条关于时间的曲线，而不是恒定的阈值。阈值曲线是在失效函数取其阈值 H_c 时关于时间的函数。因此，该阈值函数能够有效地用来反映各状态协变量的动态（或状态突变）变化情况。

式（5-6）与式（5-1）有相似的表达形式，给出如下定义

$$m_{co}[t, Z(t)] \triangleq \gamma Z \qquad (5-7)$$

$$M_c(t) \triangleq \ln\left(\frac{\eta^\beta H_c}{\beta}\right) - (\beta - 1)\ln t \qquad (5-8)$$

$$M_o(t) \triangleq \ln\left(\frac{\eta^\beta H_o}{\beta}\right) - (\beta - 1)\ln t \qquad (5-9)$$

式（5-7）定义了部件的状态指示器为 $m_{co}[t,Z(t)]$，它是各状态协变量（如温度、振动幅值等）的"权重和"，能够真实反映实际设备状态变化情况，无论是平稳状态，还是动态变化。式（5-8）定义的部件状态异常检修阈值函数，是在失效函数取其阈值 H_c 时仅依赖于运行时间的一元函数。得到式（5-9）的关键在于求取其中的参数 H_c。同理，也可定义部件的机会检修阈值函数为 $M_o(t)$。

4. 检修阈值函数的确定

状态—机会检修模型的关键在于确定状态异常检修阈值函数和机会检修阈值函数，即计算 H_c 和 H_o。当 H_c 和 H_o 满足式（5-4）时

$$H_c = \frac{\beta}{\eta}\left(\frac{t_c}{\eta}\right)^{\beta-1} \cdot \exp(\gamma \cdot Z_c) \qquad (5-10)$$

$$H_o = \frac{\beta}{\eta}\left(\frac{t_o}{\eta}\right)^{\beta-1} \cdot \exp(\gamma \cdot Z_o) \qquad (5-11)$$

因此，只需确定部件的最优状态异常检修时间 t_c 和最优机会检修时间 t_o，以及最优状态异常检修时间和最优机会检修时间对应的状态协变量监测值 $Z_c(t_c)$ 和 $Z_o(t_o)$，并代入式（5-10）和式（5-11）便可求出 H_c 和 H_o，进而得到部件的状态异常检修阈值函数和机会检修阈值函数。

采用单位时间内平均检修费用最小的方法来求解各部件的最优状态异常检修时间 t_c 和最优机会检修时间 t_o。单位运行时间检修成本见式（5-12）

$$c(t) = \frac{C_{ET}}{t_E} \qquad (5-12)$$

式中：C_{ET} 为一个周期的期望费用，t_E 为周期期望长度。对式（5-12）进行优化求解，得到最优检修时间 t_{or}。在求解阈值函数时，设定如下的规则：假如在到达最优检修时间 t_{or} 之前未发生任何突发故障，在达到 t_{or} 后对部件实施预防性检修；在到达最优检修时间 t_{or} 之前发生突发故障，采用故障后检修。由于检修程度的不同，即可以完全检修或不完全检修，单位运行时间检修成本的表达式不同，便可求得不同检修方式的最优检修时间。

（1）求解状态检修阈值函数中的 H_c。设定在突发故障后对部件实施完全检修，即修之后部件恢复如新，则单位运行时间检修成本的表达方式如下

$$c(t_c) = \frac{(C_F + C_d + C_f)F(t_c) + (C_u + C_d + C_f)R(t_c)}{\int_0^{t_c} R(x)\,\mathrm{d}x} \qquad (5-13)$$

式中：$R(t_c)$ 为部件的可靠性函数；$F(t_c)$ 为部件的故障分布函数；C_F 为完全检修费用；C_d 为

停机损失费用；C_f 为固定检修费用；C_u 为不完全检修费用；t_c 为最优状态异常检修时间。

（2）求解机会检修阈值函数中的 H_o。设定在突发故障后对部件实施最小检修，即修后部件可靠性不变、故障率函数不变，则单位运行时间检修成本的表达方式如下

$$c(t_o) = \frac{(C_o + C_d + C_f) + C_m \int_0^{t_o} h(t, Z)\,dt}{t_o} \tag{5-14}$$

式中：$h(t, Z)$ 为部件比例失效函数；C_m 为带缺陷运行期间的维护费用；C_o 为不完全检修费用；t_o 为最优机会检修时间。

对式（5-13）和式（5-14）进行最小化求解，可分别得到最优状态异常检修时间 t_c 和最优机会检修时间 t_o，然后由 t_c 和 t_o 以及对应的状态协变量监测值 $Z_c(t_c)$ 和 $Z_o(t_o)$ 可得 H_c 和 H_o，进而可分别得到状态异常检修阈值函数和机会检修阈值函数。

对于由 N 个部件组成的系统，威布尔比例失效模型中的参数 β、η、γ 各不相同，因此，各部件的状态指示器和检修阈值函数的表达式各不相同。对于任意部件 i $(i=1, \cdots, N)$，$m_{co}^{(i)}(t, Z)$、$M_c^{(i)}(t)$ 和 $M_o^{(i)}(t)$ 分别表示其状态指示器、状态检修阈值函数和机会检修阈值函数。状态—机会检修策略步骤如下：

（1）初始化部件个数 N、各部件的检修成本参数。

（2）利用成本法求出各部件的状态异常检修阈值函数 $M_c(t)$ 和机会检修阈值函数 $M_o(t)$。

（3）对各部件进行实时状态监测，将监测值代入各自的状态指示器，并与此刻的 $M_c(t)$ 和 $M_o(t)$ 比较，根据比较结果，可按如图 5-2 所示流程实施检修。

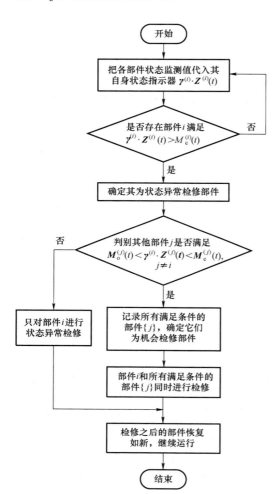

图 5-2　状态—机会检修的决策过程

5. 检修策略成本分析

在每个检修节点的总检修费用可以看作是状态异常检修费用、机会检修费用、固定检修费用和停机损失的总和。定义决策变量 A_c 和 A_o 分别表示对部件实施状态异常检修和机会检修。

$$A_c = \begin{cases} 1, & \text{对部件实施状态异常检修} \\ 0, & \text{无检修} \end{cases}$$

$$A_o = \begin{cases} 1, & \text{对部件实施机会检修} \\ 0, & \text{无检修} \end{cases}$$

在检修节点的总检修费用可表示为

$$C_{\text{co-total}} = \sum_{i=1}^{N} A_c^{(i)} \cdot (C_c^{(i)} + C_f) + \sum_{j=1}^{N} A_o^{(j)} \cdot C_o^{(j)} + C_d^{(k)} \quad (5-15)$$

式中：总费用包括 3 部分，第 1 部分为风力发电机组部件状态异常检修产生的费用，第 2 部分为部件产生的机会检修费用，第 3 部分为本次检修产生的停机损失费用。其中，C_c、C_f、C_o、C_d 的含义与式（5-13）和式（5-14）中的对应量相同。

在不考虑机会检修的情况下，仅考虑单部件的状态检修，则在每个检修节点只有一个部件进行检修，总费用可用下式表示，即

$$C_{\text{c-total}} = \sum_{i=1}^{N} A_c^{(i)} \cdot (C_c^{(i)} + C_d^{(i)} + C_f) \quad (5-16)$$

式中：$C_{\text{c-total}}$ 为总检修费用；C_c 为状态异常检修费用；C_f 为固定检修费用；C_d 为停机损失。

5.1.2　多部件状态—机会检修策略仿真算例

对由多部件组成的风力发电机组，每个部件可能配置多种状态监测传感器。如齿轮箱，其状态监测一般有振动、温度以及油质分析信号等。因此，如果采用状态—机会检修策略，在考虑各部件服从役龄退化特性（时间的函数）因素外，还要考虑从不同类型传感器采集的各种状态协变量信息。这些状态协变量信息越客观、越完整，部件真实状态的评估就越接近实际状况，那么状态—机会检修策略的决策越精确。

为了简化分析，以下案例的状态协变量只利用了各部件的振动监测数据，来验证所提出状态—机会检修策略原理的有效性。取某风电场同种型号风力发电机组的主轴承、齿轮箱低速轴承、齿轮箱高速轴承和发电机轴承 4 个关键部件的振动数据进行状态—机会检修策略分析。为了方便叙述，将 4 个部件编号为 1、2、3 和 4。

首先，利用各部件的历史故障数据和振动信号监测数据构建风力发电机组各部件的比例失效函数，即比例失效模型。各部件的历史故障数据（天）按照从小到大的顺序排列，见表 5-1。振动信号监测数据，即振动速度趋势（mm/s）随时间（天）的变化见表 5-2。

表 5-1　　　　　　　　　各部件部分统计样本的寿命数据　　　　　　　　单位：天

样本序号	1	2	3	4	5	6	7	8	9	10	11	12
部件 1	1104	1068	947	1331	1322	1104	1379	1421	1440	1523	1590	1420
部件 2	1222	1072	1356	1434	1228	1603	1478	1674	1638	1523	1190	1365
部件 3	915	1279	1364	1153	1534	1427	1499	1550	1248	1289	1238	1278
部件 4	856	1038	955	1428	1236	1131	1397	1646	1003	1145	1298	1429
部件 5	1402	1362	1163	1545	1252	1412	1372	1523	1140	1323	1390	1512

表 5－2   各部件的振动信号监测数据

部件 1		部件 2		部件 3		部件 4		部件 5	
时刻（天）	振动速度（mm/s）	时刻（天）	振动速度（mm/s）	时刻（天）	振动速度（mm/s）	时刻（天）	振动速度（mm/s）	时刻（天）	振动速度（mm/s）
21	6.730	22	1.422	23	5.488	25	1.641	26	2.013
135	6.789	137	1.471	132	5.533	146	1.711	148	2.145
348	6.801	364	1.511	265	5.986	162	1.723	264	2.653
412	6.810	423	1.528	389	5.786	204	1.731	317	2.783
561	6.819	586	1.542	497	5.614	284	1.743	386	2.987
679	6.865	607	1.598	618	5.922	307	1.804	411	3.324
731	6.892	712	1.603	723	6.125	389	1.834	478	3.421
782	7.904	824	1.653	837	6.645	431	1.851	535	3.590
891	8.984	1042	1.768	968	7.135	552	1.989	649	3.698
956	9.107	1102	2.012	998	7.489	607	2.003	712	3.758
1000	10.432	1151	2.298	1017	7.778	674	2.022	780	3.993
1121	12.987	1180	4.361	1168	10.397	803	2.657	913	4.267
1139	14.783	1209	7.923	1190	12.481	926	3.997	1041	4.987
1152	16.115	1235	13.567	1217	24.875	935	6.876	1125	5.786
1178	25.321			1238	28.875	1044	8.745	1238	8.134
						1053	12.113	1346	14.432

对其中各部件的统计寿命和状态监测量进行分析，按照极大似然估计算法，可以得到各部件的威布尔比例失效模型的参数 β、η、γ，如表 5－3 所示。求出的各参数代入到威布尔比例失效模型中即可得各部件的比例失效函数。

表 5－3   各部件的威布尔比例失效模型参数值

参数	部件 1	部件 2	部件 3	部件 4	部件 5
β	7.836 2	8.573 3	9.183 7	5.646 4	12.753 2
η	1371.6	1486.5	1393.6	1289.5	1407.3
γ	0.313 4	0.852 3	0.184 5	0.675 6	0.408 9

风力发电机组 4 个部件的检修费用，如表 5－4 所示。运用成本优化法可以得到各部件的最优状态异常检修时间 t_c 和最优机会检修时间 t_o，以及对应的状态协变量监测值 Z_c 和 Z_o，并代入式（5－10）和式（5－11），可得 H_c 和 H_o，如表 5－5 所示。从表 5－5 中的最优状态异常检修时间 t_c 和最优机会检修时间和 t_o 的大小可以看出，利用成本法求出的状态异常检修和机会检修区间大小在合理范围内，两者间差别在 7% 左右，可以有效地减少"过修"和"欠修"问题的出现。

表 5-4　　　　　　　　　　　　风力发电机组 4 个部件的检修费用　　　　　　　　　　单位：万元

费用	部件 1	部件 2	部件 3	部件 4
C_F	12.0	10.3	18.8	14.7
C_m	6.0	7.7	8.6	7.5
C_c	11.2	8.4	15.9	12.6
C_d	7.4	6.8	9.2	8.6
C_f	8.0			

表 5-5　　　　　　　各部件的状态异常检修时间 $t_c^{(i)}$ 和机会检修时间 $t_o^{(i)}$

参数	部件 1	部件 2	部件 3	部件 4
t_c	1143.2	1226.7	1170.5	1021.6
Z_c	14.783	7.923	10.397	8.745
t_o	969.1	1195.8	983.2	957.5
Z_o	10.432	4.361	7.135	6.876
H_c	0.168 7	1.209 5	0.011 0	0.550 4
H_o	0.013 8	0.047 0	0.001 4	0.115 1

把求得的 H_c 和 H_o 分别代入式（5-8）和式（5-9），可得各部件的状态异常检修阈值函数曲线和机会检修阈值函数曲线，如图 5-3 所示。

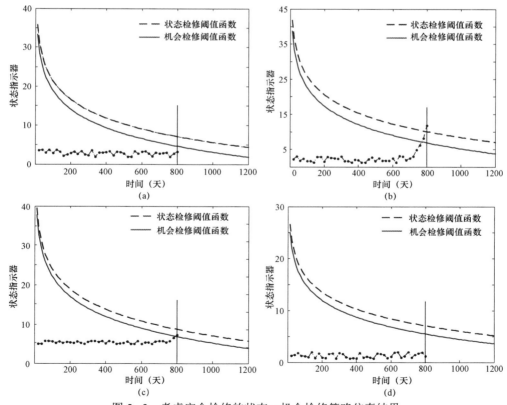

图 5-3　考虑完全检修的状态—机会检修策略仿真结果

（a）部件 1；（b）部件 2；（c）部件 3；（d）部件 4

利用一组风力发电机组的实际振动监测数据，对状态—机会检修策略进行模拟分析，可以看出各部件的机会检修区间带的宽度是合理的。该机组的齿轮箱低速轴承在运行到700天以后，振动速度的变化明显加快；在风力发电机组运行至800天时，齿轮箱低速轴承的状态指示器的值越过了自身的状态异常检修阈值函数，表明该部件需要实施状态异常检修。同时，齿轮箱低速轴承的检修为其他3个部件带来了检修机会。此时，齿轮箱高速轴承进入了自身的机会检修区域，表明该部件虽然还没有达到其状态异常检修时刻，但健康状态劣化较为严重，可进行机会检修。而对于主轴承、发电机轴承，从图5-3可以看出，这两个部件的状态指示的值都在机会检修阈值函数之下，表明运行状况良好，不需要检修。

如果不考虑状态—机会检修策略，齿轮箱低速轴承检修后不久，齿轮箱高速轴承也会单独实施状态检修，总检修费用为56.3万元。而采用状态—机会检修策略，可以求出总检修费用为41.5万元，节约了14.8万元检修成本，节约率达到26.3%。分析可知，此次实施状态—机会检修策略只产生了一个固定检修成本和一次停机损失，较好地节约了检修费用，证实了考虑完全检修的状态—机会检修策略在节约检修成本方面的有效性。

1. 考虑不完全检修的状态—机会检修策略

如前所述，对于风力发电机组等可修系统而言，实际中更为普遍的是不完全检修的情况，需要考虑每次的检修程度。在不完全检修情况下，检修使部件恢复至"如新"和"如旧"之间的某一状态，引入检修因子（$0<\varepsilon<1$）来描述部件在检修后的这种动态变化。假设部件在一次不完全检修后性能得以改善，失效率下降至如同此次检修前 εt_{n-1} 时的失效率，失效率变化如图5-4所示。其中，$h_0(t)$ 为部件的失效率函数，h_0 为失效临界值，t_1、t_2 和 t_3 为部件检修时刻。

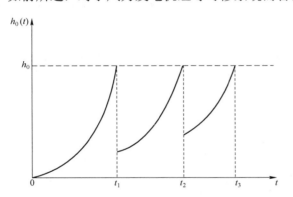

图5-4 实施不完全检修（$0<\varepsilon<1$）的部件失效率函数曲线

$h_0(t)$—部件的失效率函数；h_0—失效临界值；t_1、t_2、t_3—部件检修时刻

2. 威布尔比例强度模型建立及阈值确定

一般而言，随着部件检修次数的增多和运行时间的延长，部件在不完全检修后可以正常工作的时间越来越短，发生故障的概率越来越高。引入威布尔比例强度模型，借助检修因子来描述风力发电机组部件的不完全检修。根据检修因子取值大小的不同，利用单位时间内平均检修费用最小的方法来确定状态异常检修阈值函数和机会检修阈值函数，从而达到节约检修成本和提高可用度的目的。

威布尔比例强度模型关注了部件整个运行过程中的反复多次失效及检修过程，借助于历史故障统计数据及检修信息来推断各状态协变量对部件寿命的影响，适合于对风力发电机组等复杂可修系统实施不完全检修情况下的状态检修建模研究。定义随机变量 $N(t)$ 为在区间（0，t）内部的失效次数，则失效发生的强度函数、可靠性函数、寿命分布函数和概率密度函数分别为

$$h[t,Z(t)]=h_0(t)\varphi[Z(t)]=\frac{\beta}{\eta}\left(\frac{t-\varepsilon t_{n-1}}{\eta}\right)^{\beta-1}\exp[\gamma\cdot Z(t)] \qquad (5-17)$$

$$R[t,Z(t)]=P\{N(t+\Delta t)-N(t)=0\,|\,Z(t)\}=\exp\left\{-\int_0^t h[t,Z(t)]\,\mathrm{d}t\right\} \qquad (5-18)$$

$$F[t,\boldsymbol{Z}(t)]=1-R[t,Z(t)]=1-\exp\left\{-\int_0^t h[t,\boldsymbol{Z}(t)]\,\mathrm{d}t\right\} \qquad (5-19)$$

$$f[t,\boldsymbol{Z}(t)]=h_0(t)\exp[\gamma\cdot\boldsymbol{Z}(t)]\exp\left\{-\int_0^t h[t,\boldsymbol{Z}(t)]\,\mathrm{d}t\right\} \qquad (5-20)$$

式中：$h[t,\boldsymbol{Z}(t)]$ 为部件的威布尔比例强度函数，与部件运行时间 t、检修因子 ε 和 p 维状态协变量 $Z(t)$ 有关，综合反映部件的运行状态；$h_0(t)$ 为部件的威布尔基本失效函数，与运行时间 t 和检修因子 ε 有关，用来反映部件随运行年限的劣化过程和检修状况；$\varphi[\boldsymbol{Z}(t)]$ 为部件的状态协变量函数，依赖于 p 维状态协变量 $\boldsymbol{Z}(t)$，用来反映状态协变量对部件运行状态的冲击和影响；η 为部件的寿命参数；$\beta>1$ 为部件的形状参数；$\gamma=[\gamma_1,\gamma_2,\cdots,\gamma_p]$ 为由部件状态协变量的回归系数组成的 p 维矢量，$\boldsymbol{Z}(t)=[z_1,z_2,\cdots,z_p]$，$\gamma\cdot\boldsymbol{Z}(t)=\gamma_1\cdot z_1+\gamma_2\cdot z_2+\cdots+\gamma_p\cdot z_p$；$t_{n-1}$ 为最近一次检修的时间；ε 为检修因子，取值范围为 $0\leqslant\varepsilon\leqslant1$，$\varepsilon=0$ 表示最小检修（修复如旧），$\varepsilon=1$ 表示完全检修（修复如新），$0<\varepsilon<1$ 表示不完全检修，ε 的取值可根据专家的检修经验确定。

模型参数 β、η 和 γ 可由各部件的历史故障数据和状态协变量监测数据，利用极大似然估计算法进行估计得到。

（1）状态指示器和检修阈值函数的定义。威布尔比例强度函数综合描述了运行时间、检修程度和状态协变量对风力发电机组部件的影响。随着部件运行时间的延长或某些状态协变量的突变，强度函数 $h[t,\boldsymbol{Z}(t)]$ 的值也相应变化。在检修因子分别为 ε_1 和 ε_2 的情况下，根据式（5-7）～式（5-9）状态—机会检修模型的确定原理，给出状态指示器、状态异常检修阈值函数和机会检修阈值函数的定义

$$m_{\mathrm{co}}(t,Z)=\gamma\cdot Z \qquad (5-21)$$

$$M_{\mathrm{c}}(t)=\ln\left(\frac{\eta^\beta H_{\mathrm{c}}}{\beta}\right)-(\beta-1)\ln t(t-\varepsilon_1 t_{n-1}) \qquad (5-22)$$

$$M_{\mathrm{o}}(t)=\ln\left(\frac{\eta^\beta H_{\mathrm{o}}}{\beta}\right)-(\beta-1)\ln t(t-\varepsilon_2 t_{m-1}) \qquad (5-23)$$

其中，式（5-21）定义了部件的状态指示器 $m_{\mathrm{co}}^{(i)}[t,Z(t)]$，它是各状态协变量的"权重和"；式（5-22）和式（5-23）分别定义了在强度函数取值 H_{c} 和 H_{o} 时部件的状态异常检修阈值函数和机会检修阈值函数，可以有效地反映各状态协变量的动态变化情况。检修因子 ε_1 和 ε_2 对应不同的检修程度，取值可根据专家的检修经验确定。求取式（5-22）和式（5-23）的关键在于求得 H_{c} 和 H_{o}。

（2）检修阈值函数的求取。在不同检修因子 ε_1 和 ε_2 的情况下，采用单位时间内平均检修费用最小的方法来求解各部件的最优状态异常检修时间 t_{c} 和最优机会检修时间 t_{o}。为此，设定以下原则：如果部件运行到最优检修时间 t_{or} 时仍能正常工作，则对部件实施预防性检

修；如果部件在最优检修时间 t_{or} 之前发生故障，则对部件进行故障检修。在不同检修因子 ε_1 和 ε_2 情况下，检修方式的不同，导致式（5-24）的表达式不同，便可求得不同的最优检修时间

$$c(T) = \frac{一个周期的期望费用}{周期期望} \qquad (5-24)$$

部件的预防性检修时刻 t_p 也称为状态更新时刻，从前一个更新时刻到下一个更新时刻的持续时间 Y 称为更新周期。由于部件在故障检修和预防性检修情况下都会被更新，因此，更新周期不是一个确定的数值，而是一个随机变量

$$Y = \begin{cases} t_p, & x > t_p \\ x, & x < t_p \end{cases} \qquad (5-25)$$

由式（5-25）可知，部件更新周期的平均长度需借助概率求取

$$E(Y) = E(Y|x > t_p)P(x > t_p) + E(Y|x < t_p)$$
$$P(x < t_p) = t_p \int_{t_p}^{+\infty} f(x)\mathrm{d}x + \int_0^{t_p} xf(x)\mathrm{d}x \qquad (5-26)$$

对式（5-26）中第 2 部分应用分部积分，可得

$$E(Y) = t_p[1 - F(t_p)] + t_p F(T) - \int_0^{t_p} F(x)\mathrm{d}x$$
$$= t_p - \int_0^{t_p} F(x)\mathrm{d}x = \int_0^{t_p} [1 - F(t_p)]\mathrm{d}x = \int_0^{t_p} R(x)\mathrm{d}x \qquad (5-27)$$

最终可得部件更新周期的平均长度为

$$E(Y) = \int_0^{t_p} R(x)\mathrm{d}x \qquad (5-28)$$

设部件的故障检修成本为 C_F，预防性检修成本为 C_P。则在一个更新周期内，平均费用为

$$C = C_F \int_0^{t_p} f(x)\mathrm{d}x + C_P \int_{t_p}^{+\infty} f(x)\mathrm{d}x = C_F F(t_p) + C_P R(x) \qquad (5-29)$$

部件在单位运行时间内的平均检修费用为

$$C(t_p) = [C_F F(t_p) + C_P R(x)] / \int_0^{t_p} R(x)\mathrm{d}x \qquad (5-30)$$

式（5-29）对 t_p 求导可得

$$\frac{\mathrm{d}C(t_p)}{\mathrm{d}t_p} = \frac{C_F F'(t_p) + C_P R'(t_p)}{\left[\int_0^{t_p} R(x)\mathrm{d}x\right]^2} - \frac{R(t_p)[C_F F(t_p) + C_P R(t_p)]}{\left[\int_0^{t_p} R(x)\mathrm{d}x\right]^2} \qquad (5-31)$$

整理可得

$$h(t_p)\int_0^{t_p} R(t)\mathrm{d}t + R(t_p) - \frac{C_F}{C_F - C_P} = 0 \qquad (5-32)$$

对式（5-32）进行优化求解，得到最优检修时间 t_{or}。在检修因子取值 ε_1 和 ε_2 时，得到最优状态异常检修时间 t_c 和最优机会检修时间 t_o，把 t_c 和 t_o 以及对应的部件状态协变量

监测值 $Z_c(t_c)$ 和 $Z_o(t_o)$ 分别代入式（5-17），可得 H_c 和 H_o，进而由式（5-22）、式（5-26）分别得到状态异常检修阈值函数和机会检修阈值函数。

3. 检修策略的成本和可用度分析

可用度指部件在任意随机时段按规定的条件处于正常工作或者可使用状态的程度，可用部件在一段时间内正常工作时间所占的百分比来表示，即

$$A = \frac{t_{\mathrm{MTTF}}}{t_{\mathrm{MTTF}} + t_{\mathrm{MTTR}}} \tag{5-33}$$

式中：t_{MTTF} 和 t_{MTTR} 分别为平均使用时间和平均检修时间。

在风力发电机组的状态—机会检修策略中，主要涉及状态异常检修时间 $t_{\beta c}$、机会检修时间 $t_{\beta o}$ 和固定检修时间 $t_{\beta o}$。同时，文中仍采用 A_c 和 A_o 来描述状态异常检修和机会检修。实施状态—机会检修时，风力发电机组的整体检修时间 $t_{\mathrm{co-total}}$ 可表示为

$$t_{\mathrm{co-total}} = t_{\beta o} + \max\{\max\{A_c^{(i)} \cdot t_{\beta c}^{(i)}\}, \max\{A_o^{(i)} \cdot t_{\beta o}^{(i)}\}\}, i, j = 1, 2, \cdots, N \tag{5-34}$$

式中：风力发电机组的整体检修时间 $t_{\mathrm{co-total}}$ 可用所有实施状态异常检修的部件和机会检修的部件中所需要的最长检修时间与固定检修时间的和来表示；i 和 j 分别表示实施状态异常检修和机会检修的部件。

在不考虑机会检修的情况下，每次仅对风力发电机组单部件实施状态异常检修，则会出现在某次检修后，处于状态—机会检修区间带的其他部件可能很快越过状态检修阈值函数的情况。这意味着风力发电机组在刚投入运行后，需要再次停机检修。此时，如式（5-35）所示，检修时间已不再是所有进行检修的部件中所需的最长时间，而是所有检修部件所需检修时间的和，这将降低各部件和机组的可用度。

$$t_{\mathrm{co-total}} = \sum_{i=1}^{N} (t_{\beta o} + A_c^{(i)} \cdot t_{\beta c}^{(i)}) \tag{5-35}$$

4. 考虑不完全检修的风力发电机组检修策略仿真算例

选择振动和温度这两个状态协变量的监测数据来进行分析，以分析考虑不完全检修的风力发电机组状态—机会检修策略的可行性和有效性。根据专家的检修经验，以检修因子取值 $\varepsilon_1 = 0.8$ 和 $\varepsilon_2 = 0.4$ 为例进行分析。选取某风场同种型号风力发电机组的主轴承、轮毂、齿轮箱和发电机 4 个关键部件进行分析，并依次编号为 1、2、3、4。

表 5-6 和表 5-7 分别给出 4 个部件部分统计样本的寿命数据、振动监测数据和温度监测数据，应用极大似然参数估计算法得到 4 个部件的比例强度函数中的参数 β_s、η、γ，如表 5-8 所示。

表 5-6　　　　　　　　　　　　　4 个部件部分统计样本的寿命数据　　　　　　　　　　单位：天

样本序号	部件 1	部件 2	部件 3	部件 4
1	1439	1221	1359	853
2	1522	1069	1548	1041
3	956	1354	916	955
4	1419	1436	1156	1430

样本序号	部件1	部件2	部件3	部件4
5	1324	1230	1529	1297
6	1118	1602	1430	1129
7	1380	1481	1501	1235
8	1321	1676	1280	1298
9	1113	1640	1251	1004
10	1086	1521	1291	1146
11	1589	1188	1241	1646

表5-7　　　　　　　　　　4个部件的振动和温度监测数据

部件	时间（天）	振动速度（mm/s），温度（℃）	部件	时间（天）	振动速度（mm/s），温度（℃）	部件	时间（天）	振动速度（mm/s），温度（℃）	部件	时间（天）	振动速度（mm/s），温度（℃）
1	21	[5.730, 40.3]	2	32	[2.523, 51.4]	3	19	[4.661, 66.3]	4	41	[1.632, 62.4]
	78	[5.750, 40.9]		80	[2.491, 51.7]		79	[4.643, 66.5]		99	[1.655, 62.6]
	135	[5.789, 41.5]		124	[2.473, 52.1]		141	[4.612, 66.7]		156	[1.678, 62.7]
	241	[5.790, 41.6]		193	[2.491, 52.2]		203	[4.750, 66.4]		199	[1.685, 62.5]
	348	[5.801, 41.8]		263	[2.531, 52.4]		265	[4.973, 66.2]		242	[1.704, 62.2]
	454	[6.023, 42.0]		317	[2.545, 52.8]		326	[4.856, 66.9]		283	[1.721, 62.9]
	561	[6.219, 42.2]		372	[2.562, 53.3]		387	[4.737, 67.6]		324	[1.743, 63.6]
	620	[6.531, 42.8]		437	[2.589, 53.2]		446	[4.835, 67.4]		365	[1.706, 63.5]
	679	[6.865, 43.1]		502	[2.612, 53.1]		503	[4.934, 67.1]		407	[1.694, 63.1]
	735	[6.936, 44.0]		560	[2.653, 53.6]		580	[5.039, 67.1]		470	[1.732, 63.1]
	782	[7.904, 44.2]		618	[2.672, 54.2]		654	[5.453, 67.3]		531	[1.832, 63.3]
	836	[8.649, 45.1]		680	[2.715, 54.5]		715	[5.836, 67.7]		560	[1.854, 63.9]
	891	[8.984, 45.5]		744	[2.778, 54.6]		768	[6.023, 68.1]		592	[1.889, 64.1]
	945	[9.562, 46.0]		825	[2.934, 55.1]		845	[7.032, 68.8]		640	[1.905, 65.3]
	1000	[10.432, 46.2]		901	[3.287, 55.2]		921	[7.743, 69.2]		684	[1.992, 66.2]
	1060	[11.397, 46.8]		990	[4.021, 56.7]		995	[8.542, 69.8]		735	[2.065, 67.5]
	1121	[12.987, 47.3]		1080	[4.452, 57.3]		1068	[9.768, 70.7]		783	[2.545, 68.7]
	1130	[13.654, 55.7]		1146	7.019, 59.9		1129	[11.546, 73.8]		830	[3.826, 69.1]
	1139	[14.783, 56.7]		1209	[8.897, 66.4]		1190	[13.457, 75.3]		876	[4.654, 69.2]
	1145	[15.732, 61.7]		1228	[12.542, 79.0]		1203	[20.985, 83.6]		925	[5.398, 78.9]
	1152	[16.115, 64.5]		1235	[14.345, 85.8]		1217	[22.460, 86.4]		944	[7.213, 82.4]
	1165	[22.936, 70.4]		1250	[14.436, 86.0]		1227	[25.362, 95.7]		1000	[8.752, 93.8]
	1178	[25.321, 73.4]		1263	[14.543, 86.1]		1238	[28.324, 100.3]		1053	[9.364, 97.2]
										1072	[15.113, 101.1]

　　　　　　　　　　风力发电机组 4 个部件的 WPHM 参数

部件	β_s	η	$[\gamma_1, \gamma_2]$
1	9.160 4	1207.9	[0.148 9, 0.033 1]
2	7.331 7	1189.0	[0.268 1, 0.022 7]
3	12.397 2	1204.6	[0.083 7, 0.016 6]
4	10.514 9	1134.8	[0.285 0, 0.028 7]

风力发电机组 4 个部件的检修时间和检修费用，如表 5－9 和表 5－10 所示。

表 5－9　　　　　　　　　　风力发电机组 4 个部件的检修时间　　　　　　　单位：h

部件	β_f	β_m	β_c	β_p
主轴承	22	6	19	18
轮毂	14	3	12	11
齿轮箱	42	18	37	36
发电机	26	10	23	24

表 5－10　　　　　　　　　　风力发电机组各部件的检修费用　　　　　　　单位：万元

部件	C_F	C_P	C_c	C_o	C_d	C_f
1	12.0	6.0	11.2	10.5	7.4	
2	9.4	6.9	7.5	7.0	5.8	8.0
3	18.8	8.6	15.9	14.8	9.2	
4	14.7	7.5	12.6	11.5	8.6	

运用成本优化法可以得到各部件的最优状态异常检修时间 t_c 和最优机会检修时间 t_o，以及对应的状态协变量监测值 $Z_c(t_c)$ 和 $Z_o(t_o)$，代入模型可得 H_c、H_o，如表 5－11 所示。

表 5－11　　　　　　　　　　风力发电机组 4 个部件的 H_c 和 H_o

部件	t_c（天）	Z_c（mm/s）	t_o（天）	Z_o（mm/s）	H_c（$\times 10^3$）	H_o（$\times 10^3$）
部件 1	858.1	[8.979, 45.7]	670.1	[6.865, 43.1]	7.889 5	0.702 8
部件 2	1226.9	[3.290, 55.1]	647.6	[2.672, 54.2]	1.209 7	0.047 0
部件 3	1170.5	[9.770, 71.1]	834.7	[6.023, 68.1]	0.011 0	0.001 4
部件 4	1021.6	[4.649, 69.5]	672.4	[1.989, 66.5]	0.550 4	0.115 1

求得的 H_c 和 H_o 分别代入，可得 4 个部件考虑不完全检修的状态—机会策略仿真结果，如图 5－5 所示。

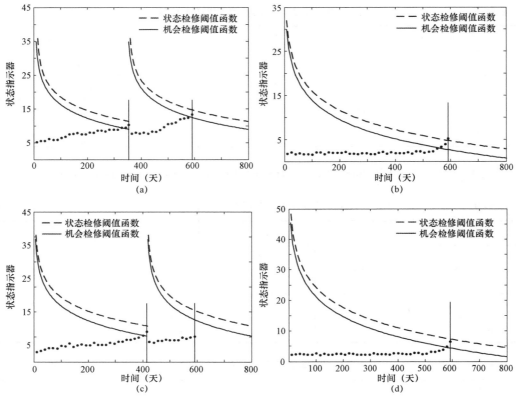

图 5-5　考虑不完全检修的状态—机会检修策略仿真结果
（a）部件 1；（b）部件 2；（c）部件 3；（d）部件 4

由图 5-5 可知，主轴承和齿轮箱分别在第 355 天和第 411 天进行过检修，检修后主轴承和齿轮箱的运行状态出现好转，运行状态处于"如新"和"如旧"之间，是不完全检修的情况。轮毂和发电机一直保持运行状态，没有进行过检修。在风力发电机组运行到 595 天时，轮毂的状态指示器的值 $\gamma \cdot Z(t)$ 越过了自身的状态异常检修阈值函数 $M_c(t)$，表明轮毂运行状态恶劣，需要实施状态异常检修。同时，轮毂的预防性检修为另外 3 个部件提供了检修机会。此时，主轴承和发电机进入了自身的机会检修区域，表明这两个部件健康状态为带缺陷，可实施机会检修。而齿轮箱的状态指示的值 $\gamma \cdot Z(t)$ 在机会检修阈值函数之下，表明运行状况良好，不需要检修。

如果不考虑状态—机会检修，在轮毂实施状态检修后不久，主轴承和发电机也会分别实施状态异常检修，总检修费用为 77.1 万元。而采用状态—机会检修策略，可以求出总检修费用为 46.1 万元，节约了 31 万元检修成本，节约 40% 的检修成本。分析可知，此次实施状态—机会检修策略只产生了一个固定检修成本和一次停机损失，较好地节约了检修费用，说明考虑不完全检修的风力发电机组状态—机会检修策略在节约风力发电机组检修成本方面的潜力。

同时，如果轮毂、主轴承和发电机分别实施状态检修，总检修时间为 99h。而采用状态—机会检修策略，可以求出总检修时间为 15+max{max{12}，max{19，23}}=38h，节约了 61h 的停机时间，节约 62%的时间。分析可知，由于 3 个部件同时检修，减少了两次停机，有效地节省了总的停机时间，说明考虑不完全检修的风力发电机组状态—机会检修策略能提高风力发电机组的整体可用度。

5.1.3 综合多属性因素的状态—机会检修策略

1. 多属性理论确定状态阈值

状态异常检修和机会检修对应的故障风险不同，因此，设定的阈值必然也会大有不同。以 H_1 表示机会检修阈值，以 H_2 表示状态异常检修阈值（通常也是更换阈值），则可求得相应的状态检修阈值函数 $H_1(t)$ 和 $H_2(t)$。由此可得运行过程设备的状态检修决策过程，如图 5−6 所示。状态检修阈值函数 $H(t)$ 是一条随时间递减的曲线，这意味着，因随运行时间的增长，部件故障风险在增加，所以检修的必要性增加，检修的间隔应缩短。在 t 时刻，如果监测到的状态协变量 $\gamma \cdot Z(t)$ 的值在 $H_1(t)$ 下方时，表明设备状态良好，建议继续运行；若 $\gamma \cdot Z(t)$ 的值在 $H_1(t)$ 上方且在 $H_2(t)$ 下方，表明设备出现异常，可以对部件进行不完全检修（加强监视带缺陷运行或进行不完全检修）；若 $\gamma \cdot Z(t)$ 的值在 $H_2(t)$ 上方，则表明设备损毁磨损严重，应立即进行检修。

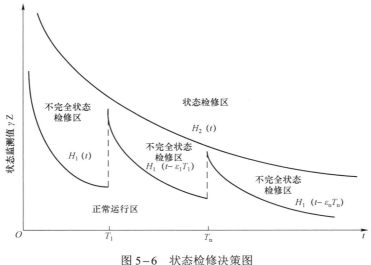

图 5−6 状态检修决策图

状态检修阈值函数 $H(t)$ 能有效描述设备各状态协变量的动态变化情况，且是关于状态检修阈值 H 和运行时间 t 的函数。因此，得到状态检修阈值函数 $H_1(t)$ 和 $H_2(t)$ 的关键在于确定状态检修阈值 H_1 和 H_2。

检修优化常用的目标函数为检修费用最小、可用度最大、可靠性最高、剩余使用寿命最长这 4 个函数。不完全状态检修一般时间短暂，故障影响相对较小，因此，通常仅以期望检修费用作为目标函数。考虑到状态异常检修通常是部件的更换，为避免过度检修或检修不足而引起重大损失，必须全面考虑各种约束，但剩余使用寿命最长，最终必然导致可用度最大目标函数的实现，二者是一致的。因此，状态检修采用除剩余使用寿命之外的 3

个函数作为检修优化的约束目标函数。

（1）不完全状态检修。所谓不完全状态检修，指设备检修时不进行更换以使其可靠性完全恢复到新，是采用局部检修的方式，使之能恢复到一定的良好工作状态。即部件在运行时刻 t_j （$j=1, 2, \cdots, m$）处安排不完全检修，且如果任意时间发生随机故障，就进行故障检修。为描述故障率在不完全检修前后变化，引入役龄回退因子 ε_i，使部件的役龄回退到此次不完全检修前 $\varepsilon_j \lambda_j$ 时的水平，其中，λ_j 为第 $j-1$ 次与第 j 次的不完全检修时刻之间的运行时间间隔。因此，部件在第 j 次不完全检修周期内的故障率表示为

$$h_j(t) = h\left(t - \sum_{i=1}^{j-1} \varepsilon_i \lambda_i\right) \tag{5-36}$$

式中：t 为部件的运行总时间；ε_i 为部件的役龄回退因子，与第 i 次的检修效果有关，$j \in (0, 1)$。

不完全状态检修的检修时间仍由设备的运行状态决定，寿命周期内的检修次数并不能通过估计或优化而得到；而传统的预防性不完全检修是优化设备在寿命周期内的检修次数和不完全检修周期，通常是固定的。而不完全状态检修与传统预防性不完全检修不同，每次检修后设备的不完全检修阈值就会因役龄和检修因子而进行动态更新。设备在第 j 次运行周期内的期望检修费用，是动态调整的。

$$C(t_j) = \frac{C_f[1 - R(t_j)] + C_u R(t_j)}{\int_0^{t_j} R\left(t - \sum_{i=1}^{j} \varepsilon_i \lambda_i\right) dt} \tag{5-37}$$

式中：C_f 为故障检修费用；C_u 为不完全状态检修费用。

其中

$$R(t_j) = \exp\left[-\int_0^{t_j} h\left(t - \sum_{i=1}^{j-1} \varepsilon_i \lambda_i\right) dt\right] \tag{5-38}$$

由此可得每次不完全检修的最优检修时间和相应的状态协变量，代入威布尔比例失效模型可求得不完全状态检修阈值 H_1。

（2）状态异常检修。

1）检修费用目标函数。长期运行单位时间内的期望检修费用

$$C(T) = \frac{C_f[1 - R(T)] + C_c R(T)}{\int_0^T R(t) dt} \tag{5-39}$$

式中：C_c 为状态异常检修费用。经过分析，单位时间内的期望检修费用有最小值，以 C_m 表示，则相应的优化检修时间 t_{cm} 可由方程 $dC(T)/dt = 0$ 求得，整理得

$$h(T)\int_0^T R(t)\, dt + R(T) = \frac{C_f}{C_f - C_m} \tag{5-40}$$

2）可靠性目标函数。如本小节开始所述，风力发电机组这些关键大部件的可靠性随运行时间而降低，为了预防故障发生，应尽早进行检修，但也会增加检修成本，减少可用

率。因此，可靠性应从两方面理解，一方面避免发生故障，事后检修发生的概率应最小，即状态异常检修的概率尽可能的大，从而减少检修成本；另一方面是状态异常检修应恰好在设备故障前实施，从而尽可能延长设备的有效使用时间。因此，可靠性目标函数为

$$R'(T) = \frac{r_1(T)}{r_2(T)} = \frac{R(T)}{\sigma^2 + (t-T)^2} \tag{5-41}$$

式中：$r_1(T)$ 为状态异常检修发生率，即 $R(T)$；$r_2(T)$ 为距离故障时刻的平均时间，$r_2(T) = \int_0^\infty (t-T)^2 f(t)\mathrm{d}t = \sigma^2 + (\mu-T)^2$，$\sigma$、$(t-T)^2$ 为寿命密度函数的均值和方差。由分析可知 $R'(T)$ 有最大值，以 R_m 表示，相应的时刻 T_{rm} 可通过方程 $\mathrm{d}R'(T)/\mathrm{d}t = 0$ 求得，即

$$h(T) - \frac{2(\mu-T)}{\sigma^2 + (\mu-T)^2} = 0 \tag{5-42}$$

3）可用度目标函数。设备寿命周期内的平均可用度

$$A(T) = \frac{\int_0^T R(t)\mathrm{d}t}{\int_0^T R(t)\mathrm{d}t + R(T)T_{ca} + [1-R(T)]T_{fa}} \tag{5-43}$$

式中：t_c 为状态异常检修平均停机时间；t_f 为故障检修平均停机时间。经分析，可用度有唯一最大值，以 A_m 表示，相应的时间 t_{am} 可由方程 $\mathrm{d}A(T)/\mathrm{d}t = 0$ 求得，即

$$h(T)\int_0^T R(t)\mathrm{d}t - [1-R(T)] = \frac{t_c}{t_f - t_c} \tag{5-44}$$

4）多属性决策模型的目标函数。综合检修费用、可靠性和可用度 3 个目标函数，可采用加权的方法将多目标问题转化为单目标问题。由于 3 个函数属于不同的量纲，不能直接进行加权叠加，但根据多目标理论，可对个单一目标函数做归一化处理。具体表达式如下

$$\begin{cases} v_1(t) = \dfrac{C_m}{C(t)} \\ v_2(t) = \dfrac{R'(t)}{R_m} \\ v_3(t) = \dfrac{A(t)}{A_m} \end{cases} \tag{5-45}$$

式中：$v_1(t)$ 为归一化后的检修费用函数；$v_2(t)$ 为处理后的可靠性函数；$v_3(t)$ 为转化后的可用度函数。整合以上函数，构造具有最大值的函数 $W(t)$ 作为多属性决策模型的目标函数，即

$$W(t) = \omega_1 v_1(t) + \omega_2 v_2(t) + \omega_3 v_3(t) = \omega_1 \frac{C_m}{C(t)} + \omega_2 \frac{R'(t)}{R_m} + \omega_3 \frac{A(t)}{A_m} \tag{5-46}$$

式中，$0 \leqslant \omega_1$、ω_2、$\omega_3 \leqslant 1$，$\omega_1 + \omega_2 + \omega_3 = 1$。

5）确定权重。从物理意义上看，多属性决策模型中的权重 ω_1、ω_2 和 ω_3 分别代表检修费用、可靠性和可用度在决策目标所占的比重。当 ω_1、ω_2 和 ω_3 取值不同时，$W(t)$ 的最大值也会随之发生变化。由于设备的整体性能由最差的属性决定，为采取稳妥的策略，决策

者应考虑 ω_1、ω_2 和 ω_3 发生变化时的每种情况，选择 $W(t)$ 在各种情形下最大值中的最小值作为最终决策。因此，采用最小最大法对 $W(t)$ 即 $W(\omega_1$、ω_2、ω_3，$t)$ 进行优化，就可确定 $W(t)$ 中各权重大小。

由约束条件 $\omega_1+\omega_2+\omega_3=1$，原目标函数等价为

$$W(\omega_1,\omega_2,t)=\omega_1\frac{C_m}{C(t)}+\omega_2\frac{R'(t)}{R_m}+(1-\omega_1-\omega_2)\frac{A(t)}{A_m} \tag{5-47}$$

设 $=\max W_i(\omega_1,\omega_2,t)$，$i$ 表示第 i 次循环迭代过程（$i=1,2,\cdots,N$），则权重优化的目标函数转化为最小最大函数模型，即最小化

$$\min \mu \tag{5-48}$$

2. 多属性检修决策的权重优化算法

由于协变量随时间变化，可靠性函数积分难以计算，因此，必须寻找有效的算法才能精确计算出其数值。通常在局部时间段内，状态协变量 $Z(t)$ 随时间变化的幅度不是很大。本书假设只在时刻 t_i $(i=1,2,\cdots,n)$ 才知道协变量的值，这样就可看作是右连续的阶跃过程，也就是说只在时刻 t_i 时发生变化，其他时间保持前一时刻的值。对任意部件，假设在 t_m 时刻为状态检修的最优时刻，把 t_n 分成 i 段，其中 $t_i=t_m$，$t_0=0$，且满足 $0<t_1<t_2<\cdots<t_{i-1}<t_i$，则

$$R(t_m)=R(t_i)=\exp\left[-\int_0^{t_i}h(t)\mathrm{d}t\right] \tag{5-49}$$

$$R(t_i)=\exp(-G_i)=\exp\left\{\sum_{v=1}^{i}\left[\left(\frac{t_{v-1}}{\eta}\right)^\beta-\left(\frac{t_v}{\eta}\right)^\beta\right]\exp\left[\sum_{k=1}^{p}\gamma_k Z_k(t_{v-1})\right]\right\} \tag{5-50}$$

$$\int_0^{t_i}R(t)\mathrm{d}t=\sum_{j=1}^{i}\left(t_j-t_{j-1}\right)\frac{R(t_j)+R(t_{j-1})}{2}=\sum_{j=1}^{i}\frac{t_j-t_{j-1}}{2}\left\{\sum_{v=1}^{j}\left[\left(\frac{t_{v-1}}{\eta}\right)^\beta-\left(\frac{t_v}{\eta}\right)^\beta\right]\exp\left[\sum_{k=1}^{p}\gamma_k Z_k(t_{v-1})\right]\right.$$
$$\left.+\sum_{v=1}^{j-1}\left[\left(\frac{t_{v-1}}{\eta}\right)^\beta-\left(\frac{t_v}{\eta}\right)^\beta\right]\exp\left[\sum_{k=1}^{p}\gamma_k Z_k(t_{v-1})\right]\right\} \tag{5-51}$$

通过以上数值计算方法可有效处理协变量的问题。考虑到权重优化目标函数属于非线性规划问题，可将其分解为内外两层，构造出两层优化迭代算法，具体流程如图 5-7 所示。

算法通过权重优化构造一簇变化的目标函数，实际上是对原问题的边界条件进行限制，只在构造的曲面上进行寻优，从而将非线性规划问题分解为内层的一维单峰优化问题和外层的多维单峰优化问题，较好地兼顾了求解精度和计算复杂度。此外，权重优化的提出还有助于决策人员做出最好的抉择，同时也可通过人为设定参数满足实际运行的偏好需求。

3. 仿真算例分析

建立风力发电机组齿轮箱的比例失效模型并估计模型中的参数，需要风力发电机组齿轮箱的历史故障统计数据以及状态监测数据（温度数据、振动监测数据等），为简化计算，下面以振动监测数据为例说明过程。

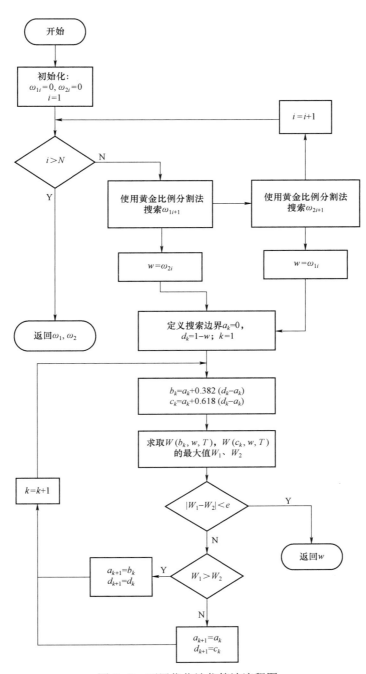

图 5-7 两层优化迭代算法流程图

根据收集的数据，采用极大似然估计法，应用 Matlab 编程，估计威布尔比例失效模型中各参数，得到比例失效函数为

$$h(t) = \frac{5.7411}{6531.6}\left(\frac{t}{6531.6}\right)^{4.7411} \cdot \exp\{[0.338\,6 \cdot Z(t)]\} \qquad (5-52)$$

式中： $Z(t)$ 为齿轮箱的振动监测数据。

根据本节提出的算法，各目标函数下的优化结果如表 5-12 所示。由表 5-12 可知，采用考虑多属性的检修策略使各目标函数都做出了一定的妥协。对于以检修费用为目标的策略，多目标算法求解费用增加了 3.4%，但可靠性增加了 1.95%，可用度增加了 10.11%；对于以可用度为目标的策略，多目标算法求解费用节省了 19.77%，可靠性增加了 2.7%，可用度仅减少 1.035%。

表 5-12 各目标函数的优化结果

目标函数	费用率（$\$ \cdot h^{-1}$）	可靠性	可用度
$W_c(T)$	17.105 5	0.883 4	0.894 1
$R'(T)$	20.180 5	0.99	0.994 8
$A(T)$	22.044 5	0.876 9	0.994 8
$W(T)$	17.687	0.900 6	0.984 5

根据目标函数可求得最优检修时间，代入威布尔比例失效模型得到不完全检修阈值 H_1。采用本书提出的两层优化迭代算法，求得权重解为 $\omega_1=0.389\,6$，$\omega_2=0.405\,1$，$\omega_3=0.205\,3$。代入联合目标函数可得到最优状态异常检修时间，并由威布尔比例失效模型确定状态异常检修决策阈值 H_2。在求解过程中，各目标函数 $v_1(T)$、$v_2(T)$、$v_3(T)$ 和 $W(T)$ 的值如图 5-8 所示。

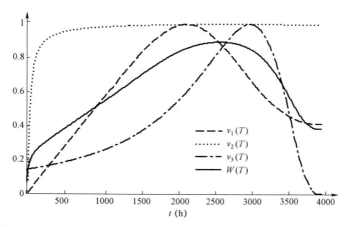

图 5-8 算例的综合检修费用、可靠性、可用度和加权目标函数曲线
v_1—归一化后的检修费用函数；v_2—处理后的可靠性函数；v_3—转化后的可用度函数；W—多目标函数

由图 5-8 可知，各目标函数都有峰值，其中检修费用和可靠性的目标函数，有明显最大值，但可用度的目标函数在达到 0.9 之后，随时间的变化很缓慢，且最后趋于一个常数。这与实际相符，齿轮箱单次故障检修时间虽然较长，造成的损失较大，但相对于其整个寿命周期很短，所以，服役运行时间到达一定值，可用度就会是一个常数。可见，如果仅以可用度作为单一决策目标，在达到最优值附近时，在很大的优化范围内，可用

度这一指标变化很小，甚至不变，就很难做出最优的决策，而这也证明，在不完全状态检修中，忽略可用度等对阈值函数的影响也是合理的。图 5-8 中目标函数 $W(T)$ 也进一步说明了本节提出的策略可以考虑各属性的变化特性，有明显的最优值，且可根据实际偏好设定权重大小或优化的范围，有一定的灵活性，可以为风力发电机组检修决策提供依据。

最优检修阈值 H_1 和 H_2 代入检修阈值函数 $H(t)$ 中可得机会检修阈值函数 $H_1(t)$ 和状态异常检修阈值函数 $H_2(t)$，选取齿轮箱的运行振动监测数据，进行拟合，并将监测到的数据经回归系数后在决策图中画出，如图 5-9 所示。齿轮箱运行一段时间后，状态监测值进入机会检修区，表明齿轮箱出现缺陷，则检修人员加强了巡视，并在运行 1700h 后，实施了一次不完全检修。齿轮箱恢复运行后，根据检修因子 ε_j 重新优化得到新的不完全检修阈值函数曲线。当监测数据再次进入机会检修区时，虽然表明齿轮箱出现缺陷，但由于其他因素限制，检修人员并未立即采取不完全检修，而是继续保持其运行，直到进入状态异常检修区，最后停机进行了大修，即完全检修。这充分体现了在风力发电机组检修过程中机会检修和状态异常检修能够依据风力发电机组运行状态和实际决策过程中的各种情况进行配合而做出合理的检修决策。

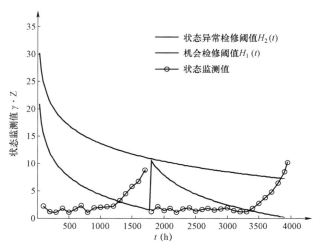

图 5-9　某齿轮箱算例的状态检测值及其检修决策过程

5.2　风电场机组大部件年度组合检修策略

风力发电机组的齿轮箱、发电机、主轴承、叶片等大部件具有价格昂贵、检修成本高、检修耗时长的特点，如果它们在平均风速较高的季节发生严重故障，将导致风力发电机组长时间停机，且电量损失更为严重。因此，风电场一般会选择在小风季节集中实施大部件的年度检修，包括常规的维护项目和预防性的大修和更换等。该做法一方面可以避免机组在大风期突发严重故障，另一方面与在大风期相比，在小风期大修可以增加检修窗口期并减少因停机检修小时数带来的发电量损失。

风电机组检修决策

然而，风电场的检修对象是数十台甚至数百台风力发电机组，每台机组大部件的运行状态又不尽相同。除了一般性必需的常规维护，在大修资金预算有限的情况下，如何制订风电场的大部件年度检修方案，即如何挑选对发电量影响最大的机组大部件实施检修，是典型的检修决策优化问题，这对提高整个风电场的平均可用率、减少严重故障的发生有着重要意义。

5.2.1 机组大部件故障概率计算

根据对叶片、齿轮箱、发电机、主轴及主轴承等大部件的故障统计，其故障时间一般符合威布尔分布

$$h_0(t) = \frac{\beta}{\eta}\left(\frac{t}{\eta}\right)^{\beta-1} \tag{5-53}$$

式中：$h_0(t)$ 为部件的基本故障率函数；β 为威布尔形状参数；η 为威布尔尺度参数。

除更换外的大多数检修方式都是不完全检修，即可以恢复部件的功能和性能，但无法将可靠性恢复到新部件的状态，无法做到"修旧如新"。为描述部件检修历史中不完全检修对其故障率的影响，引入了役龄回退因子 ε。ε 的取值范围为（0，1），ε 越大说明不完全检修对部件的运行状态改善得越显著。当 ε 为 1 时，即为完全检修的特例。则考虑不完全检修的部件故障率函数为

$$h_1(t) = h_0(t - \varepsilon t_{n-1}) = \frac{\beta}{\eta}\left(\frac{t - \varepsilon t_{n-1}}{\eta}\right)^{\beta-1} \tag{5-54}$$

式中：t_{n-1} 为部件的最近一次不完全检修时刻。

以上模型并未考虑大部件当前运行状态对其故障概率的影响。为利用风力发电机组大部件上安装的各种传感器采集到的多种状态监测信息，以得到更为准确的部件故障率，综合考虑运行时间、检修历史，使用威布尔比例强度模型来描述风力发电机组大部件的健康状况，则部件发生故障的强度函数为

$$h[t, \mathbf{Z}(t)] = h_1(t) \cdot \varphi[\mathbf{Z}(t)] = \frac{\beta}{\eta}\left(\frac{t - \varepsilon t_{n-1}}{\eta}\right)^{\beta-1} \exp[\boldsymbol{\gamma} \cdot \mathbf{Z}(t)] \tag{5-55}$$

式中：$h(t)$ 为仅考虑部件检修历史的故障率函数；$\mathbf{Z}(t)$ 为由 t 时刻本部件的状态监测变量构成的状态向量；$\boldsymbol{\gamma}$ 为由状态向量 $\mathbf{Z}(t)$ 中各变量的回归系数构成的回归向量，其维数与状态向量相同。该模型中各部件的 β、η、$\boldsymbol{\gamma}$ 等参数均可由该种部件的历史故障数据和相应状态向量数据，利用极大似然估计算法进行估计得到。

由故障强度函数，可得出相应的故障概率密度函数为

$$f[t, \mathbf{Z}(t)] = h_0(t)\exp[\boldsymbol{\gamma} \cdot \mathbf{Z}(t)]\exp\left\{-\int_0^t h[t, \mathbf{Z}(t)]\mathrm{d}t\right\} \tag{5-56}$$

则在 $(t, t+1)$ 时间段内，部件发生故障的概率为

$$F = \int_t^{t+1} f[t, \mathbf{Z}(t)]\,\mathrm{d}t \tag{5-57}$$

5.2.2　机组大部件年度优化检修策略

根据部件故障概率可得到各部件本年度的可用率期望为

$$A_{i,j} = \frac{T - F_{i,j}TM_j}{T} \tag{5-58}$$

式中：$A_{i,j}$、$F_{i,j}$ 分别为风电场内第 i 台风力发电机组的第 j 种部件的可用率期望及故障概率，TM_j 为第 j 种部件故障后造成的停机时间，T 为 1 年。

定义风电场内第 i 台风力发电机组的第 j 种部件的检修变量为

$$x_{i,j} = \begin{cases} 0 & \text{不实施检修} \\ 1 & \text{实施检修} \end{cases} \tag{5-59}$$

由于不完全检修虽能使部件的故障概率大幅降低，但并不能保证该部件在本年度内绝对不发生故障。因此，设定检修改善因子 ω 来描述年度不完全检修对部件故障概率的降低程度，$0 < \omega < 1$，ω 越大代表年度检修对部件故障概率的降低程度越大。则检修后，风电场内第 i 台风力发电机组的第 j 种部件的故障概率为

$$F'_{i,j} = (1 - x_{i,j}\omega)F_{i,j} \tag{5-60}$$

对应的检修后部件可用率期望为

$$A'_{i,j}(x_{i,j}) = \frac{T - F'_{i,j}TM_{i,j}}{T} \tag{5-61}$$

定义风电场检修方案 $X = \{x_{i,j}\}$，则考虑 N 台风力发电机组的 M 种大部件，检修后的风电场平均可用率期望为

$$A'(X) = \frac{1}{N}\sum_{i=1}^{N}\prod_{j=1}^{M}A'_{i,j}(x_{i,j}) \tag{5-62}$$

不进行检修情况下的风电场平均可用率期望为

$$A_0 = A'(0) = \frac{1}{N}\sum_{i=1}^{N}\prod_{j=1}^{M}A'_{i,j}(0) \tag{5-63}$$

因此，年度检修对风电场平均可用率的改善程度为

$$\Delta A(X) = A'(X) - A_0 \tag{5-64}$$

对应的电量收入增量为

$$\Delta S_1(X) = rLPNT\Delta A(X) \tag{5-65}$$

式中：r 为风电上网电价；L 为风力发电机组平均出力水平，由风电场所在区域的风资源决定；P 为风力发电机组额定功率；N 为风电场包含的风力发电机组数；T 为 1 年。

经检修的各部件的故障概率降低，也将会减少因故障检修而产生的成本

$$Q'(X) = \sum_{i=1}^{N}\sum_{j=1}^{M}F'_{i,j}Cf_j \tag{5-66}$$

式中：Cf_j 为第 j 种大部件的故障检修费用。

不检修情况下的部件故障检修成本为

$$Q_0 = Q'(0) = \sum_{i=1}^{N} \sum_{j=1}^{M} F_{i,j} Cf_j \qquad (5-67)$$

因此，由于年度计划检修而减少的部件故障检修成本为

$$\Delta S_2(X) = Q'(X) - Q_0 = \sum_{i=1}^{N} \sum_{j=1}^{M} x_{i,j} \omega F_{i,j} Cf_j \qquad (5-68)$$

年度计划检修的成本为

$$C(X) = \sum_{i=1}^{N} \sum_{j=1}^{M} x_{i,j} Cm_j \qquad (5-69)$$

式中：Cm_j 为第 j 种部件的年度计划检修费用。

综合考虑电量收入增量、节约故障检修成本及年度计划检修成本，则风电场检修方案 X 对应的总节约成本为

$$S(X) = \Delta S_1(X) + \Delta S_2(X) - C(X) \qquad (5-70)$$

以总节约成本最大为目标，检修方案优化模型为

$$\begin{aligned}
\max \quad & S(X) = \Delta S_1(X) + \Delta S_2(X) - C(X) \\
\text{s.t.} \quad & X = \{x_{i,j}\} \\
& x_{i,j} = \begin{cases} 0 & \text{不实施检修} \\ 1 & \text{实施检修} \end{cases}
\end{aligned} \qquad (5-71)$$

5.2.3 算例分析

以某包含 33 台 1.5MW 风力发电机组的风电场为例，考虑主轴承、齿轮箱及发电机三种大部件进行算例仿真。各大部件的检修参数如表 5-13 所示。

表 5-13   大 部 件 的 检 修 参 数

检修参数	主轴承	齿轮箱	发电机
故障检修费用（万元）	15.7	26.8	19.9
年度计划检修费用（万元）	1.3	2.8	1.5
形状参数	6.16	8.40	8.81
尺度参数（年）	15.2	13.4	12.3
状态协变量回归系数（温度，℃）	0.033 1	0.016 6	0.028 7
状态协变量回归系数（振动速度，mm/s）	0.148 9	0.183 7	0.215
故障检修耗时（天）	4	7	5

对风电场内的风力发电机组进行编号，各风力发电机组的编号分别为 WT1～WT33。该风电场内全部大部件的等效役龄及状态监测数据如表 5-14 所示。

表 5-14　　　　　　　　　　　　　某风电场大部件的监测数据

风力发电机组编号	主轴承			齿轮箱			发电机		
	等效役龄（年）	振动速度（mm/s）	温度（℃）	等效役龄（年）	振动速度（mm/s）	温度（℃）	等效役龄（年）	振动速度（mm/s）	温度（℃）
WT1	5	6.229	42.8	5.4	6.559	66.6	5.1	2.293	64.5
WT2	5.1	7.046	43.5	5.6	4.939	66.7	6.2	2.130	64.0
WT3	7.3	7.024	40.9	5.3	4.911	67.5	6.5	2.057	65.6
WT4	6.9	6.808	42.9	5.3	5.673	68.8	5	1.712	61.8
WT5	5.8	5.642	42.0	7.5	6.703	66.6	4.7	2.255	65.0
WT6	7.7	6.814	43.4	6.6	6.353	68.0	5.2	1.671	65.3
WT7	5	5.694	41.7	6.5	6.117	68.9	5.3	2.285	64.2
WT8	6.2	6.836	43.0	5.3	5.181	66.0	5.6	1.738	64.9
WT9	6	5.464	41.5	7.4	6.792	66.3	5.9	1.898	63.7
WT10	7.1	6.623	41.3	6.7	6.737	67.9	4.6	1.613	64.3
WT11	7.2	6.930	41.1	5.9	6.485	67.6	5.1	1.677	61.9
WT12	5.4	6.821	42.3	6.4	5.525	67.8	6.8	1.488	62.0
WT13	6.3	6.091	43.8	6.1	5.360	69.7	4.4	1.501	65.5
WT14	6.2	6.376	43.2	5.1	5.528	69.2	7.1	2.058	62.7
WT15	6.8	6.620	40.4	5.6	5.921	68.3	6.5	1.693	64.6
WT16	7	5.661	43.5	5.2	5.729	69.5	5.8	2.194	64.0
WT17	7.1	6.152	40.8	5.4	6.230	66.5	6.1	2.361	63.5
WT18	5.7	6.224	41.9	5.6	5.334	69.7	5.1	1.648	61.9
WT19	6.9	5.489	40.1	6.1	6.445	69.6	5.7	1.892	64.0
WT20	6.8	6.751	43.8	5	5.449	69.8	7.2	1.912	61.8
WT21	5.3	5.809	42.3	7.6	6.456	69.6	6	1.487	64.5
WT22	5.2	5.816	43.7	7.7	6.086	68.5	5.9	1.782	62.9
WT23	6.3	6.562	40.3	6.3	5.572	69.1	5	1.774	63.0
WT24	7.7	6.187	44.1	6.3	5.263	66.1	5.8	1.533	63.5
WT25	5.9	7.171	41.0	5.9	6.661	68.5	6.2	1.587	62.9
WT26	6.6	7.215	40.8	7.6	4.964	69.8	6.4	1.815	63.0
WT27	5.5	6.261	40.6	6	5.272	66.2	5.5	2.209	65.0
WT28	7.1	5.765	43.8	5.2	5.849	65.8	5.5	2.152	65.2
WT29	5.6	5.455	42.5	7.2	5.951	68.5	7.3	1.505	61.7
WT30	6.4	7.063	43.1	6	5.929	70.1	4.5	2.363	65.0
WT31	6.9	6.185	40.9	5.6	6.210	69.4	7	1.902	65.6
WT32	7.5	6.384	42.4	6.1	5.806	68.7	7.1	2.224	63.5
WT33	7.7	7.299	40.5	5.1	5.801	67.7	6.7	1.413	62.2

　　由于风力发电机组大部件在风速较大时受到的载荷较大，即在高风速运行时更可能发生故障，所以本算例中风力发电机组平均出力水平取 0.6；另外，检修改善因子取 0.7，上

网电价取 0.5 元/kWh。

采用遗传算法对模型式（5-69）进行求解，求解得到的最优检修方案如下：

需对主轴承进行检修的风力发电机组包括 WT3、WT4、WT6、WT10、WT11、WT15、WT16、WT17、WT19、WT20、WT24、WT26、WT28、WT31、WT32、WT33；

需对齿轮箱进行检修的风力发电机组包括 WT5、WT9、WT21、WT22、WT26；

需对发电机进行检修的风力发电机组包括 WT3、WT12、WT14、WT20、WT29、WT31、WT32、WT33。

由计算结果还可知，检修改善因子要达到 0.7，检修预算至少为 46.8 万元，按照最优检修方案可总节约成本为 31.38 万元。显然，检修预算的高低与实现最优的检修改善因子相关，最优检修方案的检修预算及节约总成本如图 5-10 所示。

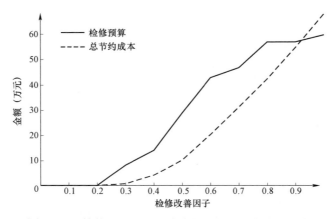

图 5-10 检修改善因子对检修费用和节约费用的影响

由图 5-10 可以看出，当检修改善因子处于（0.3，0.8）区间时，随着检修预算增大而迅速增大，但当检修改善因子大于 0.8 时，检修预算的增加对检修因子影响变弱。综上所述，风电场在根据检修预算制订风电场大部件检修计划时，统筹考虑所有机组各大部件的状态及其检修改善效果，实现预算约束条件下最优检修决策。

5.3 风电场备品备件优化

备品备件管理是企业资产运营的重要内容。风电场备品备件储备属于设备检修资源的一部分，若风力发电机组故障或检修时备品备件储备不到位，使机组无法及时检修和复役，机组额外长期的停机将带来发电量损失。同时，风力发电机组的部分备品备件，如齿轮箱、叶片、发电机等体积庞大，价格高昂，若大量储备这类备品备件，会占用大量资金、产生库存消耗，加大风电运营商的资金压力。因此，在减少发电量损失和降低备品备件库存成本之间寻找最优平衡点，是风电场备品备件库存优化管理的目标。

我国风力发电机组的供应链与飞机维护、修理和检修等的产业供应链相比，成熟度相去甚远，这也是影响风电机组检修经济性的重要因素。针对该问题的检修决策优化可以很好地挖掘风电场运营的经济性潜力。

5.3.1　备品备件现状分析

我国风电行业备品备件管理手段还比较粗放，主要依靠专业管理人员的维护经验，缺少信息化、智能化的管理，风电场备品备件不足和过剩都会时常发生。如果备品备件不足，由于风电场多位于交通不便的地区，物资运输费时费力，发生故障后需要等备件到货后方可实施检修措施，这将大幅降低风力发电机组可利用率和风电场经济效益。如果备品备件过多，又会占用风电企业大量资金，还需要专门人员对库存备品备件进行维护和管理，某些备品备件可能会带来备件因维护不当而损坏、易耗品长时间闲置过期等一系列问题，都会增加风电场的运营成本。这些都会降低风电场的经济效益。

很多风电场以只储备故障率较高、购买成本较低的小型电气类原件为主，这往往会导致机组故障时需要更换备件时要临时采购，延长了检修时间。也有不少风电场以备件的特性分别储备电气元件类、液压类、机械类、工器具、易耗品等，为各类检修做好了充足准备，但这往往导致备品备件的资金量较大，同时可能带来昂贵备件因维护不当而损坏、易耗品长时间闲置过期、不必要的备品备件长期占用库存等问题，此外，风电场还会损失备品备件价格下降、技术进步等间接收益，这些都将降低风电运营的效益。特别对于运行多个机型风电场或负责多种机型质保期维护的整机制造商，多机型的备品备件管理压力更大。

大部分风电企业已意识到备品备件管理的重要性，加强了对备品备件库的管理，通过规范、统一分类加强备品备件资源的共享，通常有两种模式：

（1）在风电场建立备品备件的仓库，由总公司进行统一管理。总装机规模较小的公司多采用这种方式。公司根据各个风电场的装机情况，参照整机厂商的通用建议制订备品备件清单，年底对库存盘点库存缺额，各风电场根据来年的检修计划和运行经验，提出备品备件的年度采购需求计划，由公司统一采购。如果有急需的备件，可以在各个风电场之间协调，仍无法满足时就紧急采购，或利用生产库存不缺额的方式进行。

（2）采用分级管理方式，在总公司、区域及风电场分别建立备品备件库。一级储备由总公司集中统一管理，主要储备齿轮箱、叶片等高资金的事故备品，可采取集中储备、区域储备、同机型分工储备等多种方式。二级储备由区域分公司等基层企业集中管理，主要储备事故备品和计划性物资，除了独立储备，还可以与供应商或制造厂家联合储备，降低资金压力。三级储备由风电场负责，主要储备消耗性易损件和可以轮换轮修类的备件、备品。

在上述管理体系初步建立的条件下，优化备品备件仍有两个基本技术问题尚待解决，一是如何动态预测备品备件的需求，二是如何分析备品备件对风电场可用度指标的影响。

备品备件需求预测存在诸多困难。首先，风力发电机组备品备件种类多（不低于1000个）、专业广（涉及电气、机械、传感器、液压等多个专业）。其次，备品备件需求的类型、数量、时机的不确定性都很强，依据同型号历史运行的统计数据，再结合实际运行数据，可以实现备品备件的大致预测。但我国风电产业初期对风电场运行、检修数据的积累不够重视，风力发电机组关键部件故障率等缺乏有效统计，备品备件需求的历史数据积累较少，使得预测盲目性较大。另外，在风电备品备件市场方面，采购单价不透明、采购周期难控

制、采购信息不准确也增加了预测和管理难度。

5.3.2　备品备件分类及基本管理原则

　　风力发电机组备品备件分类不规范、不统一，不同风电场采用了不同的分类方式进行管理，导致各风电场管理相对随意，且难以共享。

　　风力发电机组备品备件种类多（不低于 1000 个）、专业广（涉及电气、机械、传感器、液压等多个专业），不同部件的备品备件具有不同的故障率、需求量、采购周期、运输难度、库存费用、缺货影响等特性，难以建立统一参数的模型进行量化分析。因此，需要对备品备件进行分类，针对不同种类的备件建立不同的模型，分类研究其需求预测和对机组可用度的影响。

　　在梳理了我国风力发电机组备品备件管理现状和技术需求基础上，根据价值、故障后对机组的影响程度、检修或更换方式、年度预算的敏感程度，将备品备件分为 A 类、B 类、C 类和 D 类。

　　（1）A 类。单价万元以上、缺少必停机，指必须动用吊车更换的大部件（齿轮箱本体、发电机本体、主轴及轴承、变桨轴承、偏航轴承、叶片）。

　　（2）B 类。单价万元之间、缺少必停机、全场年总费用对其数量敏感，不动用吊车即可对其进行更换或局部处理（齿轮箱更换部分辅助部件）。

　　（3）C 类。单价元之间，缺少必停机、全场年总费用对其数量不敏感（碳刷、板卡、继电器、传感器等备品）。

　　（4）D 类。单价元之间、缺少可不停机、全场年总费用对其数量不敏感（紧固螺栓、润滑油等）。

　　风力发电机组各大部件的备品备件分类如表 5-15 所示。

表 5-15　　　　　　　　　　风力发电机组各大部件备品备件分类

大部件	分部件	备品备件	备品备件分类
齿轮箱	高速轴（包含轴承、轴及齿面）	齿轮箱	A
	低速轴		
	中间轴		
	风扇、辅助冷却系统	冷却风扇电机	B
		散热片	B
		电加热器	C
		油泵电机	B
		油压传感器	C
		油位传感器	C
		油位计	C

大部件	分部件	备品备件	备品备件分类
发电机	轴承	轴承温度传感器	C
		轴承	B
		联轴器	B
	定子	发电机	A
	转子		
	集电环	集电环总成（刷架）	B
		碳刷	C
	风扇、辅助冷却系统	冷却风扇电机	B
		编码器	C
		减震底座	D
		水冷却泵	B
变流器	IGBT 模块	IGBT 模块	B
	动力回路接线	定子接触器	B
		断路器	B
	冷却系统等附件	水冷泵电机	B
	控制板	控制板	B
变桨	变桨电机	变桨电机＋变桨齿轮箱	B
	变桨齿轮箱		
	变桨轴承	变桨轴承	A
	变桨电池	变桨电池	B
	变桨变频器	变桨变频器	B
	其他	防雷模块	C
		位置传感器/限位开关	C
		PLC 控制器	B
		编码器	C
		滑环	B
		开关电源	C
偏航	偏航电机	偏航电机＋偏航齿轮箱	B
	偏航齿轮箱		
	偏航刹车	偏航刹车	B
	偏航轴承	偏航轴承	A
	其他	偏航驱动器	B
		限位开关	C
		偏航计数器	C

大部件	分部件	备品备件	备品备件分类
主轴	轴	主轴	A
	轴承	主轴承	A
叶片	叶片	叶片	A

为简化分析，将风力发电机组备品备件可按仓储位置分为：风电场级（存放于风电场二级仓库）、区域级（存放于运营商、制造厂家的一级仓库）两级。A类部件为区域级，B、C、D类部件均为风电场级。

将关键部件定义为支持风力发电机组正常运行所必需的部件，任一关键部件发生故障均会导致整台风力发电机组停机。因此，A、B、C类部件均属于关键部件，D类部件为非关键部件。

关键部件中，齿轮箱、发电机、叶片等单价为数十万元的部件作为大部件。由于大部件单价昂贵，若纳入年度定额将占用大量预算资金，挤占其他部件备品备件预算。故此，年度定额并不计及大部件的备品备件费用。

物料库存系统的管理方式一般分为连续性盘点和周期性盘点两种，对应可以分为两种不同的订货方式：

（1）连续性盘点所用的订货方式是定量订货方式，比较典型的是（s，Q）策略，s指补货点，即连续盘点时，一旦发现物料数量等于或小于补货点时，立即启动补货行为；Q表示补货批量，定量订货就表明Q是定值。显然，这种方式的最大好处就是反应灵敏，一般可以使备件达到相对较高的服务水平，适合于缺货成本很高的物料。

（2）周期性盘点所用的订货方式就是定期订货方式。与前一种方式相比，它是在周期性盘点的时候根据消耗情况采取的订货方式，它的特点就是有固定的盘点周期，同时也是订货周期 t_{Ts}。此外，订货时的订货量不是定值，而是使订货量达到一个期望值。这种订货方式最大的好处是可以定期进行管理，节省人力物力。

如前所述，齿轮箱、发电机、叶片等单价为数十万元的部件作为A类部件，由于A类部件单价昂贵，A类部件为区域级，存放于运营商、制造厂家的一级仓库。B、C、D类常用部件为风电场级，存放于风电场二级仓库。

两级备品备件的管理区分可参照表5—16的基本原则。

表5—16　　　　　　　　　　两类设备的管理策略区分

分类	区域级	风电场级
管理理念	重点管理，时刻关注存货情况和使用情况	次重点管理，关注度可少于区域级备件
采购管理	供应商直接管理或与供应商建立长期、稳定合作关系	与供应商建立一般的合作管理或交易关系
仓储方式	考虑运输成本，仓库定在区域交通中心	安放在场内方便、安全的仓库内
缺货管理	作为一级仓库，尽最大可能杜绝缺货情况	尽量杜绝缺货，一旦缺货尽快进行补货

针对两大类部件的特点，以分类、分级、动态管理为原则，结合订货管理（周期、数

量裕度）和库存管理（告警），提出以需求预测为核心的风电场备品备件管理思路：

（1）针对区域级 A 类部件，从定量订货方式出发，提出区域级备品备件库的大部件存优化方法，在满足风电场检修对备品备件需求的前提下，以最小化区域风力发电机组的平均运维费用为优化目标。

（2）针对风电场级 B 类、C 类部件，从定期订货方式出发，提出基于年度定额的风电场备品备件库存优化控制，考虑有限的经济预算，以最大化风电场的平均可用率为优化目标。

5.3.3　风电场级常用备品备件库存优化策略

1. 风电场级常用备品备件库存优化模型

风电场常用的 B、C 类备品备件采购方式为：年初根据经验确定备件采购计划，经批准后按计划对备件进行采购。该方式完全依赖于人员个人的经验，无准确的数学模型和数据依据，也无法判断各备件库存数目对风电场可用率的影响。

按 5.3.2 节提出的备品备件库存优化原则，提出了基于年度定额的风电场备品备件库存优化模型。

（1）以风电场平均可用率为优化目标。

（2）以有限预算作为约束条件。

（3）制订年度定额时，考虑库存中剩余备件。

（4）在控制周期中，若库存中备件耗尽，则采用需求一个备件采购一个备件的方式进行备件补充，该采购不受预算约束。

由于风力发电机组为典型串联系统，考虑 m 个关键部件，则风电机组的平均可用率可由式（5-72）计算得出

$$A_{au} = \prod_{i=1}^{m} A_{au\_i} \qquad (5-72)$$

式中：A_{au} 为风电机组的平均可用率；m 为风力发电机组关键部件数；A_{au_i} 为风力发电机组第 i 个部件的平均可用率，计算公式为

$$A_{au\_i} = 1 - \frac{TMS_i}{NT_{cycle}} \qquad (5-73)$$

式中：N 为风电场的风力发电机组数；T_{cycle} 为备件库存控制周期，在年度定额模型中取 1 年，则分母为风电场全年全部风力发电机组最大运行时间之和；TMS_i 为风电场本年度由于部件 i 故障而造成的风力发电机组停机时间之和，计算公式为

$$TMS_i = \sum_{j=1}^{S_i} P_i(j) \cdot j \cdot MTTR_i + \sum_{j=S_i+1}^{N_i} P_i(j) \cdot [(j-S_i) \cdot TD_i + j \cdot MTTR_i] \qquad (5-74)$$

式中：$MTTR_i$ 为故障平均修复时间；TD_i 为备件采购所需时间；S_i 为年度备件库存定额数；$P_i(j)$ 为在备件库存控制周期中第 i 个部件发生 j 次故障的概率。式（5-74）中第一项为备件充足时的风电场总检修预期时间，仅包含故障检修耗时；第二项为备件短缺时的风电场

总检修预期时间，包含故障检修耗时及备件耗尽后采购备件所需时间导致的停机时间。

$$F_i = \int_0^{T_{\text{cycle}}} \lambda_i \mathrm{d}x \tag{5-75}$$

式中：F_i 为单一部件在备件库存控制周期中发生故障的概率；λ_i 为部件平均故障率。

$$\overline{F}_i = 1 - F_i \tag{5-76}$$

式中：$\overline{F}_i$ 为单一部件在备件库存控制周期中不发生故障的概率。

$$P_i(j) = \binom{N_i}{j} F^j \overline{F}^{(N_i-j)} \tag{5-77}$$

式中：N_i 为风电场中部件 i 的数目。

由式（5-75）、式（5-76）确定部件发生故障与不发生故障的概率后，风电场发生 j 次故障的概率可通过伯努利过程计算得出，见式（5-77）。值得注意的是，式（5-77）中 N_i 根据风力发电机组结构一般等于 N（偏航电机等）或 $3N$（变桨电机、变桨驱动、角度编码器等）。

由上述模型可以看出，当风力发电机组部件的故障率保持不变时，风电场备件库存数目越多，风电场平均可用率越大。但由于风电场资金有限，存在预算限制。

$$\sum_{i=1}^{m} (S_i - Q_i) \times C_i \leqslant B \tag{5-78}$$

式中：C_i、S_i、Q_i 分别为部件 i 的单价、年度定额数、上一年度库存剩余数；B 为风电场一年备品备件采购预算总额。

综上所述，基于年度定额的风电场备件库存优化模型如下

$$\begin{aligned} \max \quad & A_{\text{au}} = \prod_{i=1}^{m} A_{\text{au}\_i} \\ \text{s.t.} \quad & \sum_{i=1}^{m} (S_i - Q_i) \cdot C_i \leqslant B \end{aligned} \tag{5-79}$$

基于年度定额的风电场备件库存优化问题为离散非线性优化问题。求解该类问题的常用方法包括分支定界法、原对偶内点法、遗传算法、粒子群算法等。

由于备件种类及各部件可行定额较多，导致可行域极大、分支定界法难以进行剪支，计算量极大；因模型中故障发生次数由组合数计算得出，不能用连续函数对其进行拟合，原对偶内点法或拉格朗日松弛法等先求连续问题最优解再进行圆整的方法并不适用于该问题；遗传算法及粒子群算法等智能算法可求解该问题，但因智能算法的随机性不一定能得到全局最优解，而且智能算法通过迭代进行求解，其计算量较大、耗时较长。

为提高求解速度及算法收敛性，提出了一种基于效费比的贪婪路径寻优算法。其流程如下：

（1）上一年度各部件的剩余库存为 $\{Q_1, Q_2, Q_3, \cdots, Q_m\}$，各部件购买数量均为 0。

（2）计算相应的各部件可用率 $\{A_1^{Q_1}, A_2^{Q_2}, A_3^{Q_3}, \cdots, A_m^{Q_m}\}$ 及风力发电机组可用率 SA^0。

（3）令第 i 个部件的购买数增加 1，其余部件购买数不变，计算第 i 个部件的可用率为

$A_i^{Q_i+1}$，此时风力发电机组的可用率为 $SA_i = \prod\limits_{j=1}^{m} A_j^{Q_j} \cdot \dfrac{A_i^{Q_i+1}}{A_i^{Q_i}}$。

（4）计算第 i 个部件购买数增加 1 后，风力发电机组可用率的改善程度 $\Delta SA_i = SA_i - SA^0$ 及相应效费比 $B_i = \dfrac{\Delta SA_i}{pr_i}$，其中 pr_i 为部件 i 的单价。

（5）效费比 B_i 最大的部件购买量增加 1，计算购买量增长后是否仍符合预算约束，如符合，返回第（3）步；如不符合，则选取效费比 B_i 次大的部件购买量增加 1，判断是否符合预算约束，符合则返回第（3）步，不符合则继续向下寻找，直至所有部件增长都不符合预算约束，结束计算。

2. 算例分析

选取风力发电机组的 14 个关键部件：风速计、限位开关、液压站、气象站、角度编码器、UPS 模块、偏航电机、变桨防雷模块、变桨 SBP 模块、变桨 PLC 模块、变桨变频器、变桨电机、IGBT 模块、变桨电池，各部件的参数如表 5-17 所示。

表 5-17　　　　　　　　　　　　风力发电机组关键部件参数

部件名称	故障概率（%）	单价（万元）	更换耗时（h）	订货提前期（天）	余量
IGBT 模块	6.48	2.8	3	20	1
变桨电机	8.64	2	3	20	3
变桨变频器	15.29	2	2	15	4
变桨 PLC 模块	2.69	2	2	20	2
变桨 SBP 模块	11.69	0.6	2	20	10
变桨防雷模块	0.57	0.2	2	20	2
偏航电机	3.24	1	4	20	1
UPS 模块	6.95	2	2	20	3
角度编码器	13.95	0.6	2	20	8
气象站	6.25	0.6	3	20	5
液压站	2.08	6	5	60	1
限位开关	2.65	0.06	2	20	2
风速计	3.58	0.02	2	20	4
变桨电池	9.85	0.8	4	20	4

计算包含 100 台风力发电机组的风电场的备品备件年度定额。根据模型及算法，得到不同预算约束下，各部件的最优采购数量及相应的风力发电机组平均可用率，如图 5-11 所示。

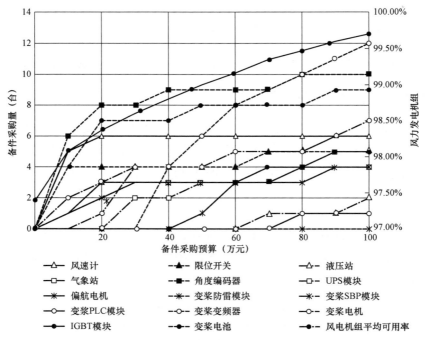

图5-11 100台风力发电机组常用备品备件库存优化算例

由图 5-11 可以看出，风力发电机组平均可用率始终随备件预算的增加而增大，且所有部件的采购量均随备件采购预算的增加而增加。但各部件采购数量非零的相应最小预算不同，这是由于各部件上一年度剩余数量不同导致的。当某种部件上一年度剩余较多时，继续采购该种部件对该部件可用率的提高并不明显，而其余部件的可用率较低，使该部件可用率的提高反映到风力发电机组总体可用率的提高上时变得愈加微弱，效费比很低。所以不采购该种部件，如图 5-11 中的变桨 PLC 模块，其价格较高而故障率较低，上一年度剩余 2 件的情况下，为最大限度提高风力发电机组的整体可用率，本年度不采购该部件。

对比相同预算下，优化方法与经验方法的对比如表 5-18 所示。

表 5-18   优化方法与经验方法的对比

风电场规模（台）	100	
预算（万元）	155.88	
库存方法	经验方法	优化方法
风速计	9	10
限位开关	15	7
液压站	3	3
气象站	15	10
角度编码器	30	19
UPS 模块	15	8

续表

库存方法	经验方法	优化方法
偏航电机	6	5
变桨防雷模块	3	2
变桨 SBP 模块	30	16
变桨 PLC 模块	6	3
变桨变频器	3	16
变桨电机	9	10
IGBT 模块	6	7
变桨电池	3	14
平均可用率（%）	98.93	99.73
总停机时间（h）	9373.2	2345.1
改善程度（%）	—	74.98

由表 5−18 可以看出，在预算相同的情况下，基于年度定额的备件控制方法可以降低风力发电机组的停机时间，且风电场规模越大，这种年度定额优化方法的成效越明显。

5.3.4　区域级大部件库存优化策略

1. 区域级大部件库存优化模型

基于大部件故障率低，且单价高达数十万元至上百万元的特点，提出了基于（s，Q）策略的区域级备件库存优化模型。其优化策略概况如下：

（1）当库存中部件数降低至 s（订货点）时，进行备件采购。

（2）每次采购部件数为 Q（订货量）个。

（3）采购备件后，备件经订货提前期 t_L 到货，且在订货提前期内不进行备件采购。

（4）输入为故障概率密度函数、故障检修耗时、风力发电机组全寿命、订货提前期、风电场规模、采购费用、库存费用、风电出力水平等。

（5）输出为最优订货点 s 及最优订货量 Q。

（6）优化目标为风力发电机组平均运维费用最少。

图 5−12 为（s，Q）库存控制策略示意图，在 t_1、t_3 时刻进行了两次订货，相应的备件到货时刻分别为 t_2、t_5，t_4 时刻出现了备件短缺的现象，对应的故障机组在 t_5 时刻得到检修。称两次订货之间的时间间隔为备件订货周期 t_{spc}，即图中的 [t_1，t_3] 时间段，其长度为消耗 Q 个备件所对应的时间。由于在订货提前期内不进行订货，t_{spc} 不小于 t_L

$$t_{spc} = \max\left\{\frac{Q}{\lambda N}, t_L\right\} \tag{5−80}$$

式中：N 为区域库存覆盖风力发电机组数；λ 为大部件的故障概率。

当 $Q \leqslant \lambda N t_L$ 时，将会出现如图 5−13 所示的连续订货情况。

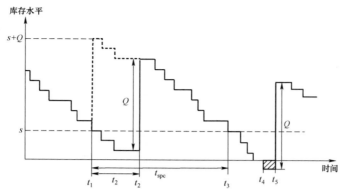

图 5-12 （s，Q）库存控制策略示意图

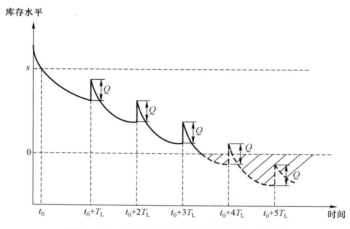

图 5-13 连续订货情况下的库存变化趋势

连续订货时，订货量 Q 不能完全补充 t_L 内消耗的备件，即备件到货后，库存水平仍然低于 s，需要再次订货。此时，库存水平将会逐渐降低，若干订货周期后，备件将持续短缺，如图 5-13 中阴影部分所示。所以，Q 必须大于 $\lambda N t_L$，则式（5-80）可简化为

$$t_{spc} = \frac{Q}{\lambda N} \qquad (5-81)$$

分析图 5-13 可知，订货点 s 主要影响订货提前期内备件短缺导致的停机时间；订货量 Q 主要影响备件订货周期的长短。s 与 Q 共同决定了区域库存策略的实施效果。为确定最优的 s、Q，构建了区域库存优化模型。

鉴于风电运营通常以经济效益为第一目标，所以库存优化模型应以考虑停机损失的风电场备件成本最小为目标。此外，因为风力发电机组为典型的串联系统，风力发电机组整体的可用率为各部件可用率的乘积，为保证风力发电机组整体的可用率，风力发电机组各部件均需具有较高的可用率。所以，将风力发电机组大部件的可用率作为优化模型的约束之一。本小节从风力发电机组大部件的可用率及备件相关成本两方面，构建了（s，Q）策略下的库存优化模型。

（1）风力发电机组大部件的平均可用率。风力发电机组的故障统计表明，风力发电机组大部件的故障通常服从威布尔分布，其故障概率密度函数为

$$h(t) = \frac{\beta}{\theta} \left(\frac{t}{\theta} \right)^{\beta-1} \exp\left[-\left(\frac{t}{\theta} \right)^{\beta} \right] \tag{5-82}$$

式中：β 为形状参数；θ 为尺度参数；t 为部件役龄。

则在风力发电机组设计寿命 t_F 内，单一部件的工作时间期望为

$$T_1 = \int_0^{t_F} h(t)\, t \mathrm{d}t + t_F \int_{t_F}^{\infty} h(t)\, \mathrm{d}t \tag{5-83}$$

式中：第一项为部件在 t_F 内发生故障所对应的工作时间期望；第二项为部件在 t_F 内未发生故障所对应的工作时间期望。

为确定库存对部件可用率的影响，下面分别对零库存、无限库存及有限库存条件下风力发电机组大部件的平均可用率进行讨论。

1）零库存下的大部件可用率。零库存条件下，仅在部件发生故障后采购相应备件。此时，单一部件的更换周期期望为

$$T_2 = \int_0^{t_F} (t + t_c + t_L) h(t)\mathrm{d}t + t_F \int_{t_F}^{\infty} h(t)\mathrm{d}t \tag{5-84}$$

式中：t_c 为故障更换耗时。

那么，零库存条件下的风力发电机组大部件平均可用率为

$$A_0 = \frac{t_1}{t_2} \tag{5-85}$$

2）无限库存下的大部件可用率。在无限库存条件下，备件始终充足，一旦某部件发生故障，立即有备件可供更换。则单一部件的更换周期为

$$t_3 = \int_0^{t_F} (t + t_c) h(t)\mathrm{d}t + t_F \int_{t_F}^{\infty} h(t)\mathrm{d}t \tag{5-86}$$

此时，风力发电机组大部件的平均可用率为

$$A_a = \frac{t_1}{t_3} \tag{5-87}$$

3）有限库存下的大部件可用率。在有限库存条件下，大部件的可用率需考虑备件短缺导致的停机时间，而备件短缺现象仅会出现在订货提前期内。以下对单一订货提前期内，备件短缺导致的停机时间进行推导。

在风力发电机组寿命周期内，单一部件的年均故障概率为

$$\lambda = \frac{\int_0^{t_F} h(t)\mathrm{d}t}{t_F} \tag{5-88}$$

那么，在订货提前期内，单一部件发生故障的概率为

$$\lambda_L = t_L \lambda \tag{5-89}$$

对于库存覆盖的 N 台风力发电机组在订货提前期内发生 i 次故障的概率，可通过二项

分布公式计算得出

$$P_i = \binom{N}{i} \lambda_L^i (1-\lambda_L)^{N-i} \tag{5-90}$$

假设在 t_L 内发生了 i 次故障，则第 k 次故障发生时刻的数学期望位于 t_L 的第 k 个 $i+1$ 等分点处。当 t_L 内发生故障的次数 $i \leq s$ 时，所有故障均有备件可供检修，等待备件停机时间为零；而 $i > s$ 时，第 $s+1$ 次及之后的故障均需等待备件到货后方可进行检修。因此，t_L 内发生 i 次故障而导致的等待备件停机时间总和为

$$t_{wsi} = \begin{cases} 0 & , i < s+1 \\ \sum_{j=s+1}^{i} \frac{i+1-j}{i+1} t_L , i \geq s+1 \end{cases} \tag{5-91}$$

由于一个备件订货周期内仅包含一个订货提前期，所以由式（5-90）、式（5-91）可以得出，在一个备件订货周期内，区域库存覆盖的全部风力发电机组因备件短缺导致的总停机时间期望为

$$t_D(s) = \sum_{i=0}^{N} P_i t_{wsi} \tag{5-92}$$

基于上述分析，在有限库存条件下，风力发电机组大部件的平均可用率为去除备件短缺停机时间后的总运行时间与总寿命之比

$$A = \frac{k_1 N t_1 - k_2 t_D(s)}{N t_F} \tag{5-93}$$

式中：k_1 为风力发电机组设计寿命与单一部件更换周期之比；k_2 为风力发电机组设计寿命与备件订货周期之比

$$k_1 = \frac{t_F}{t_3} \tag{5-94}$$

$$k_2 = \frac{t_F}{t_{spc}} \tag{5-95}$$

（2）风力发电机组大部件备品备件的成本。风力发电机组大部件备品备件的成本主要包含检修费用、消耗备件成本、备件采购成本、等待备件停机损失、库存维持成本等。

零库存条件下，部件发生故障后，等待备件导致的停机时间与订货提前期 t_L 相等，且库存保持费用为 0。此时，单台风力发电机组大部件的备件成本 B_0 为

$$B_0 = \frac{\int_0^{t_F} h(t)dt}{t_2} [(t_L + t_c)C_s + C_q + C_g] \tag{5-96}$$

式中：C_q 为备件单价；C_g 为单次备件采购费用；C_s 为风力发电机组单位时间停机损失，通常以停机损失电量计算，可得

$$C_s = 8760 p_r LP \tag{5-97}$$

式中：p_r 为风电上网电价；L 为风力发电机组平均出力水平，由风力发电机组所在地区的

风能资源丰度决定；P 为风力发电机组额定功率。

在区域库存策略下，单台风力发电机组大部件一年的备件成本 $B(s,Q)$ 为

$$B(s,Q) = \frac{1}{t_1}\left[C_c \int_0^{t_F} h(t)\,\mathrm{d}t + C_q \frac{QC_q + C_b}{QC_q} + C_s \int_0^{t_F} t_c h(t)\,\mathrm{d}t \right]$$
$$+ \frac{1}{Nt_{\mathrm{spc}}} D(s)C_s + \frac{C_h}{Nt_{\mathrm{spc}}} \int_0^{t_{\mathrm{spc}}} I(t)\,\mathrm{d}t \qquad (5-98)$$

式中：C_h 为单一部件单位时间库存维持费用。

$$I_m = \frac{1}{t_{\mathrm{spc}}} \int_0^{t_{\mathrm{spc}}} I(t)\,\mathrm{d}t \qquad (5-99)$$

$$I(t) = \max\{I'(t), 0\} \qquad (5-100)$$

$$I'(t) = Q + s - N\lambda T_L - N\lambda t \qquad (5-101)$$

式中：I_m 为平均库存水平，$I(t)$ 为 t 时刻的库存水平期望。以备件到货时刻为 0 时刻，$I(0)$ 即为备件到货时刻的库存水平期望。由于库存水平为非负数，所以 $I(t)$ 的值为 $I'(t)$ 与 0 中较大者。

最终，我们以风力发电机组大部件备件成本最小为目标，以部件可用率、订货量、订货点为约束，得到区域库存优化模型为

$$\begin{aligned} \min\ & B(s,Q) \\ \mathrm{s.t.}\ & A_p < A(s,Q) \\ & Q > \lambda N t_L \\ & s \geqslant 0 \end{aligned} \qquad (5-102)$$

式中：A_p 为大部件的最低可用率。

当风电场采用状态评估时，状态检修策略会在部件失效前报警，仅考虑涉及消耗备件的报警，分如下情况处理：

1）报警提前时间大于备件订货提前期。若报警准确率为 100%，即所有故障均会提前告警，则不需备件库存，仅当状态报警后进行备件采购即可；若报警准确率不为 100%，即部分故障不会提前告警，则需要进行备件库存以应对未得到提前告警的部分故障。假设报警准确率为 80%，即 80%的故障会发出提前报警，20%的故障不会提前告警，则将区域库存模型中故障率与未报警比例相乘，得到未报警故障率，使用该故障率对区域库存进行优化即可。

2）报警提前时间小于备件订货提前期。该情况下，无论报警准确率为何值，均需进行备件储备以供检修使用。此时报警可认为是将一段时间后的故障提前检修，并不影响总的故障发生数，即故障率不受影响，则该情况下区域库存模型不受预防性状态检修的影响。

2. 算例分析

忽略预防性检修，以齿轮箱为例，使用上述模型进行仿真，分别对包含 1000 台风力发电机组、2000 台风力发电机组的区域进行库存优化。齿轮箱参数如表 5-19 所示。

表 5-19　　　　　　　　　　　区域级齿轮箱备件优化模型参数

齿轮箱备件	参数	齿轮箱备件	参数
部件单间（万元）	80	采购费用（万元/次）	2
库存费用［万元/（年·台）］	5	订货提前期（天）	90
风力发电机组寿命（年）	20	尺度参数（年）	79.6
风力发电机组平均出力水平（%）	20	故障检修耗时（天）	15
形状参数	1.05	风力发电机组额定功率（MW）	1.5
故障检修费用（万元）	20		

1000 台风力发电机组相应的可用率及年均运维费用与 s、Q 的变化如图 5-14、图 5-15 所示。

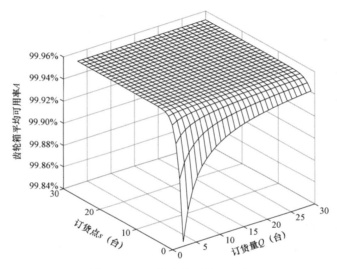

图 5-14　齿轮箱的平均可用率

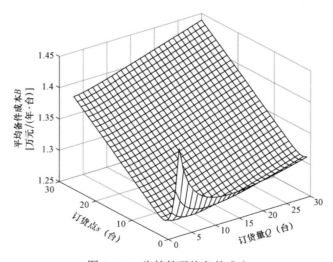

图 5-15　齿轮箱平均备件成本

（1）可用率分析。由图 5-14 可得：订货点 s 对齿轮箱的平均可用率 A 的影响强于订货量 Q 对 A 的影响。

当 $s<5$ 且为定值时，单一订货周期 t_{spc} 内因缺少备件而停机的时间 $t_D(s)$ 不变，而 Q 的增大将使 t_{spc} 延长，进而使风力发电机组寿命内的订货周期数减小，因此，缺少备件停机的总时间减小。此时，A 随 Q 的增大而增大。

当 $s\geq5$ 时，A 约为 99.95%，与无穷条件下的可用率 A_a 近乎相等，可认为备件已足够充足。此时，在 t_L 内因备件短缺而停机的概率极低，Q 的变化对 A 无影响。

当 Q 为定值时，风力发电机组寿命内的订货周期数也为定值，s 的增大将使 $t_D(s)$ 减小，因此，A 始终随 s 的增大而增大，直至备件足够充足。

区域库存策略下的齿轮箱平均可用率 A 始终优于零库存情况下的齿轮箱平均可用率 A_0（99.66%）。

（2）备件成本分析。图 5-15 显示了齿轮箱的备件成本 B 随 s、Q 的变化趋势。最优点为（4，4），对应的 B 为 1.257 9 万元/（年·台）。

当 s 较小时，B 会随着 Q 的增大先减小后增大。这是因为 Q 的增大分摊了备件采购费用，同时也改善了风力发电机组的平均可用率，进而减少风力发电机组的停机损失。但 Q 的增大也将提高平均库存水平 I_m，使库存维持费用增加。当停机损失的减少不足以补偿库存维持费用的增加时，Q 的增大将使齿轮箱备件成本 B 增大。

当 s 较大时，在订货提前期内备件已足够充足，$t_D(s)$ 近乎为零。Q 的增大并不能减少风力发电机组停机损失，只会提高平均库存水平，使 B 增大。

计算得出，零库存策略下的齿轮箱备件成本 B_0 为 1.628 9 万元/（年·台）。区域库存策略下的备件成本较零库存策略降低了 22.8%。可见，区域库存下的部件可用率与备件成本均优于零库存情况。

如完全不进行备件储备，则年均运维费用计算公式计算得出，风电场可用率与平均运维费用均与风电场规模无关。采用区域库存策略时，无论风电场规模大小，风力发电机组可用率与平均备件费用均较不储备备件有较明显改善，且区域库存覆盖风力发电机组越多，平均备件费用越少。区域齿轮箱备件优化结果与无备件的对比见表 5-20。

表 5-20　　　　　　　　　区域齿轮箱备件优化结果与无备件的结果对比

区域风力发电机组规模	库存策略	订货点	订货量	年平均停机时间（h）	改善比例（%）	平均备件费用（元）	改善比例（%）
1000（台）	不储备备件	—	1	29.78	—	1.628 9	—
	区域库存策略	4	4	4.38	85.3	1.257 9	22.8
2000（台）	不储备备件	—	1	29.78	—	1.628 9	—
	区域库存策略	7	6	4.38	85.3	1.250 4	23.2

通过调整模型中各参数，重新求解最优（s，Q）参数，得到表 5-21。表 5-21 中各符号的含义如下：

1）风电场规模 N：区域库存覆盖的风电场的总风力发电机组数目，单位为台。

2）订货提前期 t_L：从采购到备件到货的时间间隔，单位为天。

3）采购费用 C_g：一次采购行为所造成的费用（如运费等），单位为万元。

4）库存费用 C_h：一件备品备件在库存中储备一年所产生的费用（如人员费用、场地费用等），单位为万元。

5）风电出力水平 L：风力发电机组平均出力占额定容量的比例，为无量纲数。

6）检修耗时 t_c：发生故障后，进行检修所需时间（包含备件从区域库存到风电场的运输时间），单位为天。

7）风力发电机组设计寿命 t_F：风力发电机组的设计寿命，单位为年。

8）最优订货点 s^*：由平均运维费用最小确定的订货点，当库存内备件数目减少到订货点时进行订货，单位为台。

9）最优订货量 Q^*：由平均运维费用最小确定的订货量，每次订货采购的备件数目，单位为台。

10）最优平均运维费 B^*：一台风力发电机组一年所需的运维费用，包含检修费用、停电损失、备件库存费用等，单位为万元/（台·年）。

11）可用率 A^*：区域库存覆盖的全部风力发电机组的平均可用率。

表 5-21　　　　　主要参数对风力发电机组大部件备件成本及可用率的影响

案例	N（台）	t_L（天）	C_g（万元）	C_h（万元）	L（%）	t_c（天）	t_F（年）	s^*（台）	Q^*（台）	B^* [万元/（台·年）]	A^*（%）
1	1000	90	2	5	20	15	20	4	4	1.257 9	99.95
2	1000	30	2	5	20	15	20	1	4	1.251 0	99.95
3	1000	180	2	5	20	15	20	7	6	1.265 2	99.95
4	500	90	2	5	20	15	20	2	3	1.267 7	99.95
5	500	90	2	5	20	7	20	2	3	1.234 3	99.97
6	2000	90	2	5	20	15	20	7	6	1.250 4	99.95
7	2000	90	2	5	20	20	20	7	6	1.271 2	99.93
8	1000	90	5	5	20	15	20	3	6	1.264 9	99.95
9	1000	90	2	10	20	15	20	3	4	1.271 3	99.94
10	1000	90	2	5	33	15	20	4	4	1.301 1	99.95
11	1000	90	2	5	50	15	20	5	4	1.356 9	99.95
12	1000	90	2	5	20	15	25	4	4	1.270 8	99.95

由表 5-21 可以得出以下结论：

1）案例 1 显示，每当区域中心库的库存量降低至 4 台时，采购 4 台备件。此时，齿轮箱的平均备件成本为 1.257 9 万元/（台·年），可用率为 99.95%。

2）由案例 1~7 可以看出，区域库存覆盖风力发电机组数 N 的增多与订货提前期 t_L 的

延长均会使 s^*、Q^* 增大。同时，N 的增大将降低平均备件成本，而 t_L 的延长则会提高平均备件成本。

3）对比案例 1 与案例 8、案例 9：采购费用 C_g 增大将使风电场倾向单次购买更多备件以分摊采购费用；而库存维持费用 C_h 增大则使风电场减少单次备件采购数量，以降低平均库存水平，进而降低备件成本。

4）分别对案例 4、5 与案例 6、7 进行对比：由于故障更换耗时 t_c 包含将备件从区域中心库运输至故障风力发电机组所需时间。当区域库存覆盖机组数 N 增大时，t_c 可能延长，导致平均可用率降低、平均备件成本上升。但其并不会影响最优库存控制参数 s^*、Q^*。

5）最后三个案例表明：平均出力水平 L 与风力发电机组设计寿命 T_F 的增大均会使备件成本上升。平均出力水平升高会提高单位时间停机损失，进而使 B^* 增大；案例 12 与案例 1 相比，消耗备件数目增多了 22.62%，而单一部件的预期更换周期延长幅度为 21.48%，所以，平均备件成本略微升高。但这两个参数对最优库存控制参数 s^*、Q^* 几乎没有影响。

综上所述，对备品备件库存控制策略影响最大的参数为备件订货提前期及风电场的规模，风电场规模越大，储存备件越多，订货提前期越长，储存备件越多，与实际情况相符。

5.3.5 区域—风电场备品备件综合案例

以一个包含多个风电场的区域为例，对区域、风电场两级库存进行模拟计算，分析优化效果。

利用某公司同区域 5 个风电场的备品备件库存实际数据，开展仿真分析以验证算法有效性。考虑表 5-17 所列的 14 种常用部件，采用年度定额优化方法对各风电场的常用部件库存分别进行控制；考虑齿轮箱、发电机及主轴承三种大部件，采用区域库存策略对大部件的备件库存进行控制。区域内各风电场的规模与常用部件预算如表 5-22 所示。

表 5-22　　　　　　　　　区域内风电场规模与常用部件预算

风电场编号	风电场 1	风电场 2	风电场 3	风电场 4	风电场 5
风电场规模（台）	198	99	297	99	297
常用部件预算（万元）	158	86	232	83	260

各风电场上一年度各部件的剩余量如表 5-23 所示。表 5-23 同时给出了该种情况下，根据经验及年度定额优化库存方法所求解得出的本年度各部件采购量及风电场总停机时间、可用率。

表 5-23　　　　　　　　　各风电场常用部件备件库存

风电场编号	风电场 1	风电场 2	风电场 3	风电场 4	风电场 5
风电场规模（台）	198	99	297	99	297
备件采购预算（万元）	158	86	232	83	260

风电场编号	风电场1			风电场2			风电场3			风电场4			风电场5		
库存方法	剩余	经验	优化	剩余	经验	优化	剩余	经验	优化	剩余	经验	优化	剩余	经验	优化
风速计	2	9	12	1	5	8	3	14	16	2	4	7	5	13	14
限位开关	3	16	7	2	8	4	5	23	9	2	7	4	5	26	9
液压站	1	3	2	0	2	1	1	5	4	0	2	1	1	5	4
气象站	3	16	12	1	8	6	7	21	15	1	8	7	8	23	14
角度编码器	5	33	26	3	17	14	16	39	30	2	16	15	7	54	39
UPS模块	6	13	6	2	8	4	7	21	11	2	7	4	6	25	12
偏航电机	2	6	5	0	4	4	1	10	9	1	3	3	3	9	8
变桨防雷模块	1	3	2	0	2	1	1	5	3	1	1	1	1	5	3
变桨SBP模块	7	31	20	4	16	10	13	42	26	4	14	10	6	55	33
变桨PLC模块	2	6	2	1	3	1	1	10	5	0	4	2	1	9	3
变桨变频器	1	3	21	1	1	10	1	5	31	1	1	9	1	5	34
变桨电机	2	9	13	1	5	4	4	13	18	1	5	6	4	14	19
IGBT模块	1	7	1	1	3	2	2	9	0	1	3	1	2	10	5
变桨电池	1	3	21	0	2	12	1	5	31	0	2	11	1	5	31
平均可用率（%）	—	98.59	99.13	—	97.50	99.10	—	98.96	99.14	—	97.35	99.00	—	98.99	99.29
总停机时间（h）	—	24456	15090	—	21681	7805	—	27058	22375	—	22982	8672	—	26277	18472
停机时间缩短幅度（%）	—	—	38.30	—	—	64.00	—	—	17.31	—	—	62.26	—	—	29.70

由表 5-23 可以看出，在预算保持不变的前提下，各风电场采用年度定额优化方法得到的部件采购方案，其风力发电机组平均可用率均优于经验库存，明显缩短了风力发电机组的停机时间。

采用区域库存方式对齿轮箱、发电机、主轴承进行储存，区域库存覆盖该区域的全部 990 台风力发电机组的备件。对比无库存情况与区域库存优化策略情况下的风力发电机组可用率、停机时间等数据，如表 5-24 所示。

表 5-24　　　　　无库存与区域库存优化策略情况下的风力发电机组数据对比

库存策略	部件	订货点	订货量	平均停机时间（h）	可用率（%）	停机时间（h）	改善程度（%）
无库存	齿轮箱	—	1	29.78	98.63	120.3	—
	主轴承	—	1	42.05			
	发电机	—	1	49.06			
优化库存	齿轮箱	4	4	4.38	99.84	14.0	88.36
	主轴承	5	9	2.63			
	发电机	5	8	7.01			

由表 5-24 可以看出，在考虑三种大部件的备件库存时，采用区域库存优化策略，可使风力发电机组的平均停机时间降低 88%，明显优于传统的无库存方式。

综合考虑大部件与常用部件的备件库存情况，表 5-25 给出了各风电场在经验库存方式下与优化库存方式下的风力发电机组可用率与风电场总停机时间等。

表 5-25　　　　　各风电场在经验库存与优化库存方式下的风力发电机组可用率与总停机时间、改善程度

风电场编号	风电场 1		风电场 2		风电场 3		风电场 4		风电场 5	
库存方法	经验库存	优化库存	经验库存	优化库存	经验库存	优化库存	经验库存	优化库存	经验库存	优化库存
可用率（%）	97.24	98.97	96.16	98.94	97.60	98.98	96.02	98.84	97.63	99.13
总停机时间（h）	47 883.5	17 841.0	33 265.2	9180.3	62 330.8	26 501.7	34 548.2	10 046.1	61 560.9	22 605.4
改善程度（%）	—	62.74	—	72.40	—	57.48	—	70.92	—	63.28

在大部件方面，优化库存策略下的各大部件的备件相关成本均低于经验库存。所以优化库存策略并不会提高风电场的备件成本。由表 5-25 可以看出，采用优化库存策略明显降低了各风电场的风力发电机组总停机时间。

第6章

风力发电机组事后检修策略

风力发电机组各子系统或部件由于受各种载荷和环境作用，因此在设计、制造、安装过程中，任何一个微小瑕疵仍然不可避免地会被发展，如未能及时发现、及时检修，将出现故障停机。风力发电机组故障停机后，需要依托专家经验，采取必要的分析方法对故障停机原因进行诊断，定位故障部件并实施检修，通过静态调试使机组复役运行。作为故障后的紧急措施，事后检修包括下述一个或全部活动：故障原因诊断，损坏件定位，故障隔离、分解，损坏件修复或更换，安装调试等，其中故障原因诊断是事后检修决策的主要内容。准确、快速的故障原因诊断，能够避免长时间停机带来的损失，并保证检修方案的有效性。

本章 6.1 节介绍了风力发电机组故障诊断中广泛应用的故障树基础理论，提出了故障原因概率量化分析的故障树系统理念，简要阐述了基于故障树理论的专家诊断系统功能需求与设计要点；6.2 节介绍了风力发电机组智能故障诊断技术框架，并阐述了典型智能故障诊断分析方法的思路，供读者参考理解。

6.1 风力发电机组故障树系统及应用

风力发电机组故障原因诊断是指机组故障发生并停机后，运用故障数据分析、试验、检修等手段确认故障位置和故障原因的过程。风电机组故障停机后通常会报出成组的故障代码，专业面广、经验丰富的运维人员可以凭借经验快速排除连带故障代码，找到故障停机的根本原因，而我国风电行业大多数运维人员的故障诊断经验不足，难以快速排查定位故障原因和位置，查找停机原因的时间长、检修实施时间长。风力发电机组厂家在机组交付时，将多年积累的故障分析经验，包括每一个故障代码及其对应的多个故障原因、检查过程、修复更换过程等，整理成故障手册提供给风电场，以便风电场运维人员查阅。国内风电场故障排查和检修多参考设备厂家提供的故障手册，根据手册中故障代码与故障原因的对应关系，对故障原因进行逐一排查。这种故障排查方式非常贴近故障树理论的分析思路，因此，故障树理论在风力发电机组事后检修中的应用较为广泛，并在此基础上衍生出多种智能分析方法的研究。

6.1.1 故障树基础理论

故障树分析（false tree analysis，FTA）法发展于 20 世纪 60 年代，是一种由果到因的分析方法，它是对系统故障形成的原因采用从整体至局部、按树枝状逐渐细化分析的方法。它通过分析系统的薄弱环节和完成系统的最优化来实现对设备故障的诊断，是一种安全性和可靠性分析技术，对于系统故障的预测、预防、分析和控制效果显著，广泛用于大型复杂系统可靠性、安全性分析和风险评价。

作为一种图形演绎法，FTA法需要一些专门表示逻辑关系的门符号、事件符号以及基本术语，借以表示事件之间的逻辑关系和因果关系。

底事件——故障树分析中仅导致其他事件发生的原因事件称为底事件，它位于故障树底端，是逻辑门的输入事件而不是输出事件。

顶事件——故障树分析中所关心的结果事件称为顶事件，它是故障树的分析目标，位于故障树的顶端，因此，它只是逻辑门的输出端。

中间事件——位于底事件和顶事件之间的中间结果事件称为中间事件，它既是逻辑门的输出事件，又是另一个逻辑门的输入事件。

故障树分析法的主要门符号、事件符号及其基本意义如表6-1所示。

表6-1　　　　　　　　　　　故障树分析法基本符号和意义

名称	符号	定义
与门	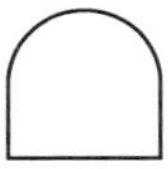	仅当输入事件同时发生时，门的输出事件才发生
或门		仅当输入事件中至少有一个事件发生时，门的输出事件才发生
矩形事件	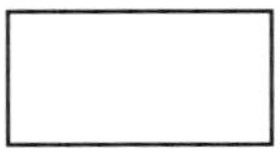	顶事件或中间事件，用门表示的事件
圆形事件	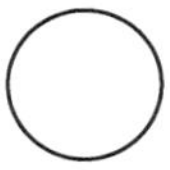	基本事件或底事件

FTA法是把系统不希望发生的事件（失效状态）作为故障树的顶事件（Top event），用规定的逻辑符号表示，找出导致这一不希望事件所有可能发生的直接因素和原因。它们是从处于过渡状态的中间事件开始，并由此逐步深入分析，直到找出事故的基本原因，即故障树的底事件为止。故障树分析法一般流程如图6-1所示。

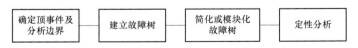

图6-1　故障树分析法一般流程

故障树的建立是FTA法的关键，故障树建立的完善程度将直接影响分析的准确性。常用的建树方法为演绎法，从顶事件开始，由上而下，逐级进行分析。

1）根据风电机组设计原理以及故障产生的机理，分析顶事件发生的直接原因，将顶事件作为逻辑门的输出事件，将所有引起顶事件发生的直接原因作为输入事件，根据它们

之间的逻辑关系用适当的逻辑门连接起来。

2）对每一个中间事件用同样方法，逐级向下分析，直到所有的输入事件都不需要继续分析为止（此时可直达故障部件位置，指导实施检修）。

因此，风力发电机组故障树系统建立的关键是要清楚掌握机组的拓扑结构、运行逻辑与故障机理。建立风电机组故障树，应遵循如下基本步骤：

1）收集该型号风电机组的设计资料和故障手册，分析、研究、掌握机组内部结构和运行机理。

2）研究风电机组各故障代码的含义，确定顶事件。

3）分析确定引起顶事件的所有可能的中间事件。

4）结合积累的故障案例和必要的试验手段，确定故障树的底事件。

以某型号双馈风力发电机组齿轮箱油温超限故障为例，从故障触发机制出发，建立该故障的故障树，并对故障树建立的步骤进行说明。

齿轮箱油温超限的故障触发机制为：温度超过 80℃，并持续 5s 触发故障。齿轮箱油温超限故障树建立步骤如下：

1）确定顶事件。选取高发故障风电机组齿轮箱油温超限为顶事件，然后确定导致齿轮箱油温超限可能的原因，确定非正常工作的定义范围，即故障发生的确定性描述。定义 T 为顶事件。

2）确定中间事件。根据齿轮箱的构成、运行原理，把导致齿轮箱油温升高的原因逐级、逐步细化，并逐一找出可能导致其故障发生的直接或间接原因，定义 M 为故障树中导致故障发生的中间事件。

3）确定底事件。逐步细分每个中间事件，找出导致齿轮箱油温超限的原因，直到不能再细分为止，不能再细分的故障原因称为底事件，定义 X 为底事件。

4）将顶事件、中间事件、底事件按照树状逻辑关系，即按照故障因果关系通过事故逻辑符号"或门"或"与门"连接。

根据上述过程确定的齿轮箱油温超限故障树如图 6-2 所示。图 6-2 中，第一行内容为顶事件，第二、三行内容为中间事件，第四行内容为底事件，各事件构成了一个节点。各事件间的逻辑符号均为"或门"。

故障树分析法一般包括定性分析和定量分析。上述故障树系统仅适用于故障原因的定性分析，需要运维人员逐一按照底事件进行原因排查才可获得最终导致故障停机的根本原因，对故障原因的量化分析可以通过对事件进行发生概率分析，进而对各底事件的发生概率进行排序，从而指导运维人员对故障原因进行有序排查，降低故障原因的诊断时间。

6.1.2　故障原因概率量化赋值的故障树系统

故障树底事件发生概率的量化赋值需要依赖大量的历史故障诊断与修复案例统计。通过统计 2013～2015 年间 169 座风电场、5655 台某型号双馈风电机组的 23 万余条故障修复记录，通过分析各故障原因的概率分布，发现大部分故障原因的概率分布呈现极不平衡现象，某一故障原因导致机组停机，报出同一故障代码的概率较大。

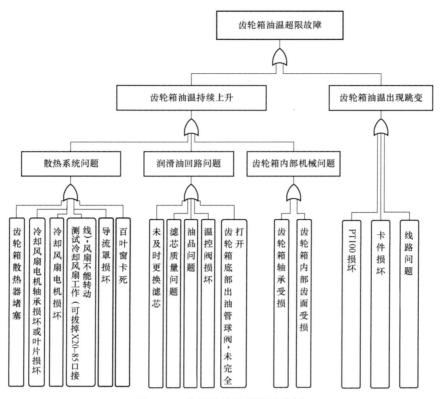

图 6-2　齿轮箱油温超限故障树

举例说明，该型号风电机组 3 年间共发生 8801 次发电机转速超限故障，发电机转速超限故障树节点转化规则如表 6-2 所示，可以判断该型号 78% 的风电机组发电机转速超限故障是因为变桨跟随性差所引起的。

表 6-2　　　　　　　　　　发电机转速超限故障树节点转化规则表

事件类型	事件名称	事件描述	故障概率（%）
顶事件	发电机转速超限	发电机转速高于额定值，立即激活	/
底事件	接线回路问题	由接线问题，引发的虚拟发电机转速超限	3
	变频器器件问题	由变频器器件问题，引发的虚拟发电机转速超限	2
	发电机编码器问题	由发电机编码器问题，引发的虚拟发电机转速超限	2
	主控控制问题	风速突变，主控变桨控制参数待优化	15
	变桨跟随性差	风速突变，变桨系统未及时跟随顺桨，变桨系统响应慢	78
	主控转矩控制问题	风速突变，主控转矩控制参数待优化	0
	变频器转矩跟随性差	由转矩跟随，引发的发电机转速超限	0

通过上述统计分析，对发电机转速超限故障树的所有底事件进行概率赋值，发电机转速超限故障树如图 6-3 所示。

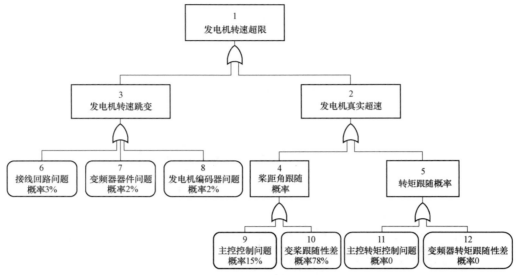

图 6-3　发电机转速超限故障树

6.2　风力发电机组智能故障诊断技术

　　风电机组故障停机时间仍然占比很高，其原因在于运维人员故障诊断经验缺乏、检修水平不高。然而，风电机组频发的少数典型故障会导致 90%以上的停机时间，且故障代码与故障原因之间的逻辑关系已经通过经验建立，随着风电机组监测测点的不断完善、控制技术不断进步和人工智能技术的快速发展，风电机组已经具备运用智能算法开展故障诊断的条件。

6.2.1　智能故障诊断技术框架

　　以风电机组故障树系统为基础，通过分析风电机组典型频发故障的故障原因概率分布和特征，对不同故障的诊断方法进行分类，建立了基于历史概率统计、控制逻辑驱动和概率神经网络融合应用的智能故障诊断技术框架。

　　通过历史故障记录统计发现，大部分故障原因概率分布相对集中，图 6-4 为齿轮箱压差故障原因概率分布统计结果。

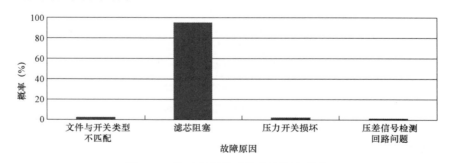

图 6-4　齿轮箱压差故障原因概率分布

由图 6-4 可以看出，齿轮箱压差故障原因的概率分布集中，由滤芯阻塞引起的故障占比超过 95%。针对上述故障原因概率分布集中的故障，使用基于历史概率统计的方法进行量化诊断。

其余故障的故障原因概率分布相对均衡，以发电机轴承 B 温度超限故障为例，故障原因概率分布如图 6-5 所示。

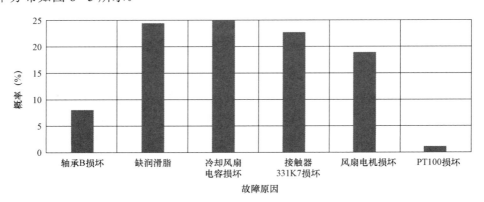

图 6-5   发电机轴承 B 温度超限原因概率分布

从图 6-5 可以看出，发电机轴承 B 温度超限故障各故障原因的分布相对均衡，差别较小。针对上述故障原因概率分布相对均衡的故障，通过基于控制逻辑驱动或概率神经网络的方法进行故障诊断。

如果故障原因与 SCADA 测点存在明确的逻辑判断规则，即通过 SCADA 测点数据和逻辑判断规则可确定故障原因，则采用基于控制逻辑驱动的诊断方法。如风向标传感器故障，根据风向标测点的数据可判断故障位置为风向标 1 或风向标 2，进而根据测点数据和逻辑判断规则诊断为死值或者跳变，类似故障可采用基于控制逻辑驱动的诊断方法。对于故障特征原因复杂，且缺乏明确物理判断逻辑的故障，则采用基于概率神经网络的智能诊断算法确定故障原因。

风电机组智能故障诊断技术框架包括基于历史概率统计、控制逻辑驱动和概率神经网络的诊断方法：对于故障原因概率分布集中的故障，通过基于历史概率统计的智能故障诊断方法，找到概率最大值对应的故障原因，通过检修确认完成闭环优化。对于故障原因与 SCADA 测点间存在明确逻辑判断规则的故障，建立了规则知识库，借助模糊推理机完成基于控制逻辑驱动的智能故障诊断。如果故障特征原因复杂，且缺乏明确物理判断逻辑，则需要经过 SCADA 数据采集、清洗和预处理，提取特征，建立概率神经网络模型，完成基于概率神经网络的智能故障诊断。风电机组智能故障诊断技术框架如图 6-6 所示。

风电场可以参考上述智能故障诊断技术框架，建立具备自学习功能的风电机组智能故障诊断系统。智能诊断系统的自学习功能有两个层面含义：一个层面的自学习功能是当新的学习实例输入后，知识获取模块通过对新实例（实际运行故障样本）的学习，更新网络权值分布，从而更新知识库。另一个层面的自学习功能是对新状态的识别记录功能，如当

遇到一种新状态，将新样本数据进行特征提取，然后与已建立好的标准样本库比较，再利用模糊理论方法进行状态匹配。若没有匹配结果，就将新状态记录。以第一类自学习功能为例，具体流程如图6-7所示。

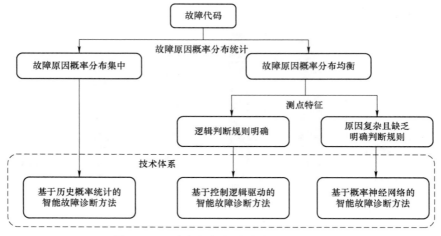

图6-6 风电机组智能故障诊断技术框架

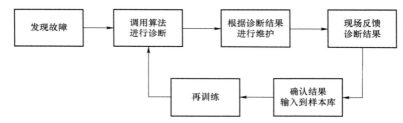

图6-7 自学习功能流程图

6.2.2 基于规则匹配的模糊推理故障诊断方法

基于规则匹配的智能故障诊断技术发展虽然相对较早，但由于在基于规则匹配的诊断系统中，知识的不确定性和证据不确定性会带来诊断模型的容错性、适应性问题，实际诊断的准确性受到了影响。因此，结合实际工程中专家的处理经验和历史数据总结，提出了一种以故障树为主要知识表达方式，以规则匹配为主要推理方式以及反馈训练为学习方式的故障诊断方法，以解决风力发电机组规则较明确的故障诊断问题。

基于规则匹配的诊断模型包含知识库和推理机两部分。知识库包含推理机所使用的知识，按"表"或"流程图"的形式进行。由于知识的不确定性，根据输入信息很难得出准确结论，要对其进行模糊推理，推理的结果也难免会有偏差，因此，用某种可成长的训练或者学习机制对推理机进行校正，使模型有一定的可扩展性，达到随着模糊推理次数增多优化推理机的目的。基于规则匹配的故障诊断模型如图6-8所示。

1. 知识的获取和表述

一般先进行故障分析，然后以 IF-THEN 的诊断规则构造知识库，同时也体现出各个子节点与父节点构成的正向因果关系链。但是对于复杂系统诊断来说，普遍存在组合爆炸、规则细化以及规则之间的联系困难等问题，因此，在保留故障树知识描述方式的同时，对知识库的转化方式做出调整，可以有效防止上述问题。

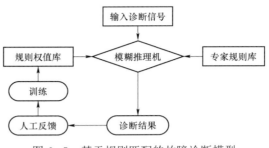

图 6-8　基于规则匹配的故障诊断模型

在具体的知识表述方式上，采用的是二叉树故障树形式，主要考虑以下几点：

（1）二叉树故障树的逻辑结构最为简单直观。

（2）计算机编程容易实现。

对故障检测点进行编码，其中重复检测点采用不同编码，以避免规则嵌套，最大限度简化故障树的构建过程，最终将知识转化为计算机易识别的故障点编码和检测结果码，每个检测点输出两种状态，左侧编码为"0"，右侧编码为"1"。以风向标传感器故障为例，建立故障树，如图 6-9 所示。由该故障树生成的知识规则集如表 6-3 所示。

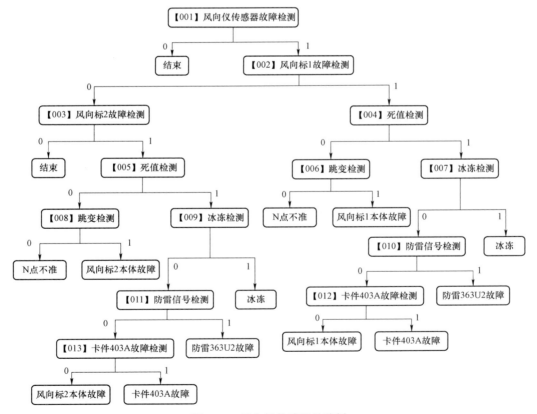

图 6-9　风向标传感器故障树

表 6-3   风向标传感器故障知识规则集

规则编号	检测点组合码	检测结果码	诊断结果
1	001	0	结束
2	001002003	100	结束
3	001002003005008	10100	风向标 2N 点不准
4	001002003005008	10101	风向标 2 本体故障
5	001002003005009011013	1011000	风向标 2 本体故障
6	001002003005009011013	1011001	风向标 2 卡件 403A 故障
7	001002003005009	10111	风向标 2 冰冻故障
8	001002003005009011	101111	风向标 2 防雷 363U2 故障
9	001002004006	1100	风向标 1N 点不准
10	001002004006	1101	风向标 1 本体故障
11	001002004007010012	111000	风向标 1 本体故障
12	001002004007010012	111001	风向标 1 卡件 403A 故障
13	001002004007	1111	风向标 1 冰冻故障
14	001002004007010	11101	风向标 1 防雷 363U2 故障

2. 模糊推理机

由故障树生成知识库规则之后，对于没有模糊结论的诊断规则而言，可以根据检测点的实际结果给出明确结论。但是对于有模糊结论的诊断规则，则需要进行权衡。

实际检测过程中，上述由于知识的不确定性所导致的情况虽然会出现，但是大多数情况是由证据不确定性引起的诊断模糊性，包括网络或其他原因导致传输信号的错误、缺失和冗余等。从而在知识库中找不到匹配规则加以推理，因此，需要在知识库的基础上进行模糊推理。目前针对这种情况所采用的模糊规则推理已有研究。但在实际系统中，这种单纯模糊算法还存在许多客观上的不足，譬如，信号的错误、缺失和冗余这三类不同情况，单纯的模糊理论不做区分。这样就使模糊推理的结果难以清晰辨别，从而使诊断结果不理想，也使模型难以再进行优化。因此，在推理机制方面提出不确定推理算法——量级差匹配度算法。

量级差匹配度算法的大致思路是，将输入信号序列与知识库规则序列的所有检测点匹配度逐一计算后求和。其中某一检测点的匹配度计算方法是，对"匹配""冗余""缺失""错误"给予不同的计分数量级，具体的专家规则计分函数如下

$$S_j = \sum_{i=1}^{n} a_i \delta^{k_i} \quad \delta > n \tag{6-1}$$

式中：j 为第 j 条专家规则；a_i 为离散的单位变量，检测点 i 与知识规则库中的检测点匹配正常的情况下值为 1，匹配异常的情况下值为 -1；δ 为数量级底数，其取值必须大于故障检测点总数 n；k_i 为离散的正整数变量，取值采用如下策略

$$k_i = \begin{cases} 0 & \text{信号冗余} \\ 1 & \text{信号缺失} \\ 2 & \text{信号匹配} \\ 3 & \text{信号错误} \end{cases} \qquad (6-2)$$

针对表 6-3 的专家规则库，空缺位采用与状态"0"和"1"差距较大的正整数填充，这里选择 3。

3. 基于规则匹配故障诊断案例

如果输入诊断信号的序列为（001002004006，1100），则匹配度计算结果如表 6-4 所示。

表 6-4　　　　　　　　　　诊断信号专家规则匹配度

规则编号	检测点组合码	检测结果码	诊断结果	匹配度
1	001	0	结束	−4403
2	001002003	100	结束	−4422
3	001002003005008	10100	风向标 2N 点不准	−5262
4	001002003005008	10101	风向标 2 本体故障	−5262
5	001002003005009011013	1011000	风向标 2 本体故障	−6102
6	001002003005009011013	1011001	风向标 2 卡件 403A 故障	−6102
7	001002003005009	10111	风向标 2 冰冻故障	−5262
8	001002003005009011	101111	风向标 2 防雷 363U2 故障	−5682
9	001002004006	1100	风向标 1N 点不准	5200
10	001002004006	1101	风向标 1 本体故障	−3200
11	001002004007010012	111000	风向标 1 本体故障	−4861
12	001002004007010012	111001	风向标 1 卡件 403A 故障	−4861
13	001002004007	1111	风向标 1 冰冻故障	−4021
14	001002004007010	11101	风向标 1 防雷 363U2 故障	−4441

由匹配度计算结果可知诊断结果为风向标 1 的 N 点不准。

6.2.3　基于概率神经网络的智能故障诊断方法

针对典型故障树系统，考虑故障过程中相关测点 SCADA 数据的变化，基于概率神经网络的智能故障诊断方法流程如图 6-10 所示。

1. 数据清洗

数据清洗通常要对空值数据进行清洗。一般包含两种空值问题：一种是数值不完整，另一种是数值为空（即空值）。数值不完整处理方法主要包括从本数据源或其他数据源利用相关性推导出某些缺失值；用数据源的最小值、中间值、平均值、最大值或推测值；手动输入一个在接受范围内的人工经验值等。如果 SCADA 系统中的空值数据持续一段时间，这样的数据可以直接去除或置 0 处理。在训练模型的对比实验中，直接去除空值点比置 0 的训练效果好。

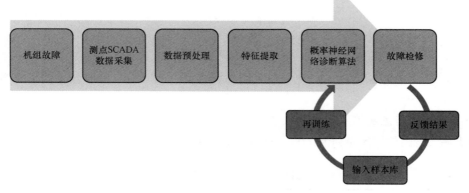

图 6-10　基于概率神经网络的智能故障诊断方法流程图

数据清洗过程中对错误或异常数据的清洗称为异常值处理，其主要的清洗方法包括用概率统计分析的方法估测异常值；分箱，考察各区间邻近值平滑区间属性的值，或采用相关的均值、中心值替代法；使用简单业务规则、常识规则库修正数据的错误。风电机组大数据集中的异常值主要表现在某些不可控参数，如风速、空气温度等超出正常范围：风速小于 0，温度小于 0，风速大于历史上限，空气温度高于历史上限等，这类数据所在的记录都应删除。另外，还有一些表现参数，如转速小于 0。对于其他异常值，通过对风电机组历史值的统计分析，可以删除明显偏离正常值的数据点。

2. 数据预处理

SCADA 系统的数据经清洗后，进行数据预处理操作，主要包括抽样、标准化、滤波与降噪三个步骤。

对所有数据进行训练，会受到内存和运行时间的限制，因此数据抽样是必经步骤。抽样方式主要有随机抽样、系统抽样、整群抽样、分层抽样四种。抽样方式的选择影响最后的模型输出。一般在抽样前需要对数据进行摸底，浏览数据分布情况。如果数据时序性比较强则选择线性随机抽样，保证参数的时序性。如果数据呈现出类别或层次规律，则选择分层抽样法，确保每种类别的数据都在抽样数据集中。如果无法了解数据集的分布情况，数据随机性强，可以考虑随机抽样。如果抽样只为了提高数据处理效率，则选择系统抽样。本算法采用的抽样方式为线性随机抽样，因为目标预测量为带有时序性质的温度等指标，在建模预测过程中，要尽量保持其时序性。

由于不同变量单位不同，变异程度不同，为了消除量纲影响以及变量自身变异和数值大小的影响，便于不同单位或量级的指标能够进行比较和加权，需要对数据进行标准化。数据的标准化是将数据按照指定区间大小进行缩放。其中最典型的就是 0-1 标准化和 Z-score 标准化。本算法采用的是 Z-score 标准化法，其定义如下：

对数据处理使其符合标准正态分布，即均值为 0，标准差为 1，其转换函数为

$$x^* = \frac{x - \mu}{\delta} \tag{6-3}$$

式中：μ 为所有样本数据的均值；δ 为标准差。

在传感器数据中，随机噪声表现为脉冲噪声和其他平稳随机噪声混合的形式。对此，应当分别进行分析：对于平稳随机噪声，它对所有小波系数的影响是相同的，同时它对信号的低频成分影响较小，因此，可通过小波变换平滑地降低高斯噪声；脉冲噪声只影响少数小波系数，但由于其对应的小波系数较大，因此，对信号的高频成分影响较大，并能通过平滑算法将其影响扩展到周围信号，因此采用阈值量化的方法不太适用于对脉冲噪声的处理。考虑到风电机组故障诊断系统中传感器采集到的信号是实际信号和随机噪声的合成，给故障检测和诊断带来许多不利的影响。将中值滤波和小波分析结合起来使用，中值滤波用于消除数据中的脉冲噪声，小波分析用于消除数据中的其他平稳随机噪声。滤波与降噪的流程如图 6-11 所示。

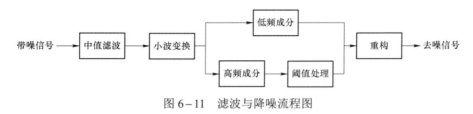

图 6-11　滤波与降噪流程图

3. 特征提取

特征提取也称特征子集选择，或属性选择，是数据挖掘流程中非常重要的一个环节。建模时，特征的输入决定模型优劣。一般需要从众多特征中选择一个子集，或选择合适方法对众多特征集进行组合降维。大数据中的数据参数众多，如果没有对数据特征进行提取或组合，属性间依赖严重，容易引起维度灾难，影响模型效率。应将特征间的相关性尽量降低，与目标参数的相关性尽量增大。特征提取的目的是去除冗余，减少特征个数，提高模型精度，减少运行时间。另外，对特征集进行筛选或降维，选取真正相关特征简化模型。特征提取常用方法包括经验选取、启发式搜索法、随机生成法、ARMA 模型参数估计和主成分分析等。本算法特征提取采用的是经验选取、ARMA 模型参数估计和主成分分析结合的方法。

（1）经验选取。风电机组 SCADA 系统是非线性系统，属性参数众多，包含参数量、控制量和状态量等。凭借经验丰富的电气工程师对机组的了解，可以对参数进行初步筛选，根据诊断目标的不同，确定与诊断目标相关的参数，即根据经验初步确定诊断目标的特征参数集。

（2）ARMA 模型参数估计。本算法中，采用长自回归白噪法进行模型参数估计。长自回归白噪法建模具体步骤如下：

1）建立长自回归模型 $AR(P_N)$。

$$x_t = \sum_{i=1}^{P_N} \varphi_i x_{t-i} + a_t \tag{6-4}$$

2）求长自回归模型残差，并检验其独立性。

$$\hat{a}_t = x_t - \sum_{i=1}^{P_N} \hat{\varphi}_i x_{t-i}, (t = p_N + 1, \cdots, N) \tag{6-5}$$

利用残差自相关函数检验 $\{\hat{a}_t\}$ 的独立性。若不独立，则增大 P_N，再重新进行步骤 1）和 2）；否则进行下一步。

3）选定阶数 n 和 m，结合白噪声估计值 $\hat{a}_t,t=p_N+1,\cdots,N$ 和样本值 $x_t,1\leqslant t\leqslant N$，按最小二乘估计 ARMA($n,m$) 模型的参数值。

$$\hat{\beta}=(X^TX)^{-1}X^TY \tag{6-6}$$

其中

$$\hat{\beta}=[\hat{\varphi}_1,\hat{\varphi}_2,\cdots\hat{\varphi}_n,-\hat{\theta}_1,-\hat{\theta}_2,\cdots-\hat{\theta}_m]^T \tag{6-7}$$

$$Y=[x_{p_N+1},x_{p_N+2},\cdots,x_N]^T \tag{6-8}$$

$$X=\begin{bmatrix} x_{P_N} & x_{P_N-1} & \cdots & x_{P_N-n+1} & a_{P_N} & a_{P_N-1} & \cdots & a_{P_N-1+m} \\ x_{P_N+1} & \cdots & \cdots & x_{P_N-n+2} & a_{P_N+1} & \cdots & \cdots & a_{P_N-m+2} \\ \cdots & \cdots & & \cdots & \cdots & & & \cdots \\ x_{N-1} & x_{N-2} & \cdots & x_{N-n} & a_{N-1} & a_{N-1} & \cdots & a_{N-m} \end{bmatrix} \tag{6-9}$$

4）在适当阶数范围内，对 n 和 m 重复进行步骤 1）～3），并依照某种准则确定最佳模型阶数及参数。本算法中采用 AIC 准则确定模型阶数。

（3）主成分分析。主成分分析（principal components analysis，PCA）是一种统计相关分析技术。在实际生产中，为了全面分析问题常常提出许多与输出有关的变量，每个变量都不同程度地反映了过程的某些信息，但它们之间一般存在关联。过多变量构成的高维数据空间使建模问题复杂化。同时，若众多变量间存在错综复杂的相关关系，会给建模带来困难。基于上述分析，进行建模前，通过主成分分析方法找出公共的支配因素，最大限度保留有用信息，过滤冗余信息，然后按主元贡献率选取合适的主元数目建模，将会简化模型结构、减少建模工作量。

基于时间序列分析基础得到模型参数，但是参数过多不利于概率神经网络的训练以及诊断，需要对数据进行降维处理，通过深入分析数据，得到各维指标间的内在结构关系。各主成分间互不相关，交叉信息少，即数据冗余少。主成分分析法的原理如下：

设数据集 X 中有 n 个样品，每个样品观测 p 个变量

$$Y=\begin{bmatrix} y_{11} & y_{12} & \cdots & y_{1p} \\ y_{21} & y_{22} & \cdots & y_{2p} \\ \vdots & \vdots & \vdots & \vdots \\ y_{n1} & y_{n2} & \cdots & y_{np} \end{bmatrix}=\begin{bmatrix} y_1,y_2,\cdots,y_p \end{bmatrix} \tag{6-10}$$

式中：$y_i=\left(y_{1i},y_{2i},\cdots,y_{ni}\right)^T,i=1,2,\cdots,p$。

PCA 就是将原来 p 个观测变量 $y_1,y_2,\cdots,y_p$ 进行综合，形成 p 个新特征变量

$$\begin{aligned} F_1 &= w_{11}y_1+w_{21}y_2+\cdots+w_{p1}y_p \\ F_2 &= w_{12}y_1+w_{22}y_2+\cdots+w_{p2}y_p \\ &\cdots \\ F_p &= w_{1p}y_1+w_{2p}y_2+\cdots+w_{pp}y_p \end{aligned} \tag{6-11}$$

4. 概率神经网络诊断算法

概率神经网络（probabilistic neural network，PNN）于 1989 年提出，是径向基网络的一个分支，属于前馈网络的一种。概率神经网络是基于统计原理，常用于模式分类的神经网络。分类功能上与最优 Bayes 分类器等价，其实质是基于贝叶斯最小风险准则发展而来的一种并行算法。同时，它不像传统的多层前向网络那样需要用 BP 算法进行反向误差传播的计算，而是完全前向的计算过程。它训练时间短、速度快、分类正确率较高、容错性好。无论分类问题多么复杂，只要有足够多的训练数据，可以保证获得贝叶斯准则下的最优解。概率神经网络的典型结构如图 6-12 所示。

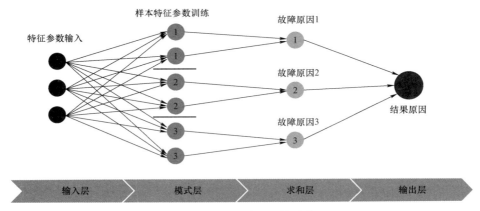

图 6-12　概率神经网络结构

概率神经网络一般有输入层、模式层、求和层和输出层四层。有的资料中也把模式层称为隐含层，把求和层叫作竞争层。其中，输入层负责将特征向量传入网络，输入层个数是样本特征的个数。模式层通过连接权值与输入层连接。计算输入特征向量与训练集中各个模式的匹配程度，也就是相似度，将其距离送入高斯函数得到模式层的输出。模式层的神经元个数是输入样本矢量的个数，也就是有多少个样本，该层就有多少个神经元。求和层，就是负责将各个类的模式层单元连接起来，这一层的神经元个数是样本的类别数目。输出层负责输出求和层中得分最高的那一类。概率神经网络输入层和模式层之间通过高斯函数连接，求得模式层中的每个神经元和输入层中每个神经元之间的匹配程度。然后通过每类的匹配程度累加求和，再取平均，得到输入样本的所属类别。

以齿轮箱油温超限故障为例进行分析，基于历史数据统计和专家知识经验，确定与该故障相关的 SCADA 测点为齿轮箱润滑油滤网入口压力、齿轮箱润滑油滤网出口压力、发电机转速和齿轮箱油温。定义齿轮箱润滑油滤网进出口压力差为齿轮箱润滑油滤网入口压力和出口压力的差值。针对上述三个测点数据进行数据清洗、预处理与特征提取工作。

（1）数据清洗和预处理。齿轮箱油温超限故障样本的相关 SCADA 测点历史数据存储时，系统自动对 SCADA 记录的空值进行填补处理，因此，只需要处理数据的异常值。

检测异常值，以齿轮箱油温数据为例，选取故障发生前 1h 数据（采样周期 1s），滑动方差法检测齿轮箱油温数据异常值如图 6-13 所示。

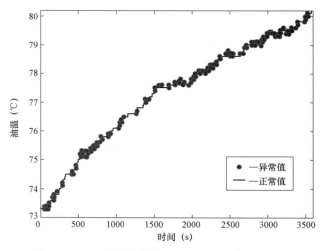

图 6-13　滑动方差法检测齿轮箱油温数据异常值

　　对原始数据采用中值滤波的方法进行处理，数据处理后再检测异常值，结果如图 6-14 所示。

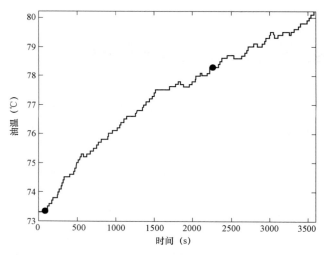

图 6-14　齿轮箱油温异常数据中值滤波结果

　　从图 6-13 和图 6-14 可以看出，齿轮箱油温数据的异常值基本被剔除。

　　原始数据中含有噪声信息，为了减小原始噪声信息对后续数据处理的影响，将中值滤波和小波重构滤波方法结合起来，对原始数据进行筛选。以齿轮箱润滑油滤网进出口压力差数据为例，对故障发生前 1h 数据进行滤波处理。齿轮箱润滑油滤网进出口压力差数据滤波结果如图 6-15 所示。通过滤波，原始数据中的噪声信息被抑制。

　　（2）特征提取。先对所有数据序列进行平稳性检验，对其中的非平稳序列进行处理，转化为平稳序列。具体方法为差分处理，差分后的序列满足 ARMA 模型使用条件。以齿轮箱油温 1h 数据为例，说明差分处理和 ARMA 模型建模结果。图 6-16 是齿轮箱油温的某组原始数据。

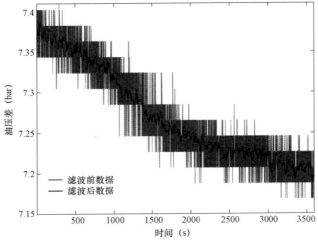

图 6-15 齿轮箱润滑油滤网进出口压力差数据滤波结果

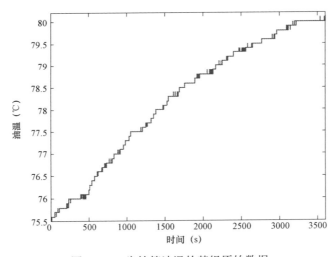

图 6-16 齿轮箱油温的某组原始数据

以齿轮箱油温的 10 组原始数据为例，经过降噪、差分后，建立 ARMA 模型。10 组数据的 ARMA 模型系数如表 6-5 所示。

表 6-5 齿轮箱油温数据 ARMA 模型系数

齿轮箱油温数据	ARMA 模型系数					
1	− 0.424 1	− 0.195 3	− 1.069 0	− 0.883 1	− 0.137 1	− 0.244 2
2	0.018 5	0.328 1	− 0.152 9	0.124 5	− 0.818 1	− 0.594 1
3	− 0.816 5	− 0.528 3	− 0.130 5	− 0.093 7	− 0.226 2	− 0.182 8
4	− 2.907 8	− 2.678 7	3.622 8	3.211 9	− 2.411 2	− 2.072 6
5	− 0.347 6	− 0.088 4	− 0.280 0	− 0.177 0	0.319 2	0.383 6
6	− 0.717 3	− 0.442 8	− 0.885 1	− 0.826 8	0.137 0	0.042 3

续表

齿轮箱油温数据	ARMA 模型系数					
7	−0.641 0	−0.275 4	−0.638 5	−0.523 0	−0.399 6	−0.457 7
8	0.287 6	0.572 8	−0.723 5	−0.420 5	−0.315 9	−0.146 2
9	−1.641 3	−1.525 1	1.467 4	1.405 3	−1.600 9	−1.509 1
10	−0.823 6	−0.501 5	−0.481 7	−0.373 6	−0.366 3	−0.454 2

提取齿轮箱润滑油滤网进出口压力差、发电机转速和齿轮箱油温三个特征量，通过时间序列分析和 ARMA 模型进行拟合，将拟合的系数作为特征量。10 个样本 1h 数据的 ARMA 模型特征提取结果如表 6−6 所示。

表 6−6　　　　　　　　10 个样本 1h 数据的 ARMA 模型特征提取结果

数据	齿轮箱油温 ARMA 模型系数						齿轮箱润滑油滤网进出口压力差 ARMA 模型系数				发电机转速 ARMA 模型系数			
1	−0.424 1	−0.195 3	−1.069 0	−0.883 1	−0.137 1	−0.244 2	−0.764 7	−0.606 0	0.726 5	0.768 1	−1.210 2	0.206 0	−0.413 2	−0.285 9
2	0.018 5	0.328 1	−0.152 9	0.124 5	−0.818 1	−0.594 1	−0.203 9	−0.193 8	0.168 2	0.181 3	−0.852 1	0.053 2	−0.464 4	−0.367 1
3	−0.816 5	−0.528 3	−0.130 5	−0.093 7	−0.226 2	−0.182 8	−0.144 2	−0.049 3	−0.986 7	−0.981 9	−1.708 3	−0.345 2	0.829 0	−0.367 8
4	−2.907 8	−2.678 7	3.622 8	3.211 9	−2.411 2	−2.072 6	−0.303 9	−0.282 3	0.243 3	0.255 8	−0.597 0	0.784 3	−0.685 7	0.097 4
5	−0.347 6	−0.088 4	−0.280 0	−0.177 0	0.319 2	0.383 6	−0.354 1	−0.284 5	0.137 1	0.123 3	−1.787 3	−0.453 5	0.847 6	−0.270 9
6	−0.717 3	−0.442 8	−0.885 1	−0.826 8	0.137 0	0.042 3	−1.480 9	−1.386 8	0.266 0	0.141 6	−1.870 3	−0.597 4	1.001 4	−0.198 5
7	−0.641 0	−0.275 4	−0.638 5	−0.523 0	−0.399 6	−0.457 7	−1.989 0	−1.751 3	1.016 8	0.585 5	−1.659 1	−0.692 6	0.598 8	−0.186 5
8	0.287 6	0.572 8	−0.723 5	−0.420 5	−0.315 9	−0.146 2	−0.460 4	−0.296 7	−0.859 0	−0.877 4	−1.657 9	−0.359 5	0.561 9	−0.369 3
9	−1.641 3	−1.525 1	1.467 4	1.405 3	−1.600 9	−1.509 1	−0.876 9	−0.697 5	−0.449 7	−0.546 3	−2.492 7	−0.839 5	2.101 9	−0.477 3
10	−0.823 6	−0.501 5	−0.481 7	−0.373 6	−0.366 3	−0.454 2	0.160 4	0.265 8	−0.193 3	−0.063 0	−2.062 9	−0.236 2	1.417 1	−0.612 9

经过 ARMA 模型提取后，数据量仍然很庞大。通过主成分分析提取贡献率超过 97.5% 的因子作为主成分，进行特征量筛选，转化后的新特征量剩下 4×10 个值，如表 6−7 所示。

表 6−7　　　　　　　　主成分分析提取结果

数据	特征参数			
1	−0.050 494	0.191 953	0.417 656	0.546 450
2	0.045 101	0.039 727	0.098 866	0.419 391
3	0.094 644	0.226 454	−0.393 756	0.056 435
4	0.842 264	−0.302 617	0.198 513	0.156 549
5	0.023 236	0.345 207	−0.032 434	0.121 682
6	−0.000 025	0.447 600	0.259 962	−0.225 353
7	0.056 901	0.405 778	0.569 375	−0.261 232
8	−0.059 847	0.258 189	−0.293 351	0.058 707
9	0.509 805	0.373 104	−0.266 960	−0.320 188
10	0.098 944	0.358 719	−0.266 826	0.507 949

（3）诊断结果。齿轮箱油温超限故障原因包括润滑油回路问题、散热系统问题、齿轮箱内部机械问题和齿轮箱油温出现跳变。齿轮箱油温超限故障原因的类别如表 6-8 所示。

表 6-8 齿轮箱油温超限故障原因的类别

序号	故障原因	类别
1	齿轮箱油温出现跳变	①
2	齿轮箱内部机械问题	②
3	散热系统问题	③
4	润滑油回路问题	④

齿轮箱油温超限的故障原因中，齿轮箱油温出现跳变可通过规则判断。具体规则为：选取故障发生前 1h 内的齿轮箱油温数据，分别计算间隔 3min 的两组齿轮箱油温数据差值，若差值的最大值大于 10℃，则诊断结果为齿轮箱油温出现跳变。基于规则匹配排除齿轮箱油温出现跳变的故障原因后，针对其余三种原因采用基于概率神经网络的智能诊断算法。

在所有故障样本中选取 10 个样本作为测试样本，其余故障样本为训练样本。建立概率神经网络诊断模型：模型输入层为每个测试样本的特征参数，为 4×1 的数组，即包括 4 个特征参数；模式层为训练样本的特征参数，输入层测试样本的特征参数与模式层训练样本的特征参数做运算后，输出测试样本的概率密度估计（高斯核函数）结果；求和层对模式层各故障原因的输出结果求累积概率；输出层输出测试样本的故障原因诊断结果。使用测试样本对训练好的神经网络模型进行测试，测试样品验证结果如图 6-17 所示，测试样本的诊断结果表明诊断准确率 90%。

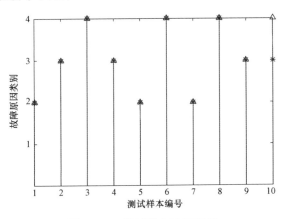

图 6-17 测试样本验证结果

附录 风力发电机组各部件故障及修复难度分析详表

大部件	分部件	部件特征		日常维护措施			部件故障诊断		部件检修		检修/更换
		设计寿命（年）	家族缺陷可能性	SCADA监视	巡视	定检	故障早期可诊断性	故障诊断成本	检修周期（不包含备件等待时间）（天）	设备故障价值（故障损失发电/设备费）	
叶片	叶片	全寿命20年	较小	—	√	—	—	不增加	2~10	大	检修或更换
变桨	变桨电机	全寿命20年	较小	√	—	—	SCADA数据分析	不增加	1~2	较小	更换
	变桨齿轮箱	全寿命20年	较小	√	—	—	SCADA数据分析	不增加	1~2	较小	更换
	变桨轴承	全寿命20年	较小	√	—	√	在线监测+SCADA数据分析	小幅增加	2~7	大	更换
	变桨电池	全寿命20年	较小	√	—	√	专项试验+定检可发现	不增加	1	小	更换
	变桨变频器	全寿命20年	较小	√	—	—	—	不增加	1~2	较小	更换
主轴	轴	全寿命20年	较小	√	—	√	在线监测	小幅增加	2~7	大	检修
	轴承	全寿命20年	较小	√	—	√	在线监测	小幅增加	2~7	大	更换
齿轮箱	高速轴（包含轴承、轴及齿面）	全寿命20年	较大	—	—	√	在线监测	大幅增加（增加振动、油液在线装置）	2~7	大	部件检修、更换或齿轮箱更换
	低速轴	全寿命20年	较大	—	—	√	在线监测	大幅增加（增加振动、油液在线装置）	2~7	大	齿轮箱更换
	中间轴	全寿命20年	较大	—	—	√	在线监测	大幅增加（增加振动、油液在线装置）	2~7	大	
	风扇、辅助冷却系统	全寿命20年	较小	√	√	√	定检可发现	不增加	1	较小	检修或部件更换
发电机	轴承	全寿命20年	较小	√	—	—	在线监测	小幅增加（增加振动在线装置）	1~2	较大	更换
	定子	全寿命20年	较大	√	—	√	专项试验	小幅增加	2~7	大	发电机更换
	转子	全寿命20年	较大	√	—	√	专项试验	小幅增加		大	发电机更换

大部件	分部件	部件特征		日常维护措施			部件故障诊断		部件检修		
		设计寿命（年）	家族缺陷可能性	SCADA监视	巡视	定检	故障早期可诊断性	故障诊断成本	检修周期（不包含备件等待时间）（天）	设备故障价值（故障损失发电/设备费）	检修/更换
发电机	集电环	全寿命20年	较小	√	—	√	定检可发现	不增加	1~2	较小	检修或更换
	风扇、辅助冷却系统	全寿命20年	较小	√	√	√	定检可发现	不增加	1	较小	检修或部件更换
偏航	偏航电机	全寿命20年	较小	√	—	—	SCADA数据分析	不增加	1~2	较小	更换
	偏航齿轮箱	全寿命20年	较小	√	—	—	SCADA数据分析	不增加	1~2	较小	更换
	偏航刹车	全寿命20年	较小	√	—	√	定检可发现	不增加	1	较小	更换
	偏航轴承	全寿命20年	较小	√	—	√	在线监测+SCADA数据分析	小幅增加	5~10	大	更换
变流器	IGBT模块	全寿命20年	较小	√	—	√	—	不增加	1	较大	更换
	动力回路接线	全寿命20年	较小	√	—	√	专项试验	不增加	1	小	更换
	冷却系统等附件	全寿命20年	较小	√	—	√	定检可发现	不增加	1	小	检修或部件更换
	控制板	全寿命20年	较小	√	—	√	—	不增加	1	小	更换

参 考 文 献

[1] 屈晓斌，陈建敏，周惠娣，等. 材料的磨损失效及其预防研究现状与发展趋势 [J]. 摩擦学学报，1999，19（2）：187-192.

[2] 刘英杰，成克强. 磨损失效分析 [M]. 北京：机械工业出版社，1991.

[3] 李爱. 航空发动机磨损故障智能诊断若干关键技术研究 [D]. 南京：南京航空航天大学，2013.

[4] 高洪涛，李明，徐尚龙. 膜片联轴器耦合的不对中转子—轴承系统的不平衡响应分析 [J]. 机械设计，2003，20（8）：19-21.

[5] 李利. 汽轮机发电转子不平衡的诊断及治理 [J]. 工业 B，2015（5）：216-217.

[6] 夏松波，张新江. 旋转机械不对中故障研究综述 [J]. 振动：测试与诊断，1998，18（3）：157-161.

[7] PIOTROWSKI J. Shaft alignment handbook [M]. 3rd ed. Boca Raton：Crc Press，2006.

[8] 戈志华，高金吉，王文永. 旋转机械动静碰摩机理研究 [J]. 振动工程学报，2003，16（4）：426-429.

[9] 施维新，石静波. 汽轮发电机组振动及事故 [M]. 北京：中国电力出版社，2008.

[10] 周桐，徐健学. 汽轮机转子裂纹时频域诊断研究 [J]. 动力工程学报，2001，21（2）：1099-1104.

[11] 何正嘉，陈进，王太勇，等. 机械故障诊断理论及应用 [M]. 北京：高等教育出版社，2010.

[12] JARDINE A K S，LIN D，BANJEVIC D. A review on machinery diagnostics and prognostics implementing condition-based maintenance [J]. Mechanical systems and signal processing，2006，20（7）：1483-1510.

[13] 杨锡运，郭鹏，岳俊红. 风力发电机组故障诊断技术 [M]. 北京：中国水利水电出版社，2015. 08.

[14] 周双喜，鲁宗相. 风力发电与电力系统 [M]. 北京：中国电力出版社，2011. 12.

[15] ZHAO H，LI L. Fault diagnosis of wind turbine bearing based on variational mode decomposition and teager energy operator [J]. IET Renewable Power Generation，2017，11（4）：453-460.

[16] 张伟，白恺，宋鹏，等. 基于 VMD 和奇异值能量差分谱的风电机组滚动轴承故障特征提取方法[J]. 华北电力技术，2017（3）：59-64.

[17] 赵洪山，胡庆春，李志为. 基于统计过程控制的风电机组齿轮箱故障预测 [J]. 电力系统保护与控制，2012，40（13）：67-73.

[18] 赵洪山，程亮亮. 考虑多属性的风电机组齿轮箱状态维修策略 [J]. 太阳能学报，2016，37（5）：1125-1132.

[19] 林丽，邓春，经昊达，等. 基于油液在线监测的齿轮箱磨损趋势分析与研究 [J]. 材料导报，2018，32（18）：3230-3234.

[20] 胡志红，林丽，张秀丽，等. 基于磨粒监测的齿轮箱磨损特性分析 [J]. 热加工工艺，2018，47（6）：53-56+60.

[21] 林丽，高建华，王海洋，等. 磨粒对齿轮箱磨损状态的影响 [J]. 材料保护，2018，51（6）：33-37.

[22] 刘辉海，赵星宇，赵洪山，等. 基于深度自编码网络模型的风电机组齿轮箱故障检测 [J]. 电工技术学报，2017，32（17）：156-163.

［23］ 叶春霖，邱颖宁，冯延晖. 基于数据挖掘的风电机组叶片结冰故障诊断［J］. 噪声与振动控制，2018，38（S2）：643－647.

［24］ 张保钦，雷保珍，赵林惠，等. 风机叶片故障预测的振动方法研究［J］. 电子测量与仪器学报，2014，28（3）：285－291.

［25］ 邢晓坡. 风力发电叶片运行状态监测与故障诊断技术近况［J］. 中国设备工程，2018（13）：111－112.

［26］ 赵娟，陈斌，李永战，等. 复杂背景噪声下风机叶片裂纹故障声学特征提取方法［J］. 北京邮电大学学报，2017，40（5）：117－122.

［27］ 龚妙，李录平. 声发射技术在风力机叶片故障检测中的应用研究综述［J］. 太阳能，2018（5）：57－61＋51.

［28］ 吴光军，罗浩然，吴鸣寰. 风机叶片损坏分析及预防措施［C］. 中国农业机械工业协会风力机械分会. 第五届中国风电后市场专题研讨会论文集. 2018：239－245.

［29］ 申振腾. 风力机叶片在线视觉监测与故障诊断系统研究［D］. 天津：天津科技大学，2018.

［30］ 李辉，胡姚刚，李洋，等. 大功率并网风电机组状态监测与故障诊断研究综述［J］. 电力自动化设备，2016，36（1）：6－16.

［31］ 夏乐. 双馈风力发电机定子绕组匝间短路的故障诊断［D］. 西安：西安理工大学，2016.

［32］ 杨晓光，许仪勋. 双馈风力发电机故障诊断方法研究［J］. 电测与仪表，2018，55（2）：52－58.

［33］ 赵洪山，刘辉海，刘宏杨，等. 基于堆叠自编码网络的风电机组发电机状态监测与故障诊断［J］. 电力系统自动化，2018，42（11）：102－108.

［34］ 赵洪山，闫西慧，王桂兰，等. 应用深度自编码网络和XGBoost的风电机组发电机故障诊断［J］. 电力系统自动化，2019，43（1）：81－90.

［35］ 赵洪山，连莎莎，邵玲. 基于模型的风电机组变桨距系统故障检测［J］. 电网技术，2015，39（2）：440－444.

［36］ 李辉，杨超，李学伟，等. 风机电动变桨系统状态特征参量挖掘及异常识别［J］. 中国电机工程学报，2014，34（12）：1922－1930.

［37］ 宁文钢，姜宏伟，王岳峰. 风力发电机组偏航系统常见故障分析［J］. 机械管理开发，2018，33（11）：67－68＋116.

［38］ 李学伟. 基于数据挖掘的风电机组状态预测及变桨系统异常识别［D］. 重庆：重庆大学，2012.

［39］ 肖成，刘作军，张磊，等. 基于SCADA系统的风电变桨故障预测方法研究［J］. 可再生能源，2017（2）：278－284.

［40］ 赵洪山，张健平，高夺，等. 风电机组的状态—机会维修策略［J］. 中国电机工程学报，2015，35（15）：3851－3858.

［41］ 赵洪山，程亮亮. 考虑多属性的风电机组齿轮箱状态维修策略［J］. 太阳能学报，2016，37（5）：1125－1131.

［42］ 苏春，周小荃. 基于有效年龄的风力机多部件维修优化［J］. 东南大学学报（自然科学版），2012，42（6）：1100－1104.

［43］ DING F，TIAN Z. Opportunistic maintenance for wind farms considering multi－level imperfect maintenance thresholds［J］. Renewable Energy，2012，45（3）：175－182.

[44] 吴永强. 风电机组的基本维修策略及其零部件间维修的相关性研究 [J]. 科技视界, 2015 (26): 269-269.

[45] 李大字, 冯园园, 刘展, 等. 风力发电机组可靠性建模与维修策略优化 [J]. 电网技术, 2011, 35 (9): 122-127.

[46] 赵洪山, 张健平, 程亮亮, 等. 考虑不完全维修的风电机组状态—机会维修策略 [J]. 中国电机工程学报, 2016, 36 (3): 701-708.

[47] 伍孟轩, 宋庭新, 张一鸣, 等. 风电场运行维护中的库存管理控制策略 [J]. 湖北工业大学学报, 2015, 30 (2): 19-23.

[48] 于强强. 风力发电机组备品备件编码的设计与实现 [D]. 北京: 华北电力大学, 2015.

[49] LINDQVIST M, LUNDIN J. Spare part logistics and optimization for wind turbines: methods for cost-effective supply and storage [J]. Division of Systems & Control, 2010.

[50] 崔南方, 鲁家晶. 基于 DEA 的备件 ABC 分类模型 [J]. 物流技术, 2007, 26 (3): 55-58.

[51] 张冬. 大型设备备品备件库存管理方法研究 [D]. 上海: 上海交通大学, 2010.

[52] 孙志伟. 风电机组备件库存管理 [D]. 上海: 上海交通大学, 2014.

[53] DIALLO C, AIT-KADI D, CHELBI A. (s, Q)Spare parts provisioning strategy for periodically replaced systems [J]. IEEE Transactions on Reliability, 2008, 57 (1): 134-139.

[54] ANDRAWUS J A. Maintenance optimisation for wind turbines [J]. Robert Gordon University, 2008.

[55] TIAN Z, JIN T, WU B, et al. Condition based maintenance optimization for wind power generation systems under continuous monitoring [J]. Renewable Energy, 2011, 36 (5): 1502-1509.

[56] 梁光夏. 基于改进模糊故障 Petri 网的复杂机电系统故障状态评价与诊断技术研究 [D]. 南京: 南京理工大学, 2014.

[57] 王文晶. 基于故障树与实例推理的汽车故障诊断系统的研究与设计 [D]. 宁夏: 宁夏大学, 2014.

[58] 宋磊. 双馈异步风电机组状态监测与故障诊断系统的研究 [D]. 北京: 华北电力大学, 2015.

[59] 曾军, 陈艳峰, 杨苹, 等. 大型风力发电机组故障诊断综述 [J]. 电网技术, 2018, 42 (3): 849-860.

[60] 龙霞飞, 杨苹, 郭红霞, 等. 大型风力发电机组故障诊断方法综述 [J]. 电网技术, 2017, 41 (11): 3480-3491.

[61] 李彦锋. 复杂系统动态故障树分析的新方法及其应用研究 [D]. 四川: 电子科技大学, 2013.

[62] 戴钎, 王力生. 基于故障树和规则匹配的故障诊断专家系统 [J]. 计算机应用, 2005, 62 (9): 2034-2036+2040.